玩皮世家

皮革手工基础入门

LEATHER CRAFT START BOOK

[日] CRAFT 社　编著
郑礼琼　马羽洁　成灵　译

上海科学技术出版社

图书在版编目（CIP）数据

皮革手工基础入门 / 日本 CRAFT 社编著；郑礼琼，马羽洁，成灵译．—上海：上海科学技术出版社，2016.8

（玩皮世家）

ISBN 978-7-5478-3028-4

Ⅰ. ①皮… Ⅱ. ①手… ②郑… ③马… ④成… Ⅲ. ①制革－生产工艺 Ⅳ. ① TS54

中国版本图书馆 CIP 数据核字（2016）第 058791 号

Photographer: 小峰秀世　坂本贵氏　佐佐木智雅　柴田雅人

玩皮世家

皮革手工基础入门

[日] CRAFT 社　编著

郑礼琼　马羽洁　成灵　译

上海世纪出版股份有限公司
上 海 科 学 技 术 出 版 社　出版

（上海钦州南路 71 号　邮政编码 200235）

上海世纪出版股份有限公司发行中心发行

200001　上海福建中路 193 号　www.ewen.co

浙江新华印刷技术有限公司印刷

开本 889 × 1194　1/16　印张 11　插页 2

字数 200 千字

2016 年 8 月第 1 版　2016 年 8 月第 1 次印刷

ISBN 978-7-5478-3028-4/TS · 182

定价：58.00 元

目 录

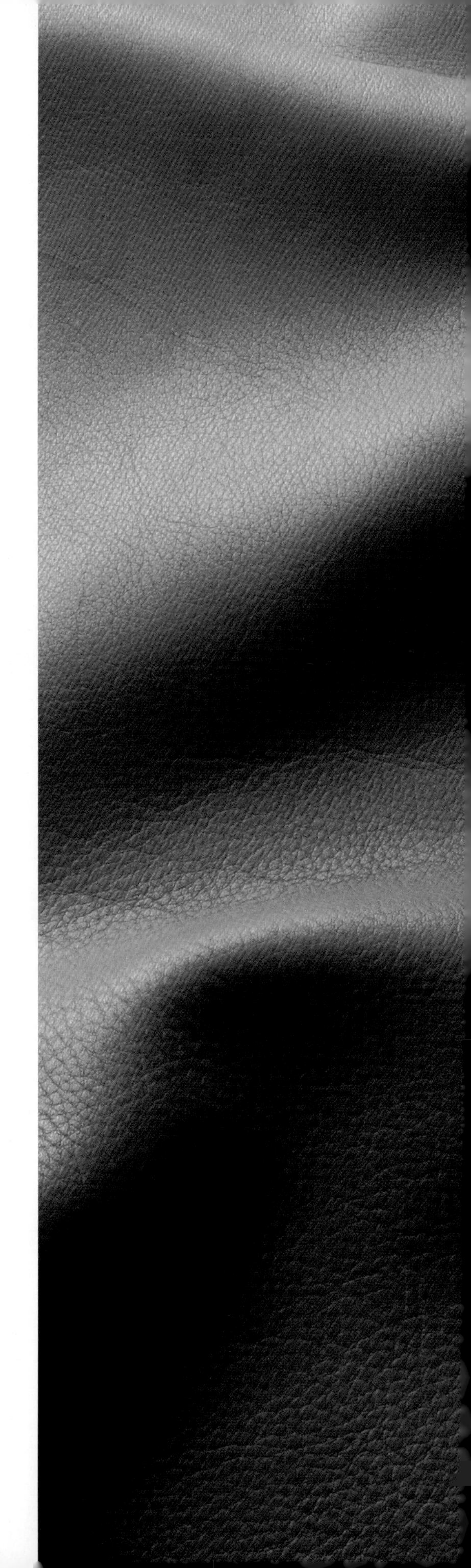

开始学习皮革手工

经常被从未尝试过皮革手工制作的人问到“皮革手工很难吗？”如果一开始就制作复杂的手提袋、外套和皮鞋的话是有困难。但为什么不从简易单品开始尝试呢？

本书刊载的单品适合初学者使用基础道具即可制作完成。从自己有信心的单品开始，享受制作的过程和完成时的喜悦吧！

皮革手工虽是一门越学越感到博大精深的技艺，但它的入门门槛却比大家想象的要低得多。翻开这本书的你，相信一定对皮革手工已经有些许兴趣。那么，不妨按照书中的指引，试着开始亲自制作吧！

Unisexual

这里收集了男女老少都适合的百搭单品。将自己制作的皮革单品融于生活的各个角落，心情也会变得愉悦起来。除了自用，作为礼物赠予他人，更是一份独特的惊喜。

翼龙

P.049～

与三角龙相同，让皮革吸收一定水分后使其定型，再把皮革拼贴起来即可制作完成。乍看之下只是粗线条的临摹设计，但是利用皮革特有的质感还原出的逼真效果会让作品更有魅力。

三角龙

P.053～

让皮革吸收一定水分后使其定型，再用万能胶粘贴即可制成一头俏皮的三角龙。它既可单独作为模型装饰，也可以和翼龙组合制作成吊饰。

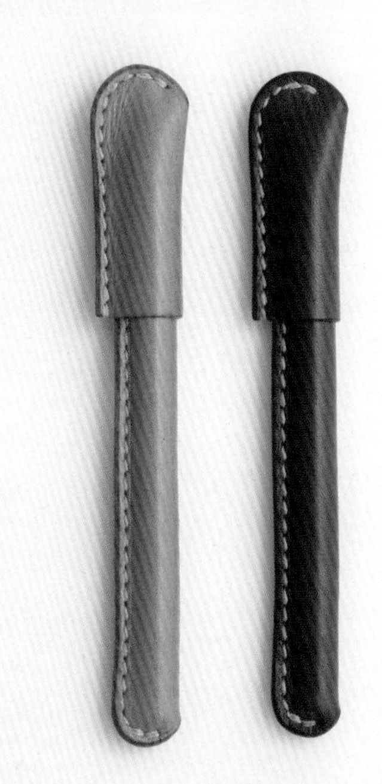

笔套

P.072～

这个笔套适用于常见的圆珠笔。不仅外观时尚，它的另一个特征是随着使用时间增长，握笔处会随使用者的写字习惯变得更贴合手指。

笔袋

P.082～

这款笔袋内部有内衬，制作十分精致。需要缝制的部位较多，但缝线本身也是整体设计的一部分。可以变换缝线颜色给作品增添几分趣味。

钥匙套

P.068～

花点心思就能让每天使用的钥匙变得时尚起来。缝制的部位较少，对初学者来说很容易上手。用颜色各异的皮革尝试制作吧！

阿拉伯拖鞋

P.112～

使用包边工艺制作的阿拉伯拖鞋。看起来复杂，其实在剪裁方面并不需要使用特殊的技巧，只要按照纸型剪出就可以轻松制作完成。

桌面收纳盘

P.042～

使用多张皮革叠加起来制作而成的多功能桌面收纳盘，外观非常简练。注意将叠加后的皮革边缘仔细打磨可以提升作品的完美度。

名片盒

P.076～

可以不经意间向朋友们展示的、独具匠心的名片盒。装饰扣可以根据自己的喜好选择，换一种皮绳的颜色也可以体现别样风情。

手环

P.024～

外观简约的手环，其制作方法也非常简单。按照纸型裁出所需皮革，打磨之后安装上金属扣即可。贴身佩戴，还能感受皮革经年变化带来的岁月感。

羊头骨项链

P.058～

这款羊头骨项链非常逼真，让人不禁发问，“这真的是皮革做的吗？”对羊头骨的质地反复推敲是可以达到如此逼真的效果。皮制串珠的搭配也很精妙。

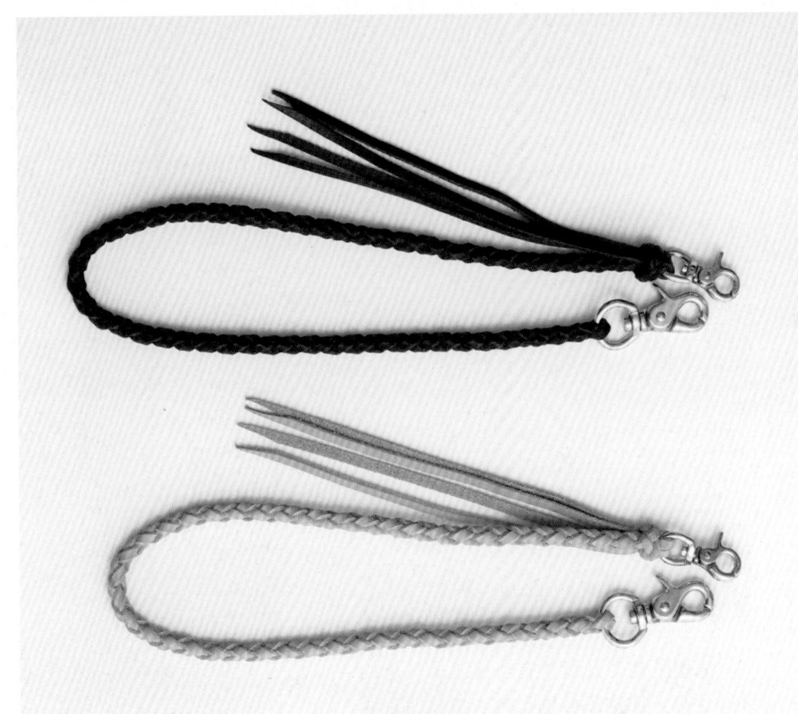

钱包链

P.036～

编织钱包链不需要任何额外的工具。选择与钱包颜色相同的皮料更加协调。

中型钱包

P.104～

中等尺寸钱包，人气直逼长款钱包。配件数量较多，制作相对费时，但是只要耐心制作就可以得到经得起长时间使用的高品质。

个性手链

P.027～

在皮革表面刻上花纹，制作出富有个性的手链。自己设计的图案可以使作品更有原创性。

Women's

这里收集了几款富有女性温柔气息的设计作品。即使不会使用特殊技巧，只要挑选自己钟爱颜色的皮革即可制作出彰显自己个性的单品。亲手制作的宝贝在使用过程中是不是会倍加爱护和珍惜呢？一起享受制作的过程吧！

圆球装饰物

P.031～

有着独特设计感的圆球装饰物，无须缝纫便可制作完成。除了作为其他单品的装饰使用，单独作为小礼物送给别人也是不错的选择。

卡夹

P.090～

使用平针缝法制作而成的可爱卡夹。使用时，可以通过圆孔中露出的卡片图案来辨识卡的种类。

花形装饰物

P.033～

利用铬鞣革的特性制作而成的立体花型装饰物，可做头饰或胸花。这个作品仅需使用胶水黏贴皮革即可完成。

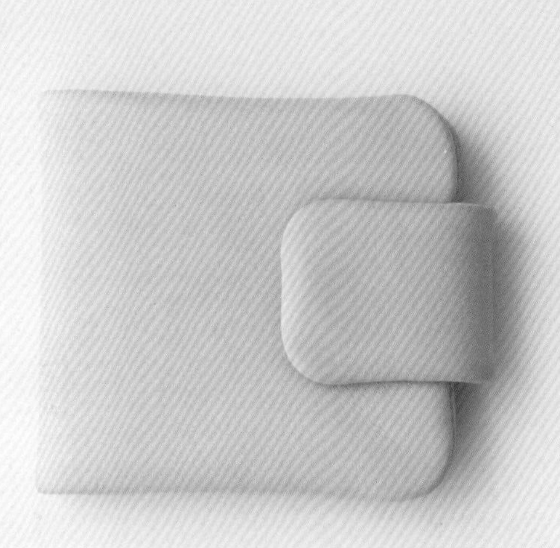

内缝式折叠钱包

P.118～

用海绵填充内部，看上去饱满而又圆润。钱包的容量也足够大，非常实用。柔软的质感更让人爱不释手。

流苏

P.020～

将流苏挂在包包或其他配饰上都非常能彰显个性。不同颜色变换搭配可以营造出多样感，还可以按照自己喜欢的尺寸进行调节。

手提袋

P.096～

能方便收纳日常生活必备品的手提袋。只要使用能缝制皮革的缝纫机便能轻松完成。

皮革手工使用的基本工具及材料

本书使用的基础工具套装为日本手工艺品公司的皮革手工缝制套装“标准版”。使用本套工具，能够完成有一定难度的作品。以这套工具为基础，再逐步增加其他需要的工具，有助于提高作品的完成质量。在制作时，除了这套工具以外，很有可能需要用于打出圆孔的圆冲。在皮革上打孔时，如果不使用打孔器是无法完成穿孔的。读者可根据自己的需要和国内的皮革工具，选择适合自己的工具和材料。

入门时推荐您准备好制作必需的工具套装

如图所示的工具套装包含了皮革手工所需的最基本工具，非常适合初学者。

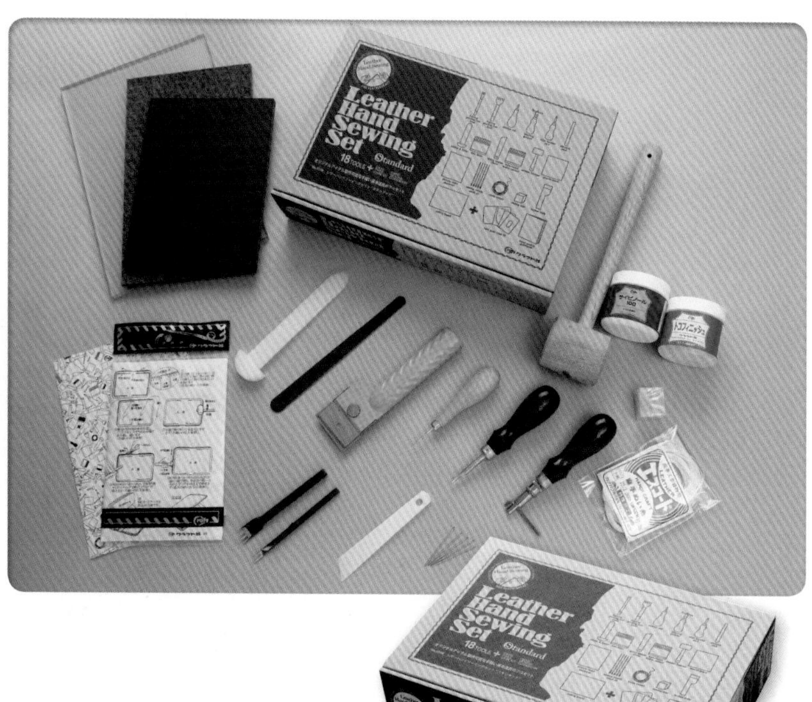

皮革手工缝制套装“入门版”

“入门版”中不包含裁剪工具，缝线也改为手工缝制用的蜡线，故套装中也不包含手缝用蜡。

皮革手工缝制套装“标准版”

套装包含 18 种手工缝制工具、使用说明书和卡套。基础工具全部囊括。

皮革手工缝制套装“标准版”

裁皮刀
刀刃变钝后，可以更换新的刀片。适合新手使用的剪裁工具。

带板磨边器
打磨、抛光皮革边缘的工具。带槽的磨边部分还可以用于缝制时划线。

菱錾（2毫米宽）
用于缝合前打孔。两齿菱錾和四齿菱錾即可完成大多数单品的制作。

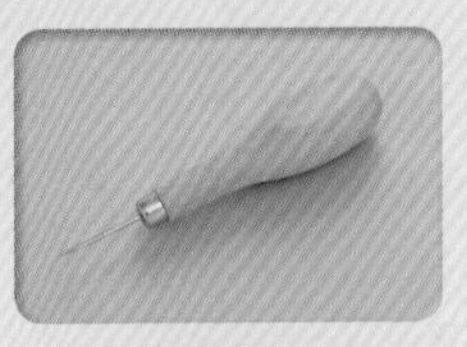

圆钻
打草稿、划线、打孔的常用工具，还可用于涂万能胶。

木槌（中型）
可配合菱錾用于打孔、敲平缝线等。

上胶片（20毫米）
涂胶水，可以把胶水涂得较薄且均匀。

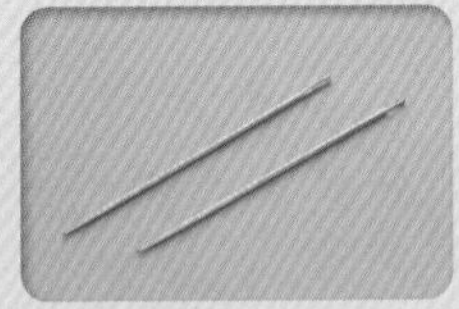

手缝针（细圆针）
基础款圆针可以穿过菱形孔轻松缝合，针眼大小与套装中的线配套。

手缝用蜡
主要成分为蜜蜡，涂在手缝用线上，可以防止起毛及磨损。

软线（中号、天然）
用麻制成的基础款手缝用线，上蜡后再使用。

磨砂棒
处理倒棱留下的痕迹，还适用于处理拼接处的皮革。

削边器（No.1）
用于削边并使皮边成形。套装中的No.1的刀片宽度为0.8毫米。

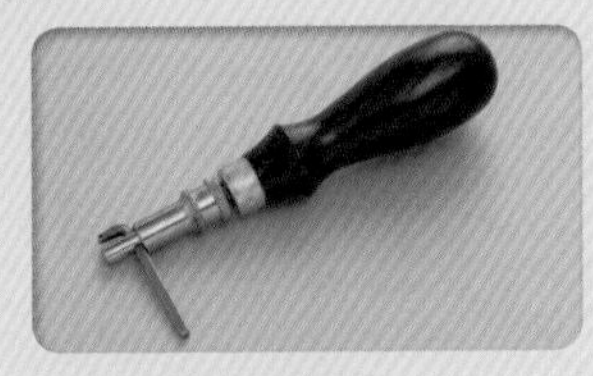

边线器
用于在较厚的皮面上划压缝制用标记线。可以调整与边缘的距离。

强力胶
水性万能胶。延展性较好，干透后变透明。用法是在皮革两面涂上胶水，在干之前贴合。

床面处理剂
防止床面起毛，还可在磨边时使用。

塑料板
剪裁时垫在皮革下面的板。防止损伤裁皮刀等的刀刃。

橡胶板
用菱錾或圆冲等打孔工具时使用的垫板防止损伤刀刃。

毛毡
垫在橡胶板下面，可以降低敲打时产生的噪音。

使用说明书
用图片形式对皮革手工缝制基础进行解说的入门指南。

卡套
使用马鞍皮制作的卡套套装，适用于练习。

需要另外补充的工具

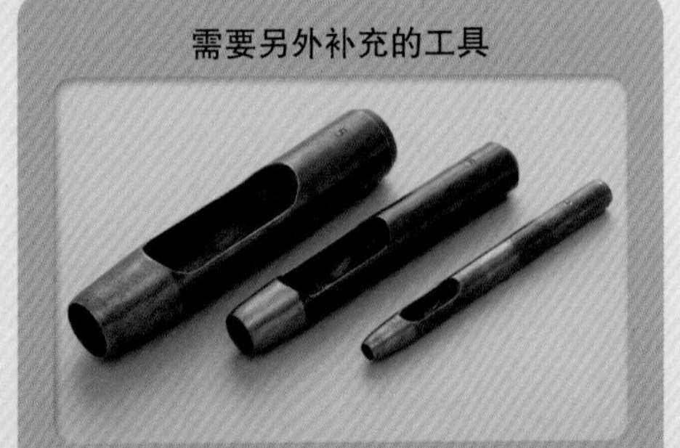

圆冲
在安装金属配件时一定会用到的打孔工具。请在确认需要的规格后购买。配合木槌敲打也可以打孔，但务必在橡胶板上进行作业。

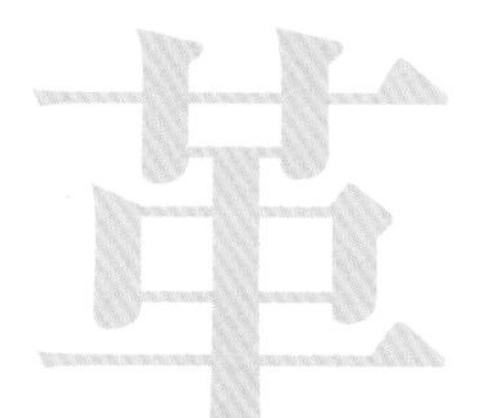

关于皮革的四个常识

初次挑战皮革手工的读者请先记住这里介绍的4个“基础中的基础”。

本书中刊载了制作所需配件的纸型及制作工序的完整内容，只要足够的耐心，初学者一定能完成。但是，如果不了解以下4条“皮革特有的性质”，可能无法成功拼接皮革并完成作品，或是成品难以使用、容易损坏。内容本身并不难懂，请务必阅读后并在实际操作中留心这些注意事项。如此一来你一定会发现皮革的优良特性——将构思化作现实的可加工性、优良的触感及质感、让人想象不到的高品质等，然后更加热衷于皮革手工制作。

1. 皮革的种类

选购皮革时，需要注意皮革的“黏度”“厚度”和“鞣制方法”。“鞣制方法”对黏度和作品风格有很大影响，右边介绍了比较有代表性的鞣法特性。

本书介绍了每件作品适用的皮革及其特性。在记忆这些知识的同时，多通过实际触摸去了解皮革的质感，有助于帮助掌握如何选择适合的皮革。

植鞣革

植鞣革是一种黏度较高、弹性较低的皮革，容易留下折痕故而可塑性很高。随着使用时间增长，手感会越来越好，可以通过打磨皮边及皮面来进行制作。

铬鞣革

与植鞣革相比较轻较柔软，同时也是很结实的皮革。铬鞣革中有的质感如布料一样，可以用做夹克外套、包包等多种单品的制作。

结合鞣革

使用两种以上的鞣制法鞣制而成的皮革。比如用植鞣和铬鞣制而成的皮革会兼备双方的特长，具有独特的特性。

植鞣革的经年变化

植鞣革在使用过程中，颜色也会发生变化，多用于制作男性单品。

风格清新的铬鞣革

铬鞣革柔软的特性可以不经修饰直接应用在作品中，是制作内缝式作品时不可或缺的材料。

2. 皮革的正面和床面

皮革分为做过表面处理的正面和未做过处理的床面，一般将光滑面作为正面使用。作品完成后，要小心避免损伤正面。皮革的床面一般情况下都呈起毛状，除了用其他材料覆盖时，一般情况下必须使用床面处理剂处理。

床面

3. 部位与纤维的方向

皮革是由动物的皮毛制成的，动物身上部位的不同，其纤维的走向也会有所不同。顺着纤维方向使用皮革时，虽然延展性不足，但具有不易扭曲变形的特性，而垂直纤维方向使用皮革时则具有相反的特性。因此，在选择作品各个配件所使用的皮革时，必须先分清纤维的方向再做选择。右上方的照片是从牛皮背部切开的右半边皮（即半裁），上面标出了牛皮上各部位以及纤维的走向。最易加工使用的是纤维方向一致的背、肩部。

直接购买切割好的皮革时，虽然无法得知其部位，但可以通过弯曲皮革感受其质感以确定纤维方向。

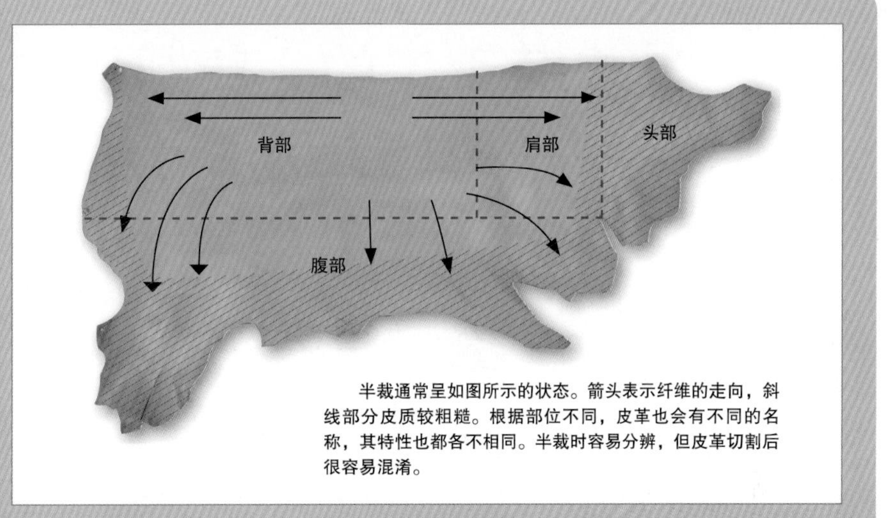

半裁通常呈如图所示的状态。箭头表示纤维的走向，斜线部分皮质较粗糙。根据部位不同，皮革也会有不同的名称，其特性也都各不相同。半裁时容易分辨，但皮革切割后很容易混淆。

为各配件选择皮革的方法

像名片盒这样需要折叠使用的单品，应该平行纤维方向进行折叠（A）。而制作插卡袋时为了避免使用中不断被撑大，则应顺着纤维较难伸展的方向（B）。类似于手链这样伸展后会影响美观的单品，也同样要选择纤维较难伸展的方向（C）。

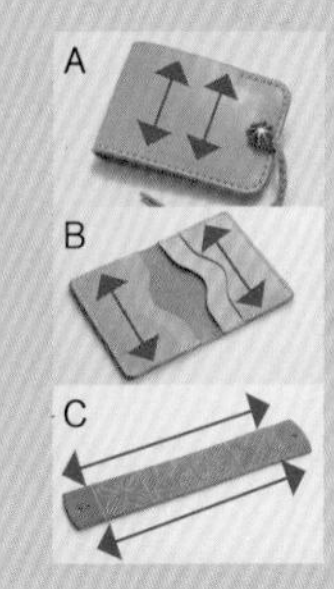

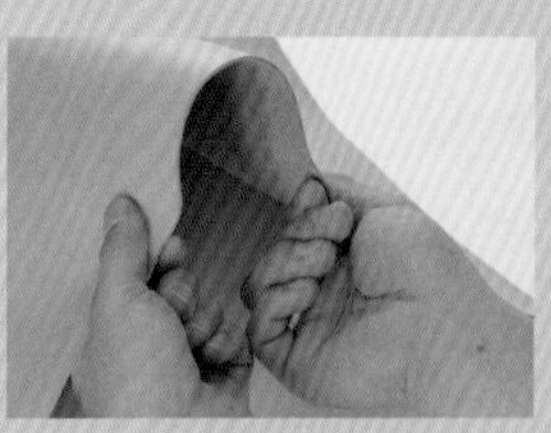

在不知道皮革具体部位的情况下，可以向各个方向弯折、拉伸来判断纤维的走向。

4. 购买方法

通过实际触摸，确认皮革的质感和厚度来选择适宜的皮革种类。但是需要注意在购买前不要因过度触摸而弄脏皮革。

使用抄皮服务

一家店铺不可能网罗所有种类及厚度的皮革，没有找到满意的皮革种类和厚度时不妨前往提供抄皮（打薄床面来调节厚度）服务的店铺。

购买皮革时，可根据本书介绍的要点为基础，结合自己想制作的具体单品来选择。注意相同皮革不同的“鞣制方法”而呈现的差异。多观察、多实践，体会各种皮革的不同触感。在还不能完全熟练运用时，最好告诉店员制作单品的设计、样式及风格，请他们帮忙选择。

店铺中的皮革一般以“半裁”状态进行售卖，也有不少裁剪成各种尺寸的。虽然有诸如无法选择精确部位、厚度、皮革种类等缺点，但可以只购买所需的量，比较经济实惠。

皮革手工的一般制作流程

step① 选择

首先要选择想要制作单品的样式。然后再选择合适的制作方法（手缝还是使用缝纫机）以及皮革种类。选择完毕后准备好所需工具及材料。

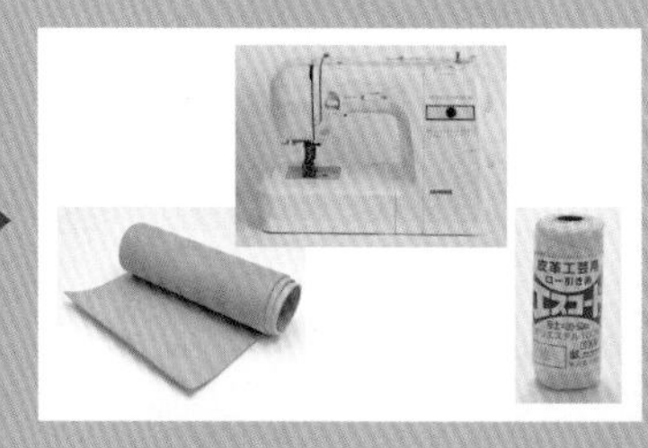

初学者不妨从本书中挑选心仪的单品。本书中的每个作品都标明了具体制作方法、所需皮革及材料，请根据说明准备材料及工具。

剪裁

根据纸型在皮革上描出形状，用裁皮刀等工具裁出各个配件。为了能顺利裁出笔直的直线和流畅的曲线，可以先在废弃的皮革边角料上做一下练习。

用皮革制作时，有时会需要在制作完成后打磨切口（边缘），必要时切掉一部分也可以弥补。但是这样会增加工作量，所以应尽可能提高切割水平。

缝制

用胶贴合各个部分，再手缝或缝纫机缝合（或锁边）。制作工序较复杂的作品时需要注意组合顺序、贴合范围及缝制范围。

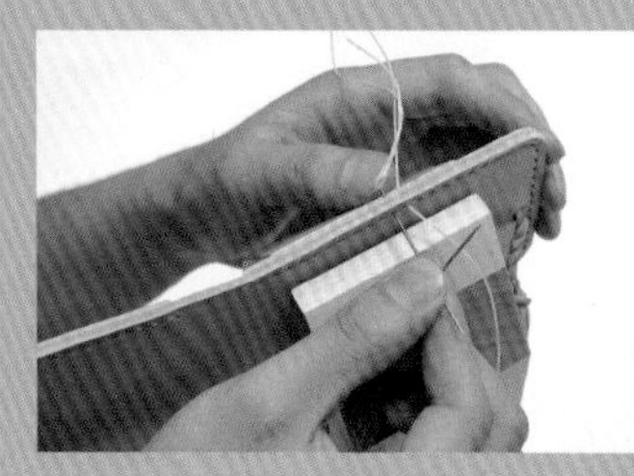

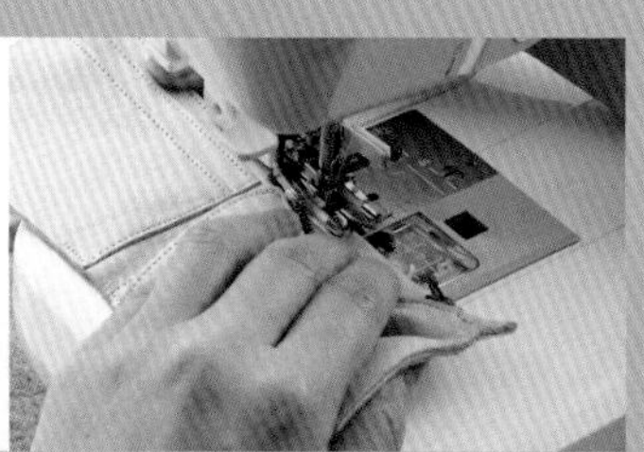

把一块单薄的皮革加工成富有立体感的作品时，作品在加工过程中逐渐成型，亲眼见证这一过程能让制作者更有动力，这也是皮革手工特有的乐趣。

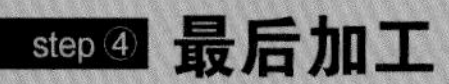

最后加工

影响作品外观的一大要素就是完成制作后，对外皮边缘部分的加工（主要针对植鞣革）。尽可能将边缘抛光，提高作品质量。

使用磨砂棒、带板磨边器等工具磨整皮边，再用床面处理剂使毛边更加光滑。需要注意的是，有些部件需要在缝制过程中进行打磨。

part-1

无须缝制即可完成的单品

只需通过打磨边缘、沾水成形、胶水拼接等方法就可以制作出优秀的作品。初学者可以通过本章的学习，掌握不同皮革的处理方法及其特性。首先，我们先从简单的作品开始，学习皮革手工的基础制作吧！

所需工具

在 part-1 中将介绍无须缝制即可完成的单品。可能有读者会疑虑“这样也可以制作皮革工艺品吗？”无须担心，即便免去缝制过程也可以制成皮革手工艺品。part-1 的主题和概念，就是帮助初学者实现皮革处女作的愿望。其中，既有只需剪裁和打磨就能制作的单品，也有仅使用胶水拼接的单品。植鞣革的可塑性很强，具有在湿润状态下塑形，干燥后定型的特性。只要能善加利用它的可塑性，仅一张皮革也可制作出一个富有立体感的单品。在 part-1 中我们将介绍利用皮革的这种可塑性制作的单品，相信对了解皮革性质也有一定帮助。按照顺序尝试制作，一起提高皮革手工的制作水平吧！

剪裁工具

皮革的剪裁是最基本的操作。皮革较薄的情况下，可以用剪刀代替裁皮刀进行剪裁。还不习惯使用裁皮刀时，可以借助矩尺裁剪长线。

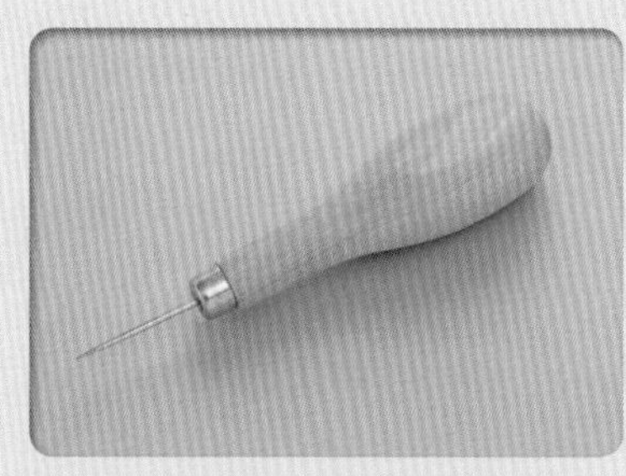

圆钻
用于在皮革表面描出纸型轮廓或标出打孔位置。

剪刀
最常见的剪裁工具。虽然无法用于剪裁较厚的皮革，但需要剪裁流畅的曲线时可以使用。

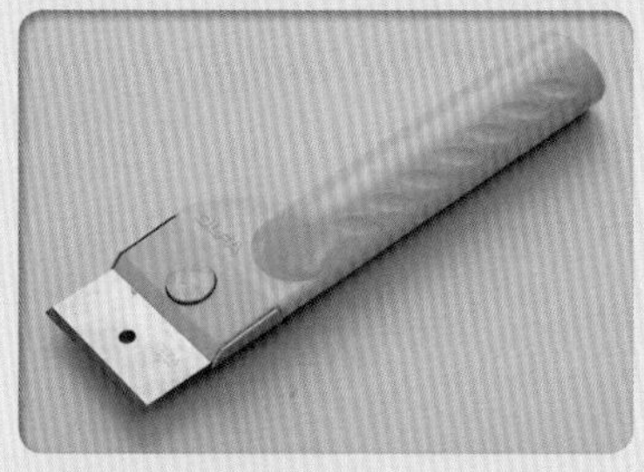

裁皮刀
刀片为可替换式，所以当刀刃变钝后可以马上进行替换。本书中，裁皮刀是常用的基础工具。

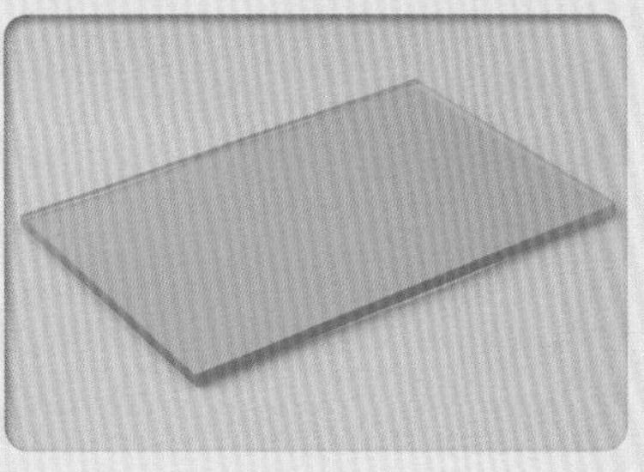

塑料垫板
铺在皮革下方以协助进行剪裁作业。由于厚度和软度适中，既不损伤剪裁工具的刀刃，还能帮助流畅地剪裁皮革。

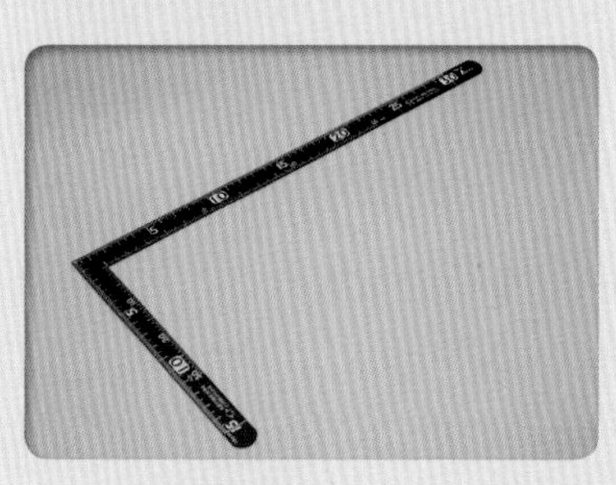

矩尺
可以用作计量长度、也可以与裁皮刀或剪刀搭配用作剪裁时的辅助工具，是金属制的 L 形尺。

黏合工具

part-1 中将介绍不用缝制也能制作的单品，其中需要使用黏合剂黏合各个部件。第 13 页套装中的黏合剂是干前黏合的，但根据作品不同，有些情况下使用半干时黏合的橡皮胶更加适合。请根据需要选择匹配的黏合剂。

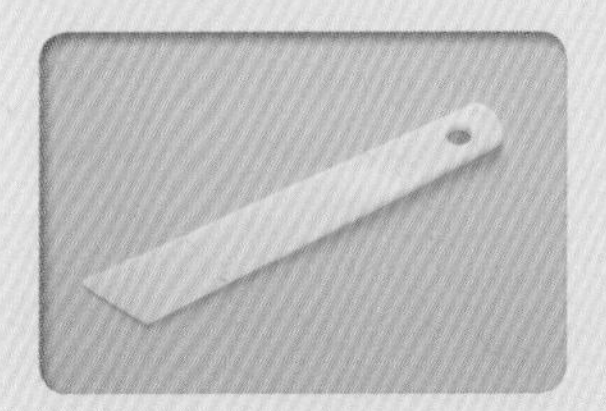

上胶片
用于将黏合剂涂抹均匀的板。基础工具套装中的上胶片规格为 20 毫米，如果需要涂抹较大范围，使用 40 毫米规格的比较方便。

强力胶
水溶性胶水，用法为涂在需要黏合的两面，在胶水干之前进行黏合。此胶水的气味不刺鼻且无毒。

橡皮胶
合成橡胶类胶水。用法为涂在需要黏合的两面，在半干状态时进行黏合。由于含有有机溶剂，所以在使用时必须做好通风工作。

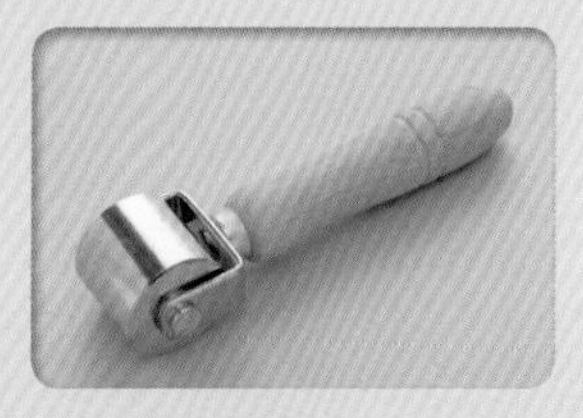

推轮
用于按压胶水黏合的部分。可以在不损伤皮革的情况下，给予均等的压力，起到很好的按压作用。

皮边打磨工具

皮边的打磨可以说是决定作品质量的重要加工过程。用带板磨边器进行打磨是最基础的做法，初学者也可以通过各种尝试找到适合自己的皮边打磨工具。

磨砂棒
分为粗粒和细粒两面，是一把呈条状的锉刀。用于磨平皮边使皮边更圆润。

削边器
加工皮边时，用于削去切口处多余的皮革。倒棱后再使用磨砂棒，可以加工出平整的皮边。

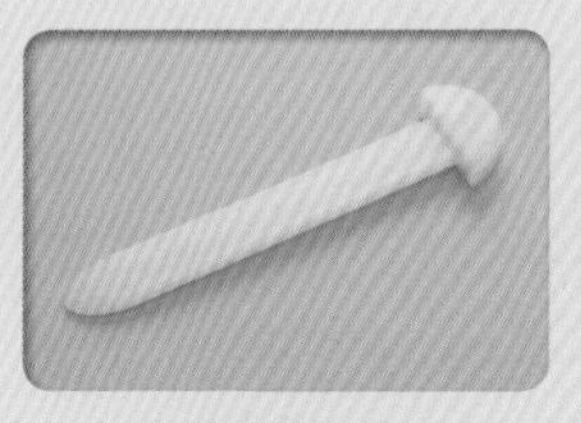

带板磨边器
最基础的磨边工具，可以适当弯曲，并有效打磨皮边，还可以用于划出缝线和折线。

床面处理剂
涂上并打磨后，可以平整皮边和床面的起毛。用法是在皮革上薄薄地涂上一层后，再用带板磨边器进行打磨。

打孔工具

需要根据不同的打孔目的进行区分使用，请根据需要进行选购。

橡胶板
使用圆冲时垫在皮革下方，刀刃作用于橡胶板上，可以保护刀刃，保持锋利状态。

毛毡
直接在橡胶板上用圆冲打孔时，木槌敲击下会发出噪音。将毛毡垫在下面可以降低噪音。

木槌
敲打时不会损伤圆冲、菱錾、五金夹持工具等，还可以用于按压。

圆冲
用于打圆形孔。打孔时看准位置，用木槌敲打圆冲钻穿皮革。

流 苏

只需使用小块边角料就可以制作的流苏挂饰，其制作工序也非常简单。制作完成后可以用于装饰包包或小收纳袋，还可以挂在拉链头上，是一件多用途单品。当然，将其直接用作钥匙扣也是不错的选择。流苏挂饰的三层式样也非常富有设计感，制作手法简单却很实用，推荐初学者进行尝试。

【制作要点】

使用三张皮革重叠而成的流苏单品，只要改变皮革的颜色和长度就能变换出别样的风格。如要修改卷起后的厚度，别忘了留意三张皮革的平衡感。制作时推荐使用柔软性较好的铬鞣革，此外也可以用较薄的植鞣革进行制作。

制作者　星惠

▶纸型在 171 页

特殊工具

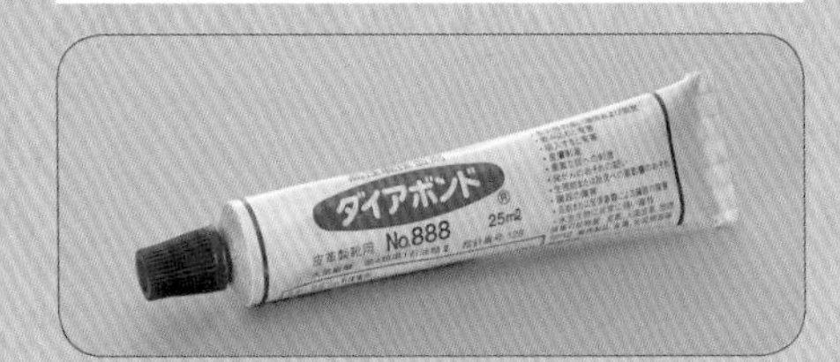

橡皮胶
本作品需使用较软的皮革，为达到比较蓬松的最终效果，而选择了具有柔软性的橡皮胶。

使用皮革

○ A：染色牛皮　驼色
○ B：染色牛皮　米色
○ C：新桶染牛皮　土黄色

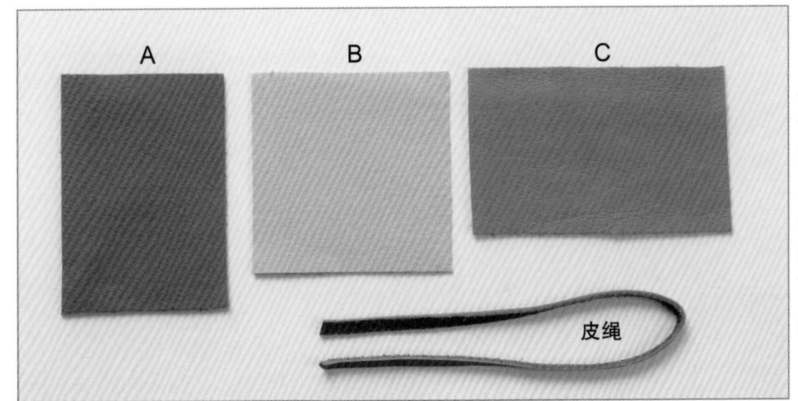

A~C 是流苏的主体。长度和宽度各不相同，请在纸型上进行确认。皮绳按照 4 毫米 ×250 毫米规格剪出，也可以直接使用购买的成品。

01

在 A、B 两处磨出 5 毫米宽的黏合区域。在此步骤中，暂不打磨 C。

02

在 A~C 上留出黏合区域，并以 2 毫米为宽度将皮革刻成条状。可以直接目测宽度进行切割，如果想要更精确，可以参照纸型上的切割线。

03

将皮绳对折，与皮革 A 的顶端对齐，并在同样高度处做上标记，作为黏合位置（此作品中是距顶端 65~70 毫米处）。

04

05 在上一步标出的黏合位置的床面涂上橡皮胶，将皮绳黏合起来。注意不要让皮绳滑动。

将正面黏合位置处打磨后，涂上橡皮胶。

06

在 A 的正面及床面黏合位置都涂上橡皮胶，并等待其变得不黏。

07

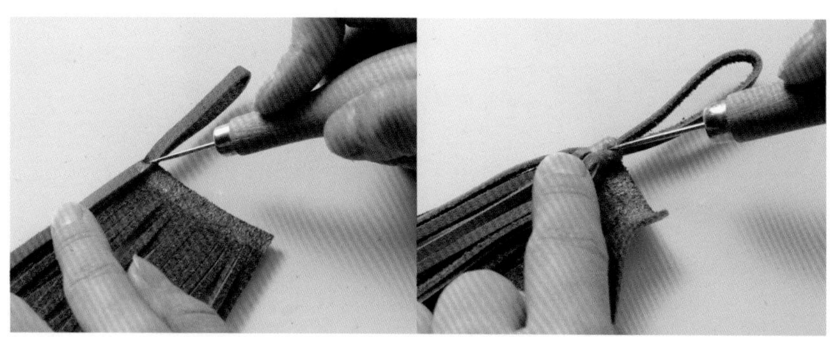

将皮绳对齐A的黏合位置贴住，并将其卷起。使用圆钻等工具可以防止卷得太松。

08

09 在B的正面及床面侧边黏合处涂上橡皮胶，并与A的顶端贴合，与上一步同样将其卷起。

POINT!

若先将C的黏合处打磨粗糙，表面有一部分会露出，所以只需打磨重合部分。因此，在给C涂橡皮胶之前先卷一次，在重合点做上标记。

10

11 将橡皮胶涂至正面上一步标记处的位置，床面则全部涂上。然后像B一样将C卷上。

最后用木槌的柄用力按压。

12

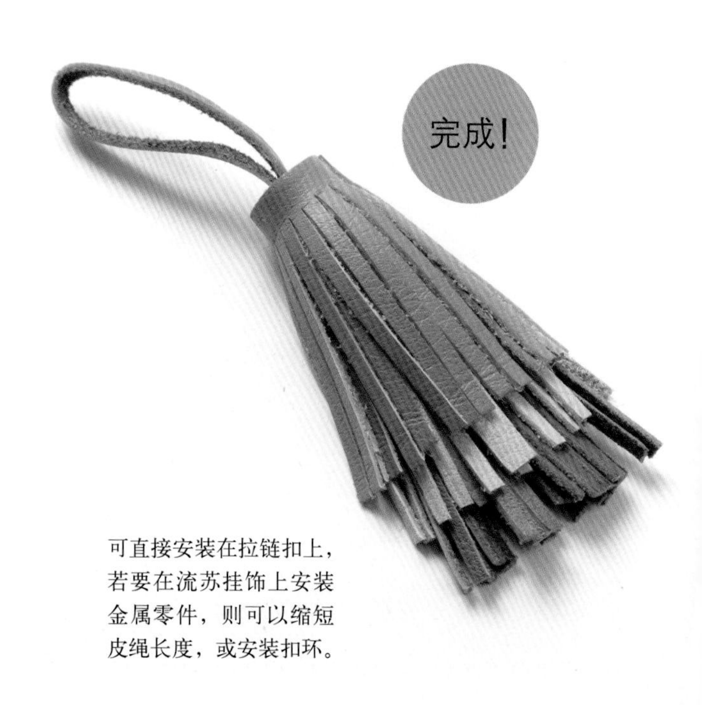

完成!

可直接安装在拉链扣上，若要在流苏挂饰上安装金属零件，则可以缩短皮绳长度，或安装扣环。

多样的皮革

在本书的皮革基础页面中介绍的植鞣革和铬鞣革都有各种颜色可供选择。制作时，即使只改变皮革和皮绳的颜色，也可以完成一个独具个性的作品。此外，本书虽以牛皮为主进行介绍，其实还有许多动物的皮革可供选用。只要运用得当，就可以制作出富有个性的作品，所以也别忘了尝试不同种类的皮革噢！

染色植鞣革

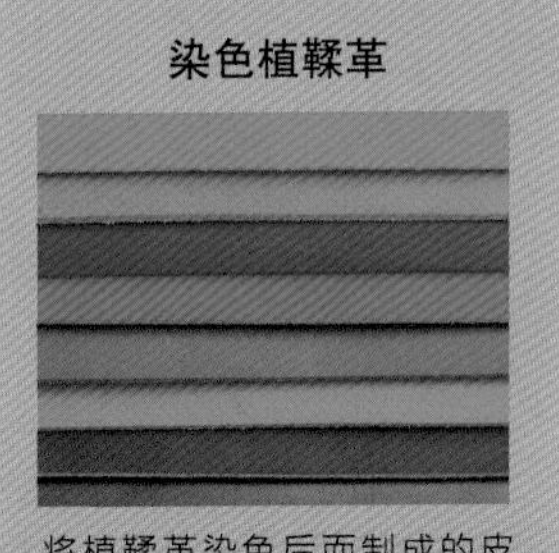

将植鞣革染色后而制成的皮革，有多种颜色可供选择。皮面质感也有偏光滑、偏饱满等多个种类。

玻璃猪革 / 起绒猪革

既薄又结实的猪革经常被用于作衬料及内料。其中比较具有代表性的是将猪皮植鞣革研磨出光泽后制成的“玻璃猪革”，它的特性是非常柔软且有一定黏度。还有使用揉搓加工法制成的软性玻璃猪革。此外，还可用猪革制作起绒革（床面起毛的皮革），它的特性是薄，方便使用，绒毛柔软舒适。

装饰革

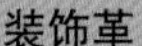

表面经过压花加工有凹凸纹，如竹篮花纹皮革（左）和鳄鱼皮纹仿革（右）。可以使用擦染做成仿旧复古风，也可以用丙烯画具上色，做成自己喜欢的颜色。为了能保持皮革形状，此种方法多用于较有弹性的皮革，如植鞣革和结合鞣革。

兔皮革

兔皮革的毛又长又软，质感相当不错。由于毛根部的皮革比较薄，容易损坏，所以需要与其他比较结实的皮革贴合后使用。剪裁时也要非常小心，用裁刀从反面仔细剪裁，注意只剪皮革部分，不要破坏毛。此外，还有鹿皮、小鹿皮、小牛皮、水貂皮等各种皮革。制作富有个性的作品时，可灵活利用这些皮毛进行装饰。

鹿皮・麋鹿皮

鹿皮柔软且结实，可以用作皮绳或花边。体型较小的鹿皮稍薄，叫作“鹿皮”，体型较大的鹿皮较厚，叫作“麋鹿皮”。这种皮革有着独特的皮纹和野性的风格，较柔软的质感适宜贴合肌肤。

异国风皮革

鳄鱼皮、蛇皮、蜥蜴皮、鳐鱼皮、鸵鸟皮等特殊的皮革总称是异国风皮革。图案大多很有个性，质感也很特别。这些皮革多被用于奢侈品品牌，价格也很高。

手 环

裁出所需皮革后打磨皮边。仅用最基本的皮革手工技巧就能打造出简洁大方的手环。使用较厚的植鞣革制作，观察其经年使用后产生的变化，还能体会其中别样的乐趣。用挖槽器在皮边刻出花纹可以凸显原创性。

【制作要点】

作品非常简洁明了，可以最大程度地展现出皮革原有的魅力。使用4毫米厚的皮革让手链呈现出硬朗的运动风。根据皮革的厚度、种类及颜色不同，作品的风格也会大不相同。

制作者　本山知辉

▶纸型在173页

需要准备的工具

挖槽笔
无须借助任何工具即可在皮面刻出花纹。改变刀刃的角度即可调整雕刻深度，不妨先在废皮上进行练习。

撞钉（直径6毫米）
常见金属零件，可直接嵌入插孔的零件。

使用皮革

○ 细：机车革　4毫米厚
○ 粗：多脂牛皮　2.5毫米厚

其他　刻刀、铁笔、透写纸

【普通手环】

按照纸型仔细剪裁皮革，打磨床面和皮边后就能制作完成。虽然制作简单，但也容不得马虎，每一个步骤都要仔细完成，非常适合作为皮革手工的入门练习。

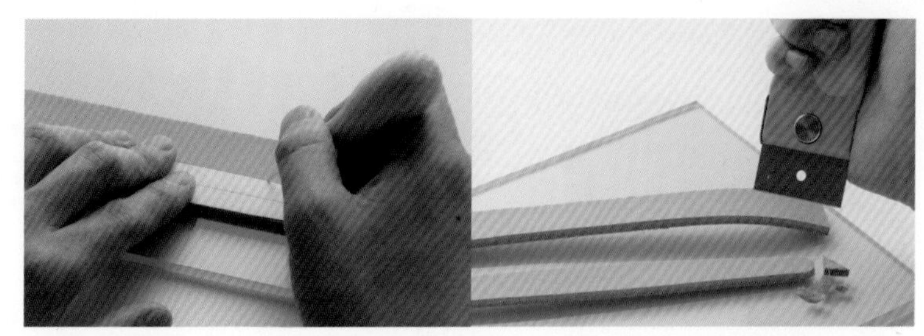

01 在皮革正面用圆钻按照纸型划线，并用裁皮刀沿线切割下来。可以先粗略地裁出形状，再沿线精确切割。

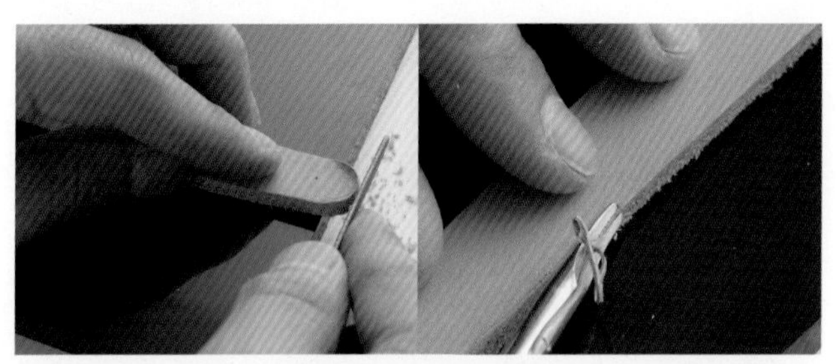

02 切割完成后修整皮边。用磨砂棒修整切口，用削边器将正面及床面上多余的皮削掉。

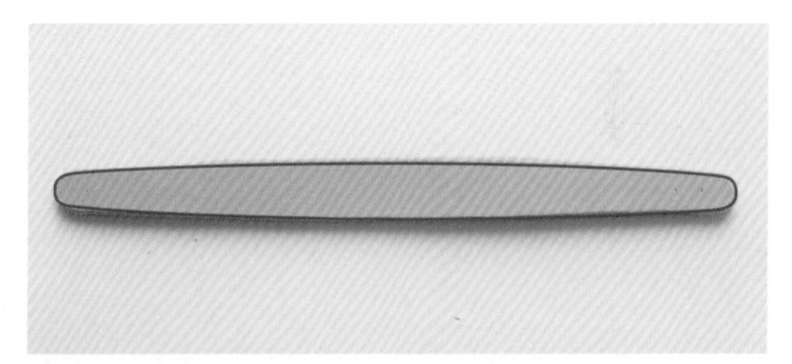

03 修整红色描出的部分。因为手环设计本身十分简洁，所以这一步对作品的最终外观影响很大。

用磨砂棒将皮边修整好，在床面及皮边涂上床面处理剂，再用带板磨边器打磨。

04

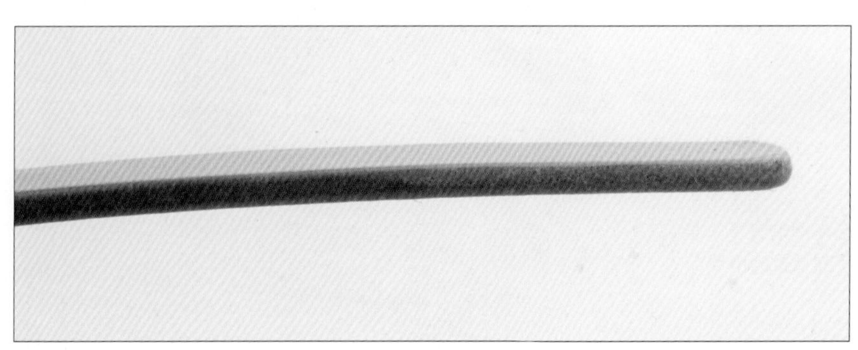

参照图示将皮边修整光滑。

05

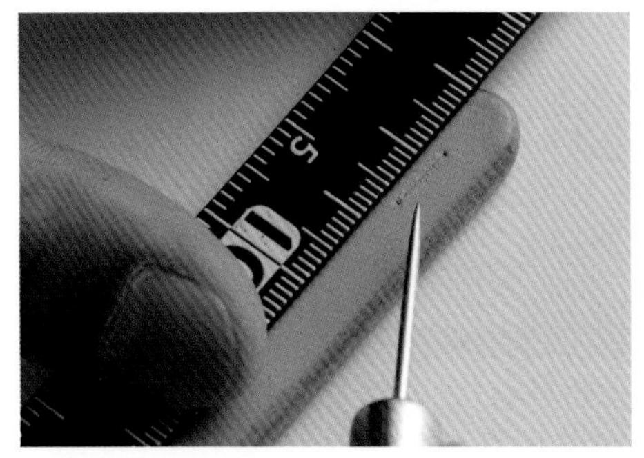

按照纸型在皮革上标出撞钉的安装位置及圆孔位置。

06

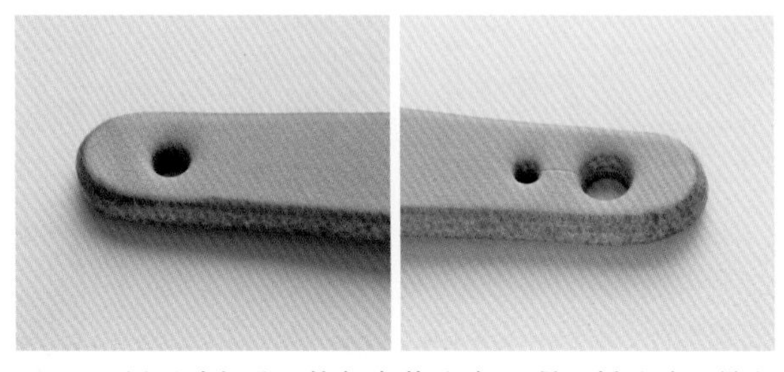

07 用圆冲打孔，撞钉安装孔为 10 号，插孔为 6 号和 15 号。

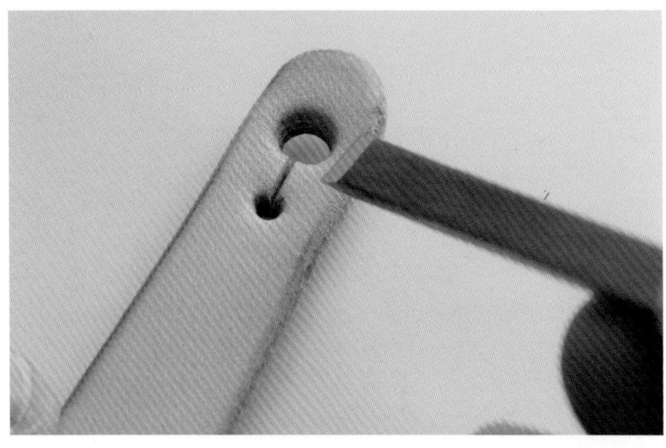

08 将两个插孔之间切开，让其相通。需要切割的部分较窄，用刻刀会比较方便。

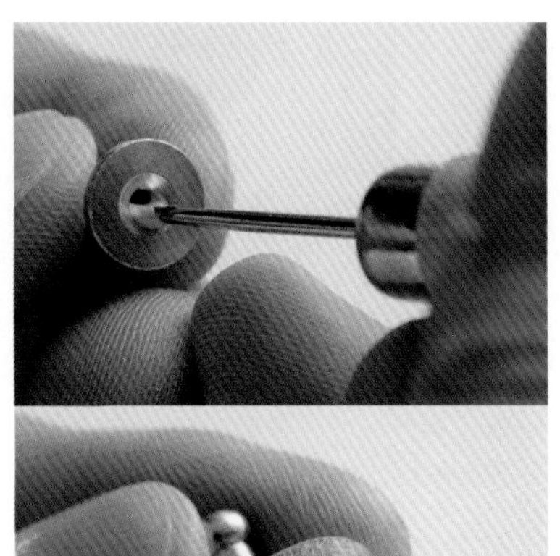

在撞钉的螺纹孔中涂上皮革强力胶，装上螺丝将撞钉固定。

09

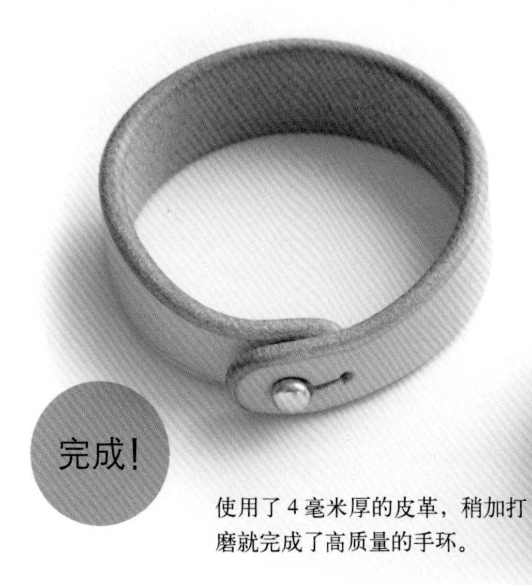

完成！

使用了 4 毫米厚的皮革，稍加打磨就完成了高质量的手环。

【艺术手环】

顺利完成了基础款的手环后，就可以尝试用挖槽笔刻上自己喜欢的图案。挖槽笔可以像笔一样在皮面上雕刻，顺手之后可以刻出各种精致的图案。

准备要刻的图案。可以选择自己喜欢的花纹。

01

在透写纸较粗糙的一面用铅笔描上图案，尽可能描得准确一些。

02

在透写纸上描完图案后，确认一下是否有漏描的部分。

03

按照纸样切割皮革。

04

用透明胶带将描有图案的透写纸反面与皮革贴在一起。

05

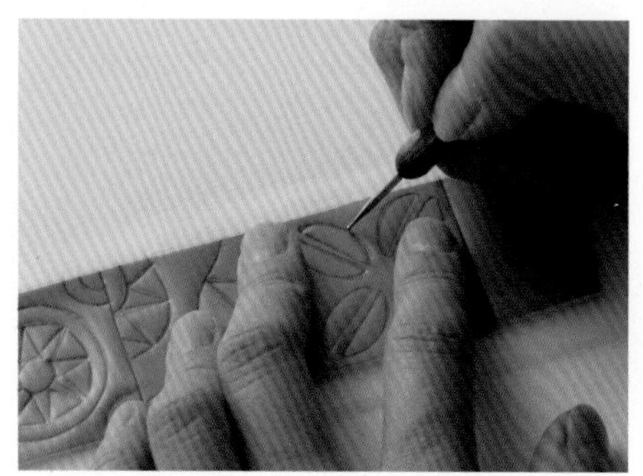

用铁笔将透写纸上图案刻至皮革上。

06

图为刻上图案后的皮革。将其与原来的图案比对，检查是否漏描。

07

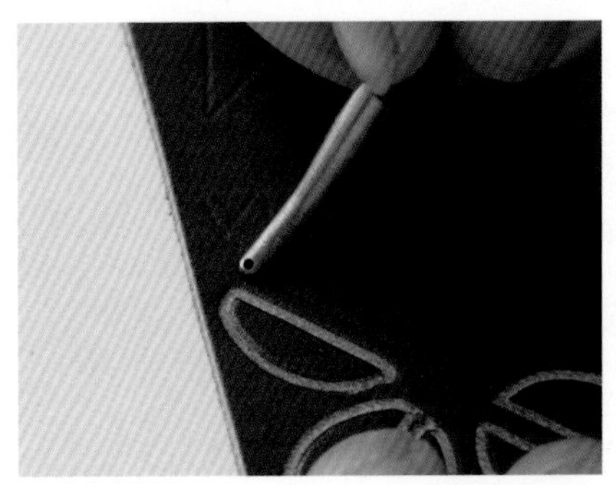

用挖槽笔沿着之前的印记在皮面上进行雕刻。要注意，根据刀刃的角度不同，刻下的深度也会不同。

08

从线的起始处开始，用挖槽笔进行雕刻。从一端刻到另一端的过程中不要停顿，并且注意深度保持一致。

09

由于是在皮革正面进行雕刻，如果失败了是无法重新来过的，所以雕刻时一定要十分仔细。

10

图为用挖槽笔在皮面雕刻完成后的效果。

11

即使是相同的图案，使用不同颜色的皮革也会呈现完全不同的感觉。

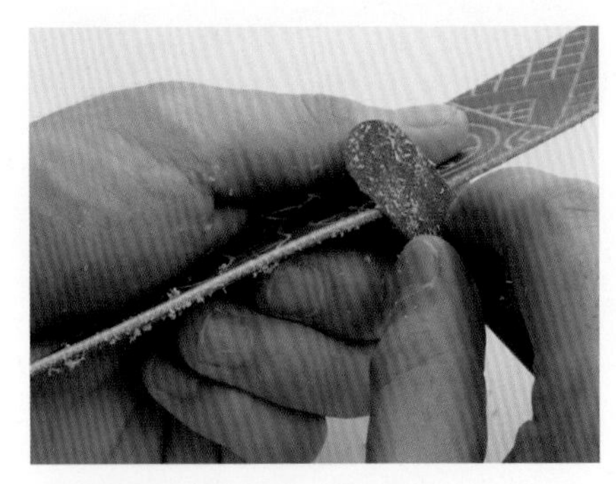
用磨砂棒修整皮边，用削边器修整皮革正面和床面。

12

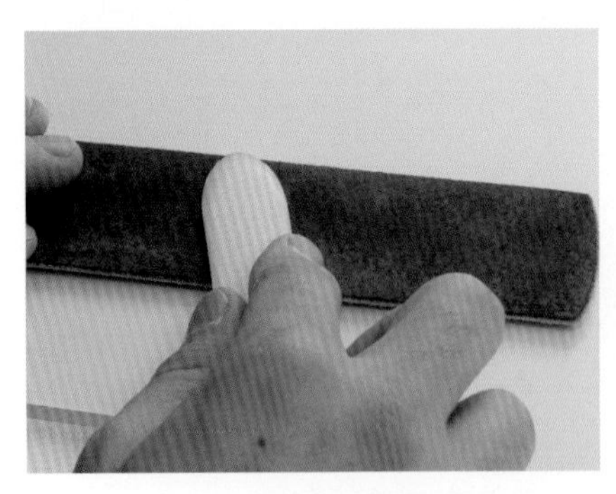
在床面涂上床面处理剂，再用带板磨边器进行打磨。

13

在皮边也涂上床面处理剂，同样也稍加打磨。

14

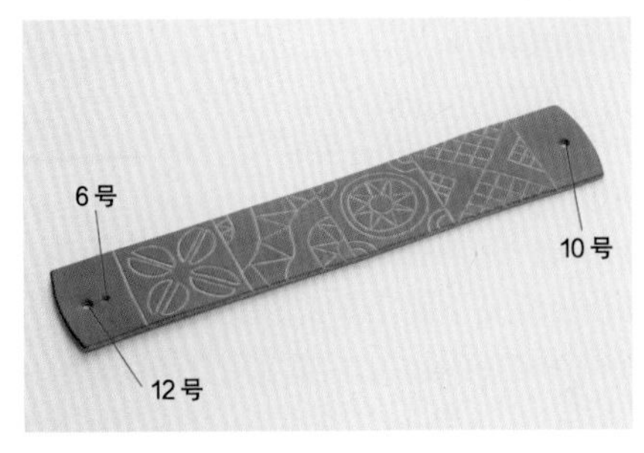

用圆冲打出撞钉安装孔和插孔，并将两个插孔之间的部分切开。由于皮革的厚度有细微差异，所以插孔尺寸略有不同。

15

安装撞钉。在撞钉的螺纹孔中涂上强力胶，再装上螺丝。

16

完成！

选择任意喜欢的图案，来设计自己的原创手环吧！

小饰物

这里介绍的两种装饰物既可以直接用作胸饰或头饰，也可以用作装饰其他较大的物品。利用铬鞣革柔软的特性让作品呈现出丰富的层次感。这两种装饰物的制作方法都非常简单，不妨先用多余的边角料制作几个试试，十分适宜用作包包等物品的装饰。

【制作要点】

选用皮革时以柔软的铬鞣革中比较有张力且稍厚一些的最为适宜。花型装饰物是利用皮革受热收缩的特性而营造出立体感。制作时一定要小心，防止被火烫伤。

制作者　星惠

▶纸型在 166、172 页

需要准备的工具

酒精灯
通过火烤使皮革收缩。由于打火机的火太小，不便于制作，所以准备一台酒精灯为宜。

两用胸饰别针
用于胸饰制作，需要准备专用的别针。

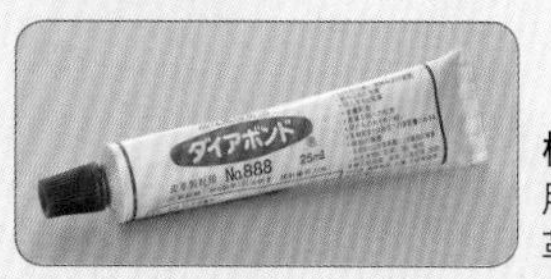

橡皮胶
用于胸饰制作，在黏合皮革和别针时使用。

使用皮革

- ○ 球状饰物：起绒猪革　蓝色
- ○ 花朵饰物：染色牛皮　驼色

【球状饰物】

将 6 张柔软的圆形皮革折叠后串在一起就可以制作出球状的可爱饰物。皮革数量可根据皮革的质感进行调整。数量多少也决定了最终呈现出的风格。一般都是制作半个球形，这里还将一并介绍完整球形的制作方法。

圆的大小直接影响完成品的大小，除纸型上的两种尺寸以外，还可以根据喜好来改变大小。在最后剪取适当长度的抽线即可。

01

如果对裁皮刀的运用已经比较熟练，可以按照纸型直接裁出圆形。如果还不熟练，可以先描画后再用剪刀进行剪裁。

02

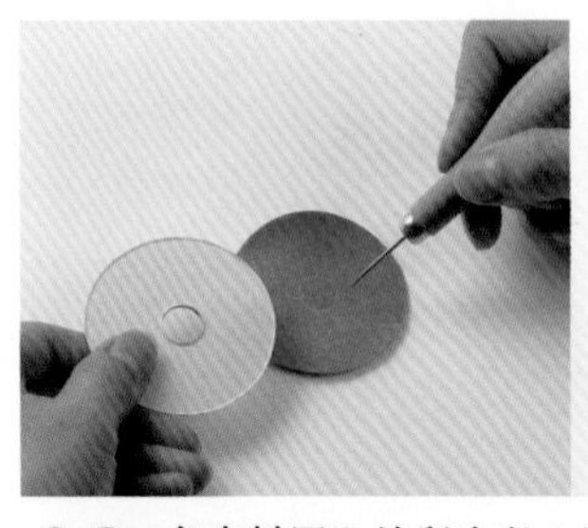

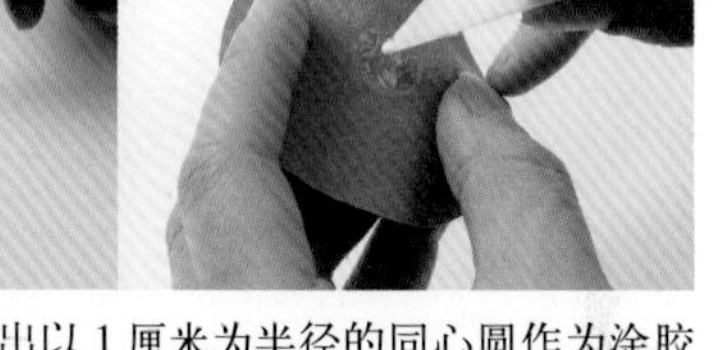

03 在皮料圆心处留出以 1 厘米为半径的同心圆作为涂胶水处。参照不带涂胶水处的纸型，用圆钻在正反两面描出圆圈，涂上强力胶。

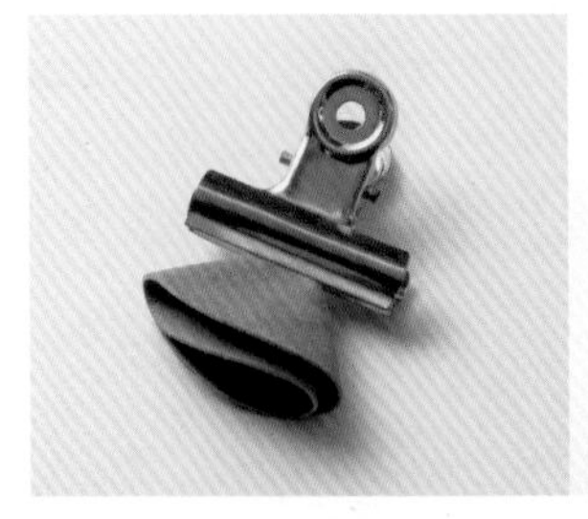

04 四等分折叠后，用夹子夹住涂胶水处直至胶水晾干。涂胶水处以外的部分不要留下折痕，让其保持蓬松状。

在折角处用 12 号圆冲打孔。需要注意的是，过于靠近边缘会容易打穿。

05

POINT!

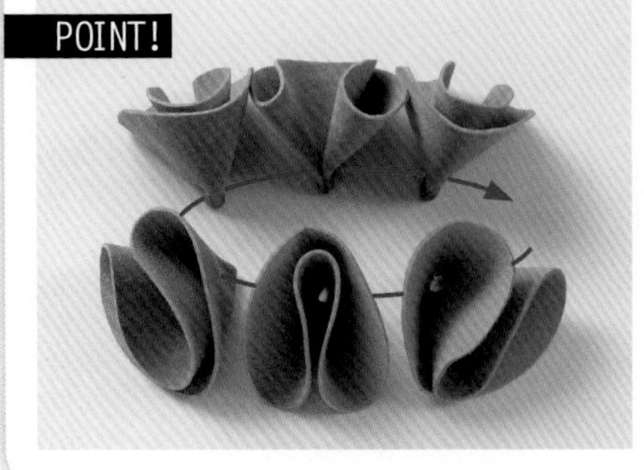

用皮绳串起时，将折叠好的皮革朝不同方向交错摆放，最后成品的立体感更强。

06

07 用圆钻将皮绳穿过所有圆孔，再紧紧扎起来。

打两个平结固定。谨慎起见，可以在打结处涂上少许强力胶进行固定。

08

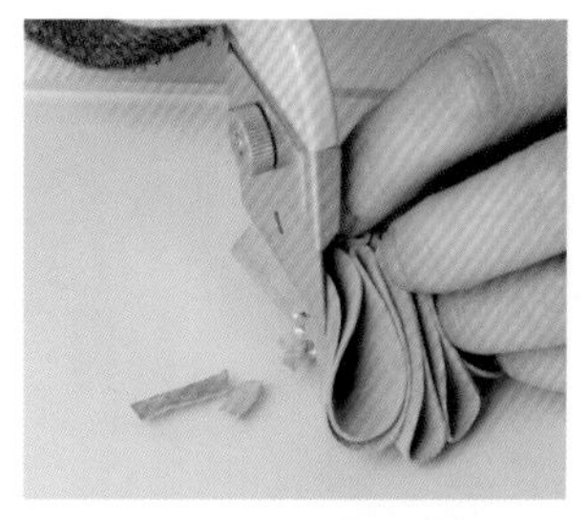

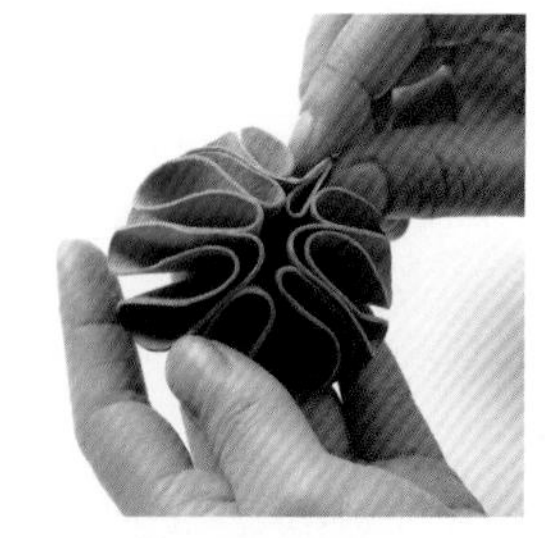

09 将多余的皮绳剪掉，尽量剪干净。再对整体进行调整、塑形，就可以完成球状饰物了。

10 如果要装上胸饰别针，先把别针圆形接合部分在球形花内侧比一下，在其范围内涂上橡皮胶进行贴合。

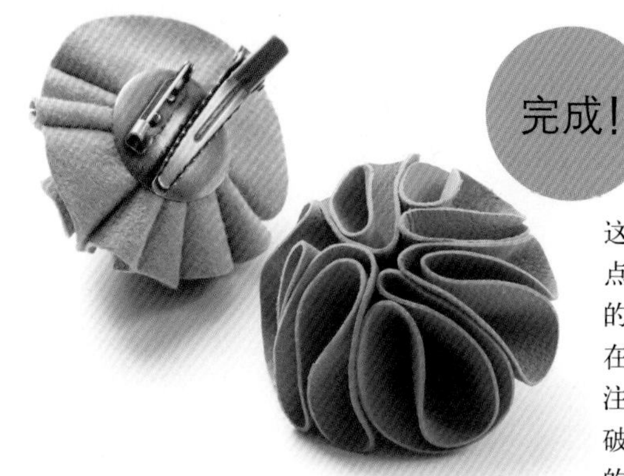

完成！

这个作品的要点在于其蓬松的质感，所以在制作过程中注意不要过分破坏皮革原有的状态。

应用篇　完整球形

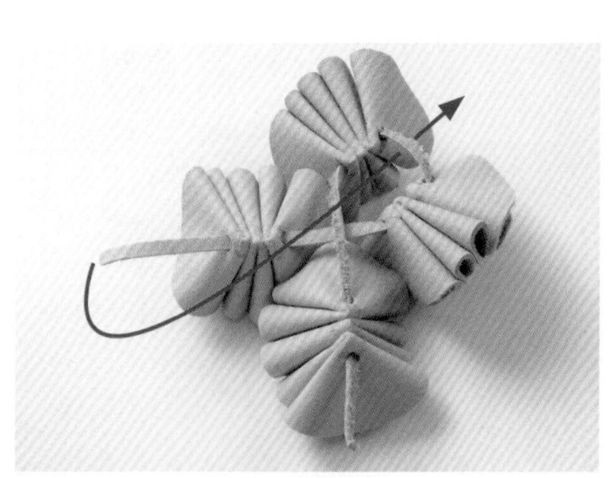

需要使用 12 张圆形皮革。将折叠好的皮革朝不同方向交错摆好，再用皮绳穿过圆孔，做法与半球形版本基本相同。如图每个部分需要 3 张皮革。

01

将皮绳如图交叉穿起形成圆环。

02

03 拉紧两端皮绳，打一个平结，稍加整理后就形成了一个完整的球体。然后在球心处装上链条以方便使用。

将这个挂饰搭配在 p96 中介绍的手提袋上，也可营造活泼灵动的效果。

完成！

【花朵饰物】

片形花的做法是将花瓣状皮革的边缘用火稍加炙烤后，皮革受热卷曲形成立体造型，再将尺寸不同的两片花瓣状皮革组合在一起后完成的，柔软且饱满。制作时还可装上花蕊，让作品更真实。

准备2张大小花瓣状皮革，按图所示剪好切口，使其近似四叶草的形状。用作花蕊的皮料1条，用作抽线的皮料2条。

01

由于切口较长，用剪刀剪更顺手。为了让切口尽可能流畅，下刀时要仔细。

02

在花瓣的中心处用12号圆冲打孔。

03

04 将花瓣的边缘在离火苗稍远处烤一会儿，受热部分会卷缩起来，以达到立体效果。离火苗太近容易烫伤，所以制作时要仔细。可以先用碎皮料进行练习。

05 两片花瓣受热后效果如图。不论使用何种火源，请注意不要烧焦皮革及烫伤自己。

在做花蕊的皮条边缘留出2~3毫米作为涂胶水处，剩余部分以2毫米为间隔切开。切割时通过目测，大致相同即可。

06

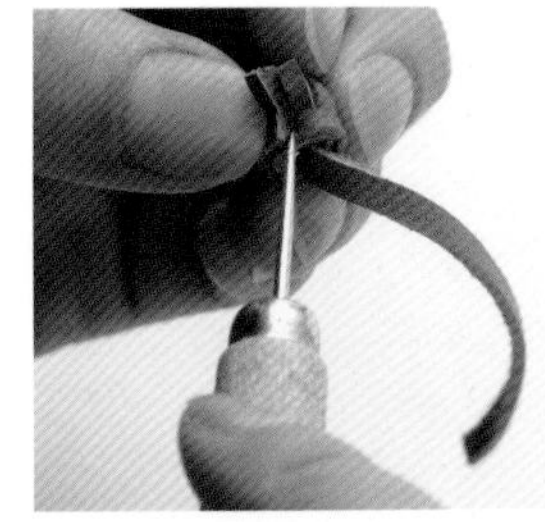

07 将皮绳卷起来，在两端重合的位置用圆钻标出。展开，对需要涂胶水的正反面部分进行打磨。

在花蕊皮条正反面打磨过的部分涂上橡皮胶，等待其干燥。

08

花蕊与皮绳一端如图贴合。（皮绳贴合部分需先打磨并涂橡皮胶）。

09

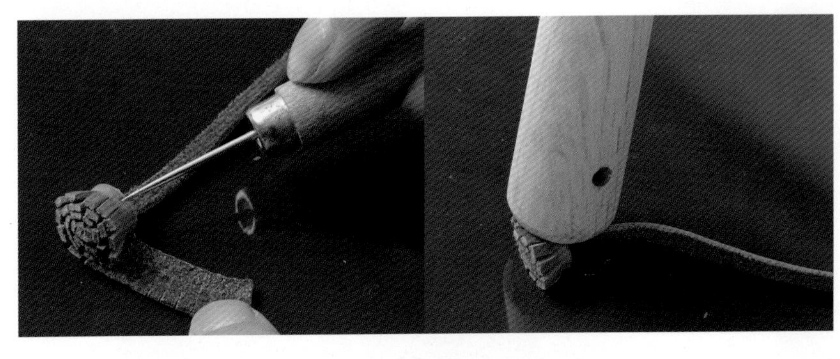

将花蕊绕着皮绳卷起来，尽量不要让它松弛。最后用木槌的柄按压固定。

10

11 皮绳顶端比花蕊要粗，所以要把它修剪至和周围花蕊部分一样粗细，再将整体稍作调整。

将2张花瓣皮革重叠后，将卷入花蕊的皮绳另一端穿过花瓣中心的圆孔，注意要从正面穿过。

12

为了不让花瓣错位，在如图位置涂上少许强力胶进行固定。

13

将皮绳抽至花蕊和花瓣重合位置，再对整体进行微调。

14

将背面的皮绳整理成环状，用强力胶固定。再将另一根皮绳也固定。

15

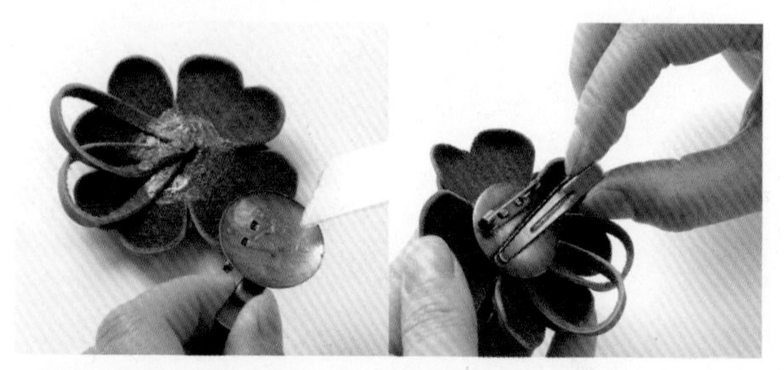

16 用橡皮胶安装上胸饰别针即可制作完成。

完成!

安装金属部件时，注意按压时不要破坏作品的外形。

钱包挂绳

用皮条编织的钱包绳，由 4 根皮条麻花式编织而成，可以在两端装上龙虾扣。因为用途较广，所以相当受欢迎。可以用一种颜色的皮革制作，也可以用多种颜色混搭。长度也可以自行调整，制作出最适合自己的钱包绳。

【制作要点】

皮绳编织时的松紧极大影响了最终呈现的效果。一般来说编得越紧实，针眼排列得越整齐、紧密越好。此外，根据选用皮革的不同，编时的松紧程度也会有所不同，所以编制时还要符合皮革特性。

制作者　本山知辉

需要准备的工具

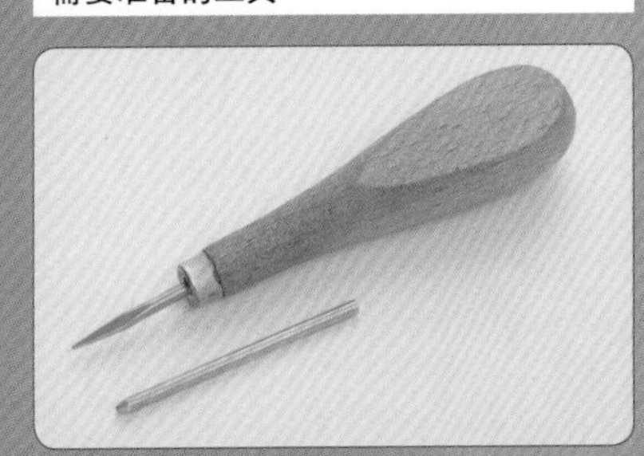

皮革锥、特制皮革针（粗）
编织本身一般不用工具，但在最后打结时要用到皮革针，所以需要备好皮革锥。

使用皮革

○ **马鞍革**　1.7 毫米厚、4 毫米宽、180 厘米长，两条。

▶ 绳子部分的编织方法

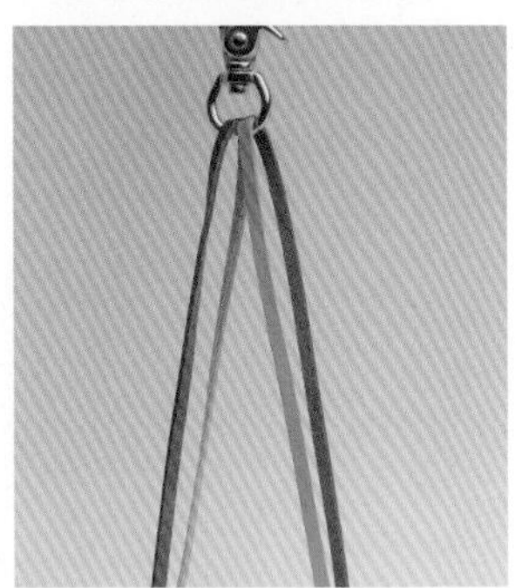

将 2 根皮条挂在龙虾扣上。这里为了看得更清楚，将皮革分为 4 种颜色。

01

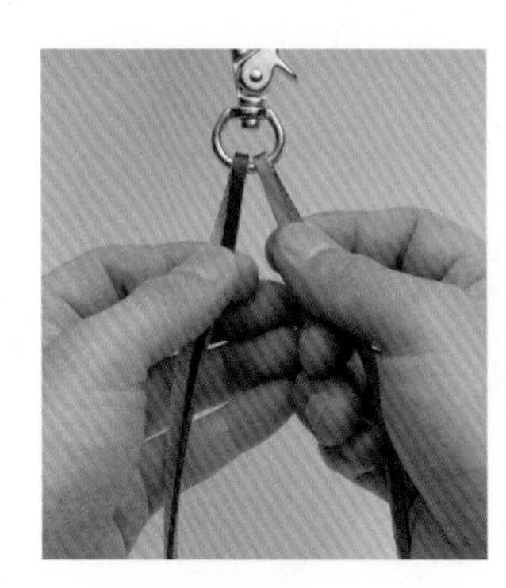

粉色和茶色是正面，粉色的背面是绿色，茶色的背面是米色。

02

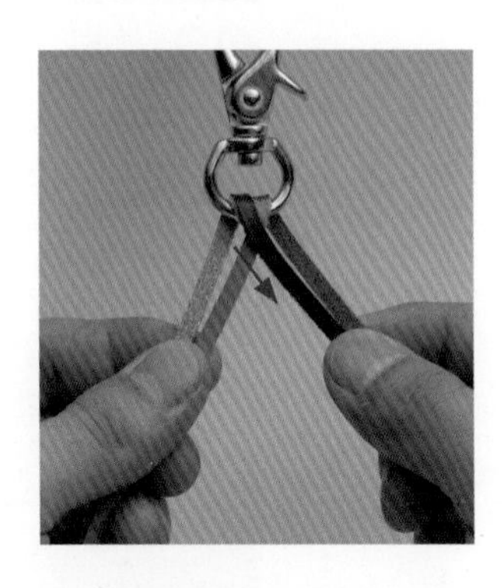

首先，将粉色和茶色两面朝外并交叉。

03

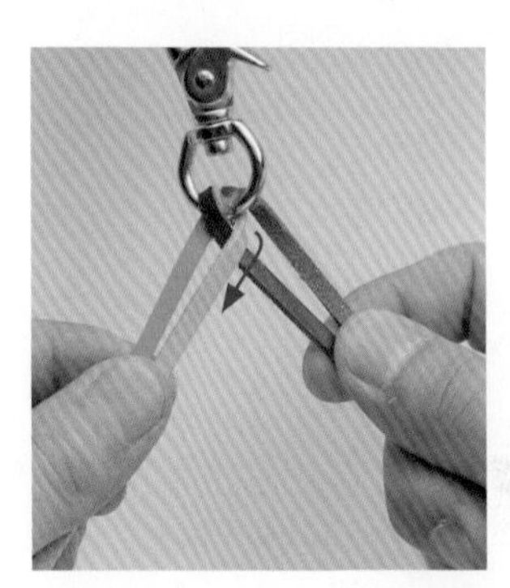

将米色从背面穿过茶色和绿色之间，再与茶色交叉。

04

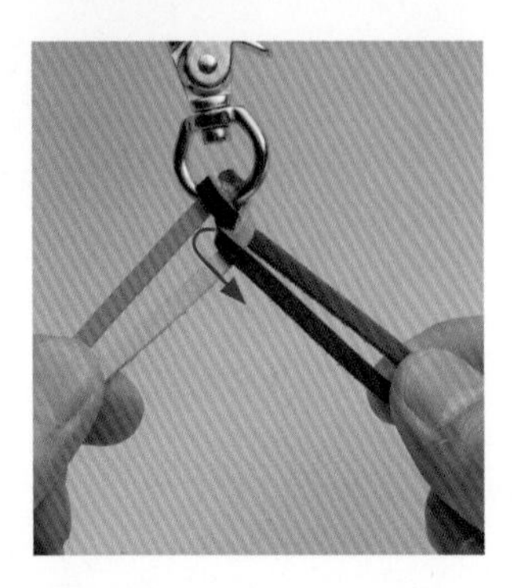

将绿色从背面穿过粉色和米色之间，再与米色交叉。

05

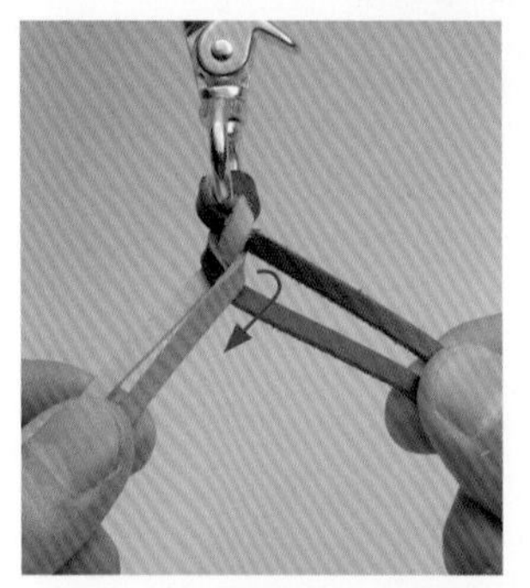

将粉色从背面穿过茶色和绿色之间，再与绿色交叉。

06

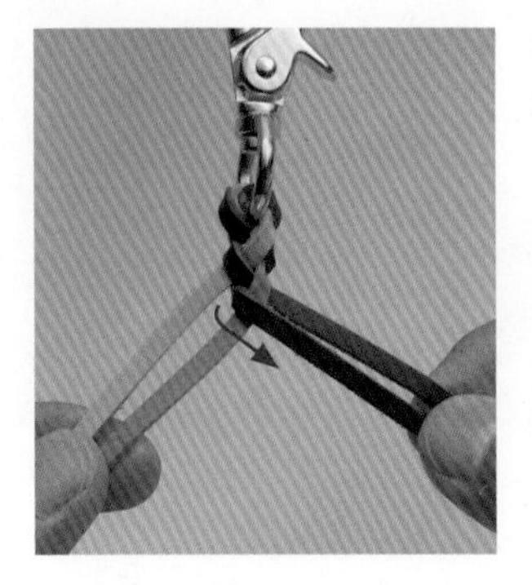

将茶色从背面穿过粉色和米色之间，再与粉色交叉。这样就变成与 03 一样的状态。再重复 04 到 07 的步骤进行编织。

07

编织至所需长度，拉紧后调整针眼。

08

▶ 方形编织

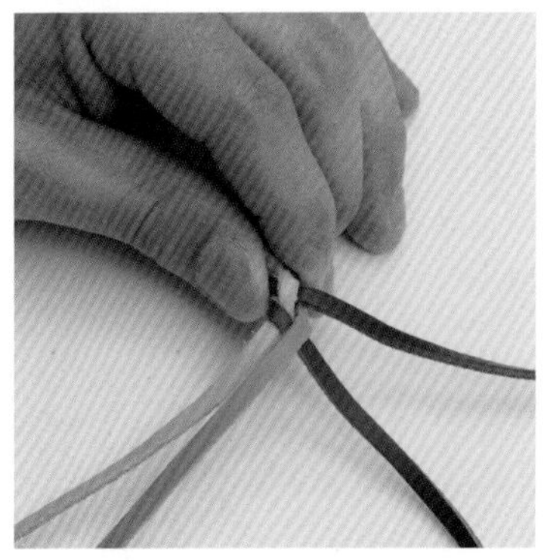

01 编织至与上一页 06 相同的状态并捏住。

02 翻过来的状态如图所示。

03 将米色和绿色皮条重合。

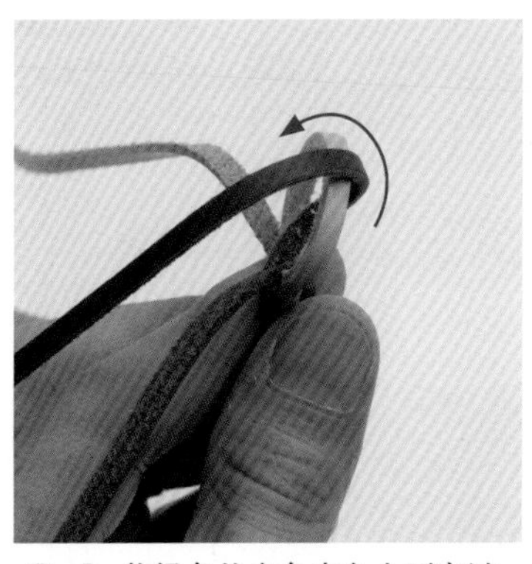

04 将绿色从米色皮条上面穿过。

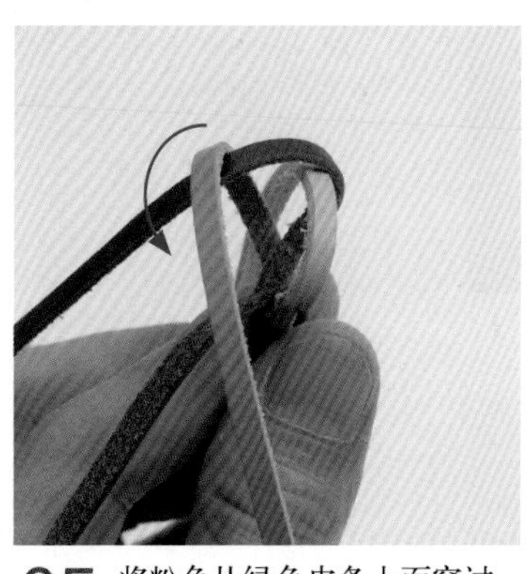

05 将粉色从绿色皮条上面穿过。

06 将茶色从粉色皮条上面穿过，再从米色的环中穿过去。

07 根据 06 的状态，保持平衡拉紧各根皮条，形成如图的方形结。

08 由于要在 4 根皮条顶端装上皮革针，所以如图示用剪刀倾斜剪切皮条端部。

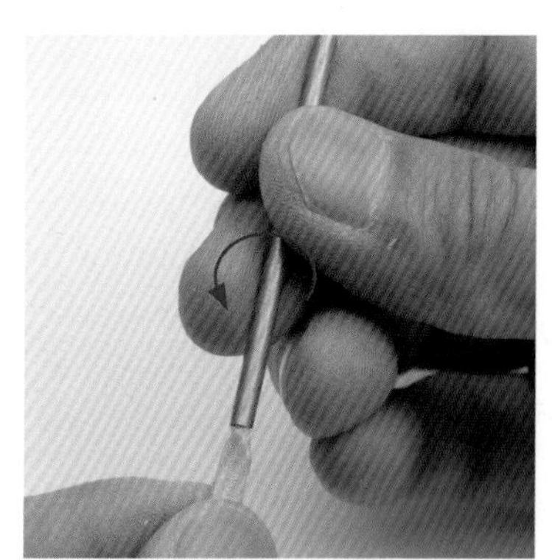

09 首先，在米色皮条顶端安装皮革针。转动皮革针，将皮条塞进去。

10 将米色皮条从交叉着的粉色和绿色皮条下面穿过，从中间穿出来。皮革针无法穿出来时，用皮革锥将空隙撑大。

11 将绿色皮条从交叉着的茶色和粉色皮条下面穿过，从中间穿出来。

12 再将粉色皮条从交叉着的米色和茶色皮条下面穿过，从中间穿出来。

13 将茶色皮条从交叉着的绿色和米色皮条下面穿过，从中间穿出来。

14 拉紧皮条后，会呈现如图所示的结，从中间共有 4 根皮条穿出来。

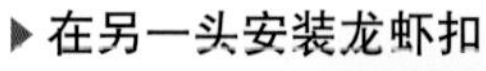

▶ 在另一头安装龙虾扣

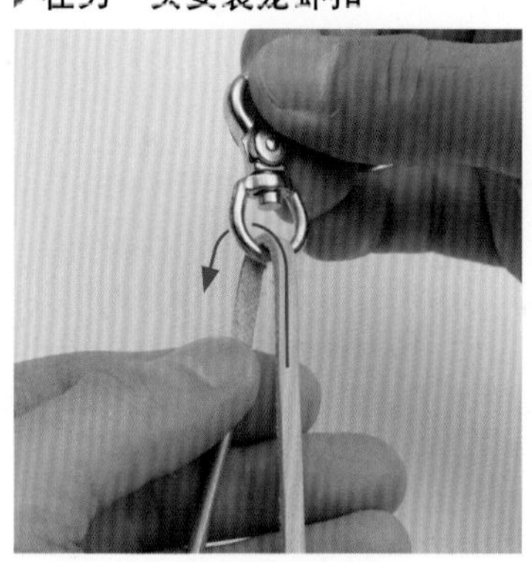

01 在另一头安装龙虾扣。首先，将米色皮条从正面穿过龙虾扣。

02 将米色皮条从中间的米色部分穿过，从右图所示的位置穿出来。

03 拉紧米色皮条后，龙虾扣在这个位置。

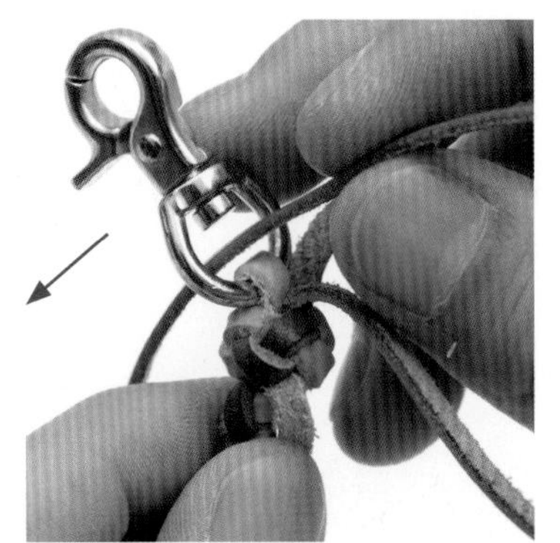

04 然后将绿色皮条从正面穿过龙虾扣。

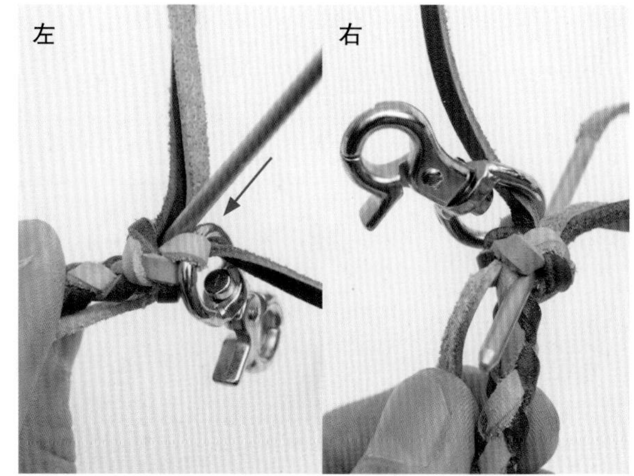

将穿过龙虾扣的绿色皮条从中间的绿色部分穿过，从图右所示的位置中穿出来。

05

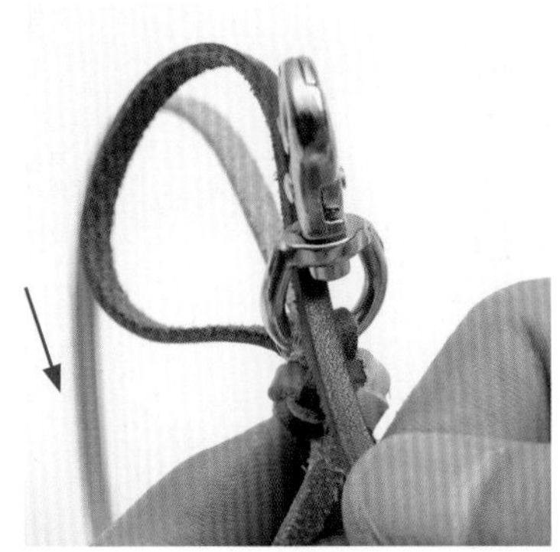

06 将茶色皮条从背面穿过龙虾扣。

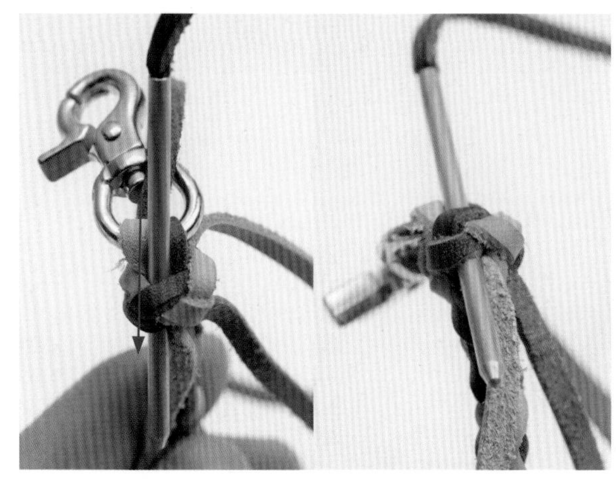

将茶色皮条从茶色、粉色、绿色重合的针眼下面穿过，从与米色相同的位置穿出来。

07

08 图为拉着茶色皮条的状态。在龙虾扣环中，茶色在米色皮条的上方。

09 将粉色皮条从背面穿过龙虾扣。

将粉色皮条从粉色、米色、茶色重合的针眼下面穿过，从与绿色相同的位置穿出来。

10

11 拉紧粉色皮条，整理一下针眼，就可以完成龙虾扣的安装。

12 按照喜好的长度将多余的皮条剪掉。一般剪到比编好部分对折后还要再稍短的长度。

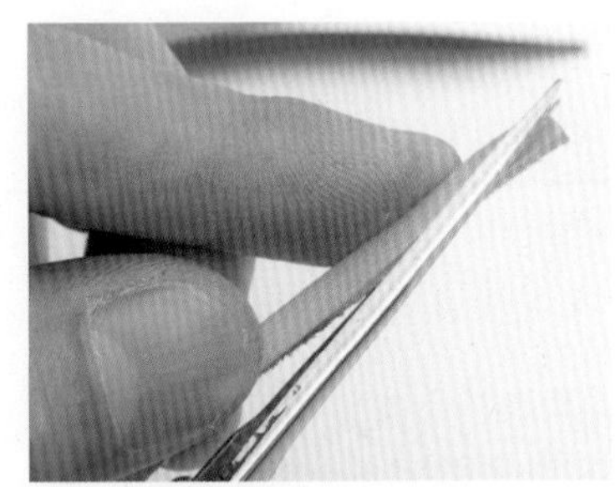

13 将皮条顶端剪成斜角。剪得尖一些会增添作品整体的时尚感。

完成！

通常都用单色皮革进行编制，初学要有耐心哦！

桌面收纳盘

用皮革手工特有的“叠革”法制作的立体收纳盘。将几层皮革叠在一起即可制作出高质量的作品。圆角的中性设计十分实用，通过选用不同颜色的皮革，还能应对男女老少不同的品味。这个收纳盘可以用于收纳饰品、眼镜、手表、手机等各类物品。

【制作要点】

这个作品边缘面积较大，而边缘的处理恰恰直接影响作品的整体效果，所以可以预先做一下练习。已经比较熟练的可以自行对厚度、形状等做一些设计。如果要使用染料，请选用比皮革稍浅的颜色为宜。

制作者　小林一敬

▶纸型在 167 页

需要准备的工具

NT 美化磨边器
研磨大面积的皮革边缘时，使用美化磨边器可以大大提高作业效率。如有一把曲面磨边器会更方便。

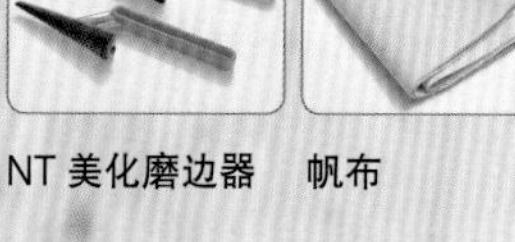

帆布
仔细打磨边缘可以提高皮革的光泽度。而帆布便于控制打磨时的力度及方向。

豆刨子
要把叠起来的几层皮革边缘研磨平整，刨子是必不可少的工具。

手工染料（橙）
对边缘进行染色。

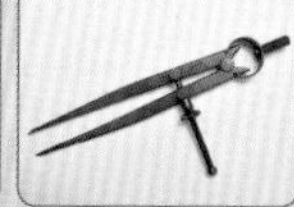

圆规
划线及量取间隔长度时使用。

使用皮革

○ 滑革　2 毫米厚

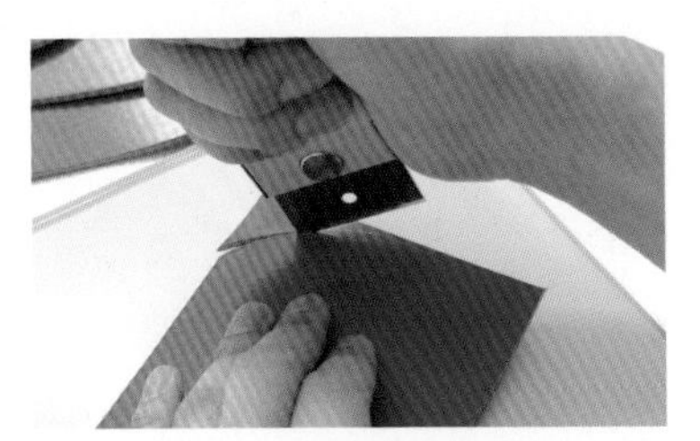

01 为防止在重叠皮革后出现凹凸不平，要尽量垂直切割。

由于框 A 和 B 都是 3 张一组层叠使用，所以各切出 6 张。在最上面将完整的外框贴上。将边框分为 A 和 B 两个部分是因为可以利用零碎的皮革从而节省材料。将 2 张用作底面的皮革的床面贴合在一起。根据选用皮革不同，可以对框 A、B 的重叠张数和框的高度进行调整。

02

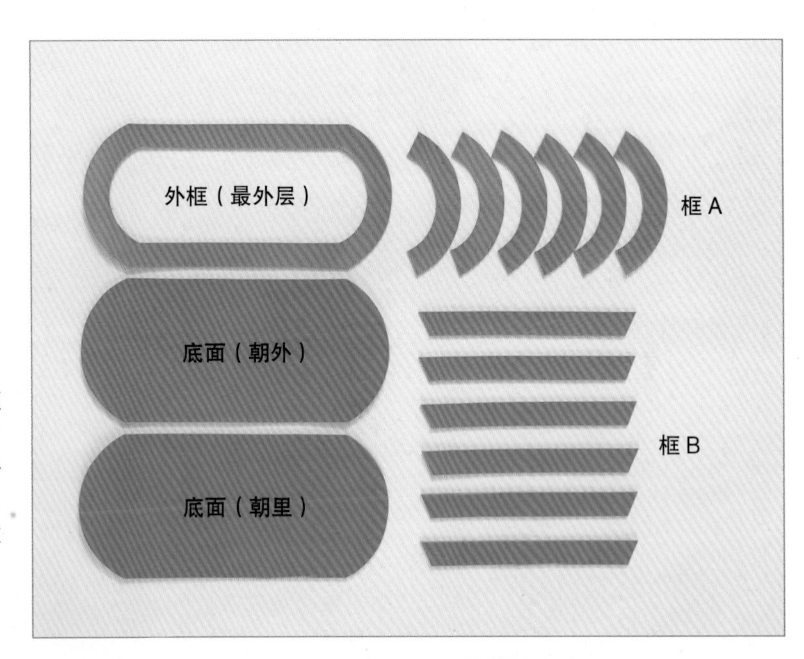

根据外框纸型做环形切割容易切歪，所以内侧只切转弯的曲线部分。在材料上划完线后，再用尺划出直线部分。

03 POINT!

04 由于要将框 A 和 B 贴合，所以事先将所有皮面打磨好。

05 用强力胶将所有框贴在一起。由于形状相同，很难分清正反面，所以制作过程中要时刻注意将正面朝上。

在切口（边缘）对齐的情况下贴合，用木槌敲击按压。再使用带板磨边器由内向外侧摩擦，以将皮革之间的空气和多余的强力胶挤出。

06

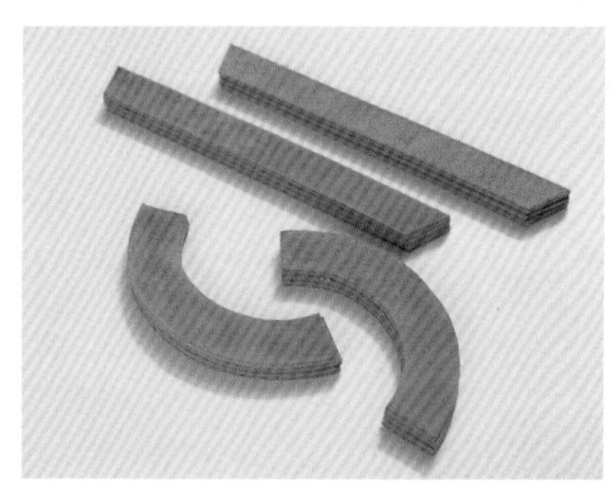

将形状相同的框用强力胶贴合，制作出 4 个外框的配件。

07

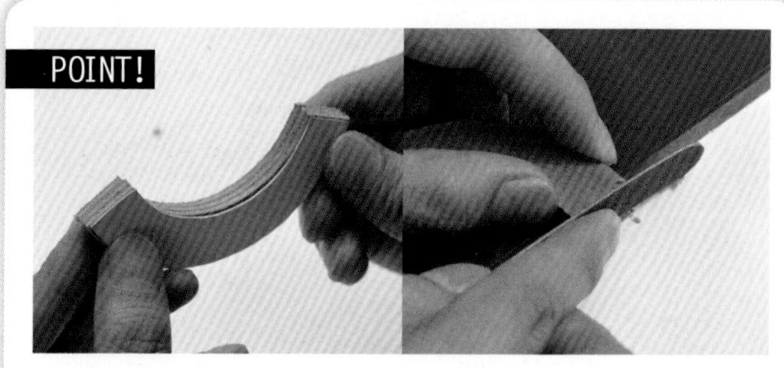

08 将皮革与纸型对照，确认皮革之间是否有空隙以及角度是否正确。用磨砂棒适当打磨，将棱角修正。

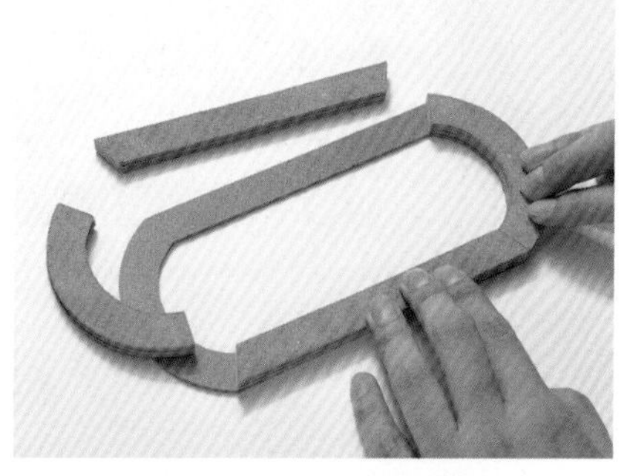

将 4 个部件放在外框上，确认是否能无间隙地组合在一起。如果有空隙，再进行微调。

09

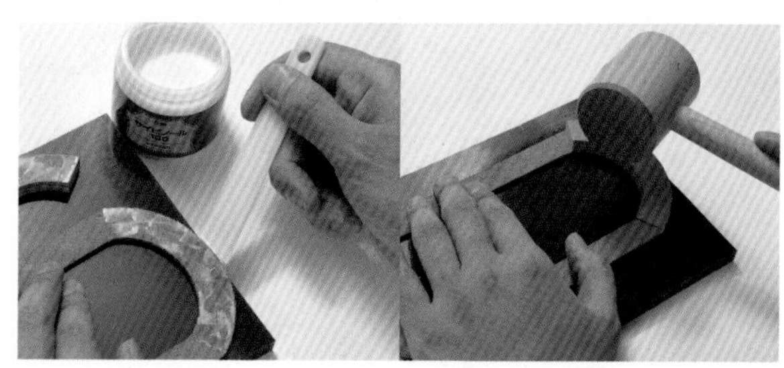

10 确认完毕后，在外框的床面和框部配件的上面涂上强力胶进行贴合。优先将 2 个曲线部件贴合上去。

11 接着贴上直线配件时，要在其接合曲线部位处也涂上强力胶。

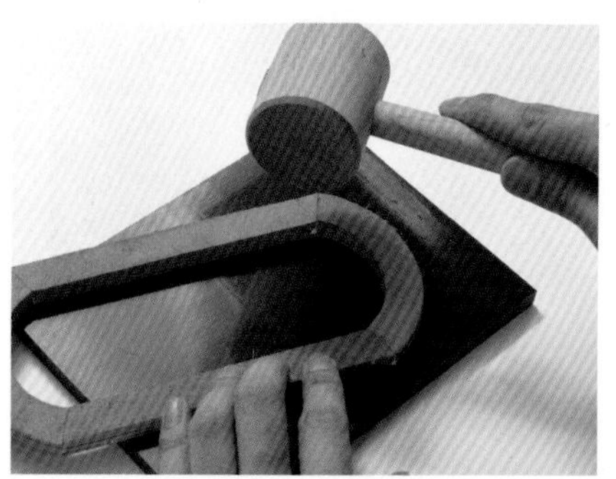

确认无缝隙贴合后，用木槌敲击按压。将所有皮料敲击固定后，打磨皮边也会容易得多。

12

框的内侧在完成后无法再打磨，所以在这一步就已经是最终型了。用磨砂棒尽量磨得平整一些。

13

14 使用“NT美化磨边器”可以高效地进行打磨作业。有曲面形磨边器的话，曲线部分的打磨也会变得非常容易。

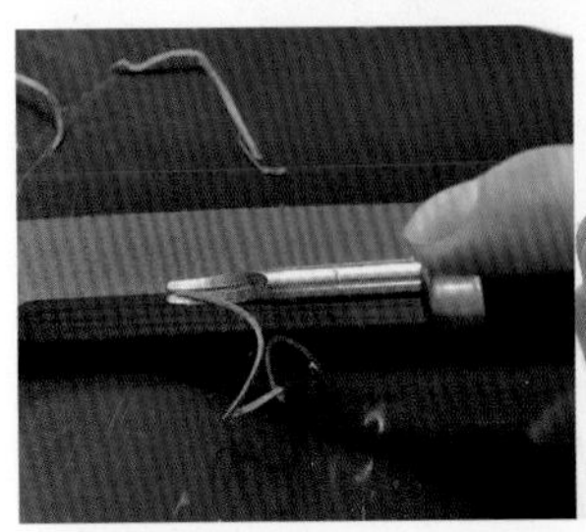

15 使用削边器将上侧的角削掉。最后用磨砂棒将角和边缘部分打磨光滑。

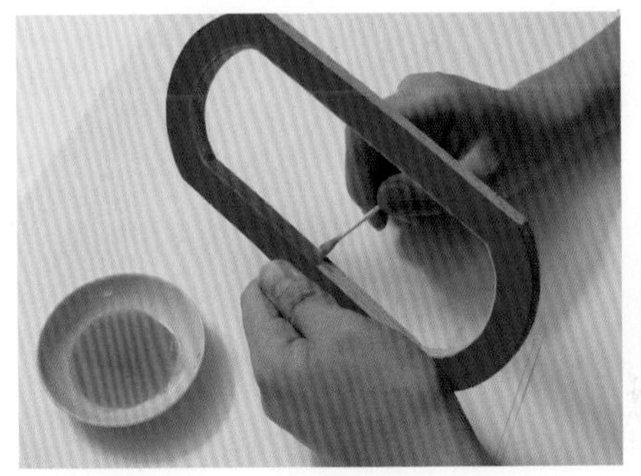

在内侧的边缘涂上手工染料。涂均匀即可。

16

在内侧的边缘涂上床面处理剂即可完成。每一条边都要仔细涂上。

17

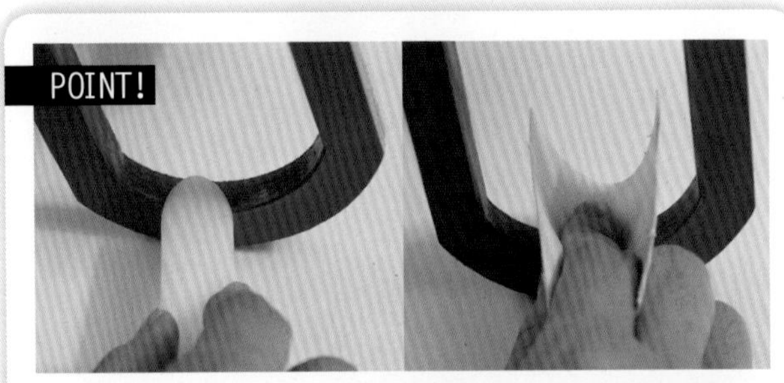

18 用带板磨边器打磨曲线部分比较不方便，所以推荐使用帆布。既不用太大力气，也可以打磨得很光滑。

图为仅打磨完成框内侧边缘的样子。之后将无法重新打磨，所以在这一步之前要仔细打磨至满意的程度。

19

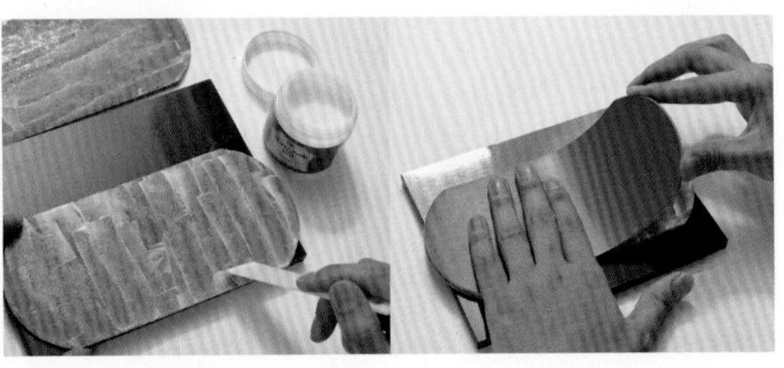

20 在底面（朝外、朝里）的两块皮革床面都涂上强力胶，进行贴合。

底面部分也用木槌进行敲击按压，确保黏贴得更紧实。

21

22 对照外框的纸型，用圆规在距离框边缘1毫米处划线，形成一个圈。草稿线的外侧是为贴合框而留出的涂胶水处。

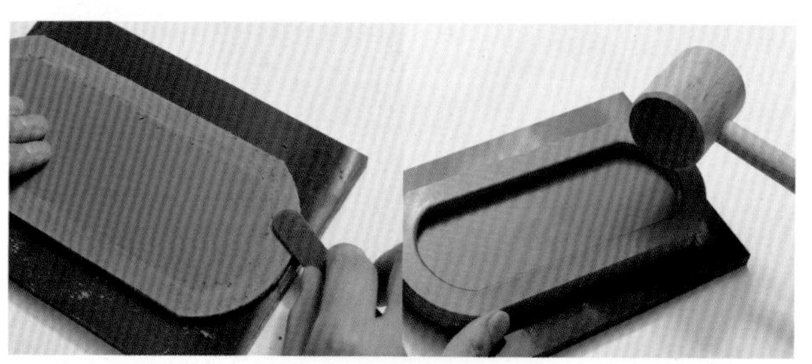

23 用磨砂棒打磨底面需要涂胶水的部位，并用强力胶将边框部分贴上去，再用木槌进行按压。

收纳盘成形后，将外侧的皮边打磨平整。

24

用“豆刨子”能够更快更好地打磨平整，还能提高磨边的质量。

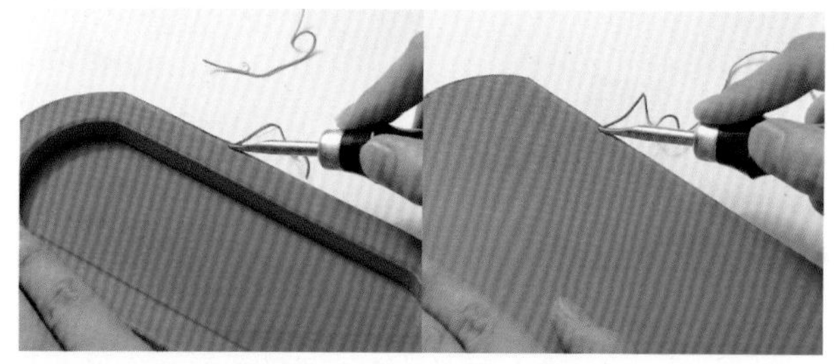

25 用削边器将外侧上下部分的毛角削掉。

与内侧相同，最后将所有边缘部分打磨平整。

26

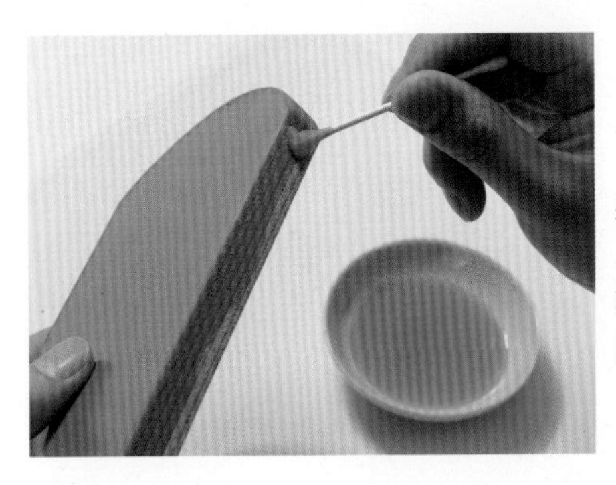

涂染料的方法与内侧相同，薄薄地涂上一层，涂均匀即可。

27

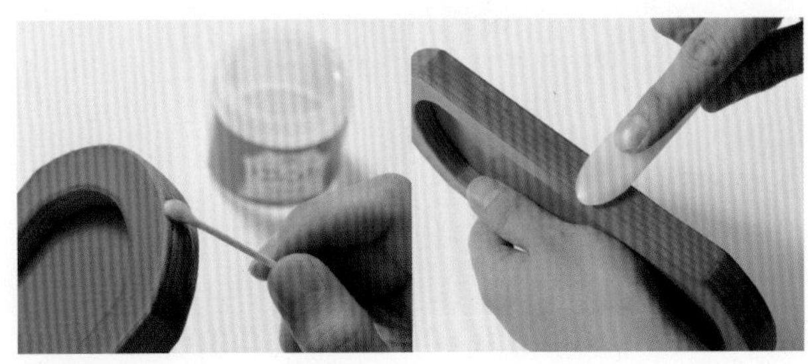

28 每一条边都仔细涂上床面处理剂。太用力容易破坏皮边，所以要注意力度。

要从转角处开始修整，同时注意不能让框的衔接处出现缝隙，所以要向压紧缝隙的方向用力。

29 POINT!

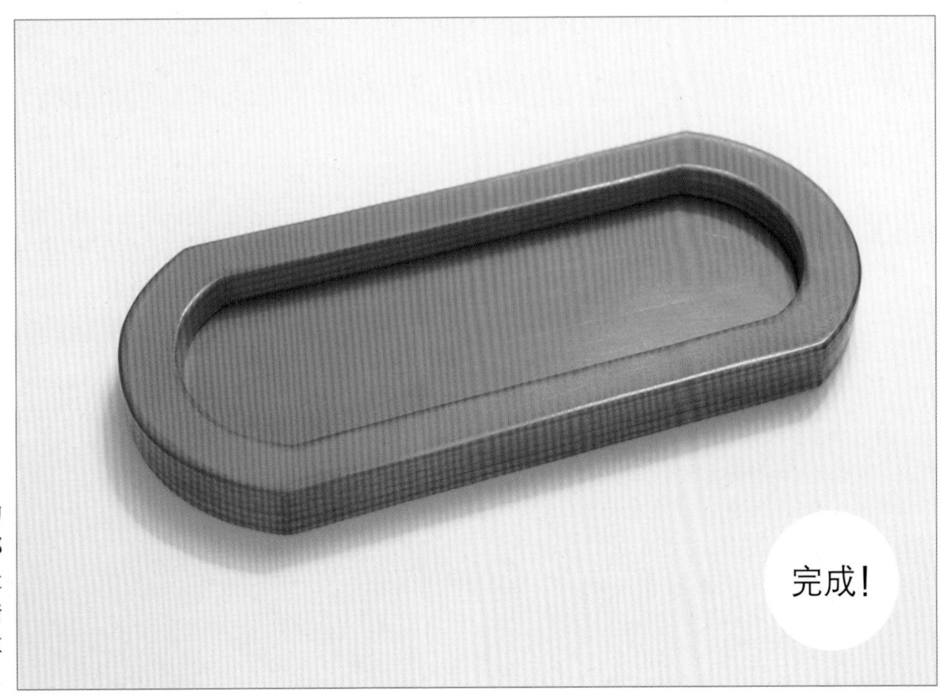

完成！

虽然是一件非常简洁的作品，但每一个步骤都对作品的外观有着很大影响。对一个作品的精雕细琢，也可说是皮革手工的一大乐趣。

恐龙吊饰

植鞣革有着易成形的可塑性，用水沾湿后，趁皮革还柔软时做好的造型在晾干后会保持下来。这个作品就是利用了这种可塑性，像制作黏土一样使其成形。出错了可以重新来过，所以制作时不用慌张。皮革彻底干燥后会变硬，所以制作时注意适当沾湿皮革即可。

【制作要点】

成品可作吊饰或摆件，突破使用的局限，尽情发挥制作者的想象。既可以在表面加上纹理，营造出真实感，也可以通过染色使作品更富时尚气息。

制作者　本山知辉

▶纸型在 174、175 页

需要准备的工具

剪刀
配件形状比较复杂，所以要使用剪刀进行剪裁。

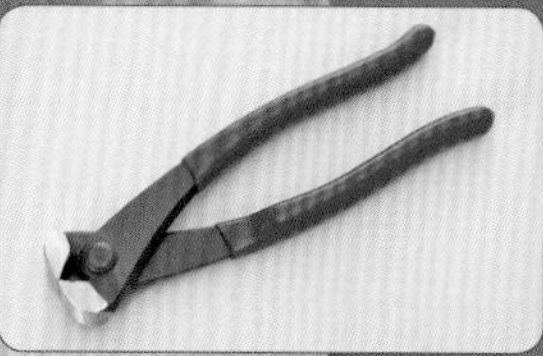

剪钳
用于剪断吊饰用的铜线。也可以用钳子代替。

使用皮革

○ **马鞍革**　1.5 毫米厚

要制作成吊饰，另需要准备直径 2 毫米的铜线和软线。

【翼龙】

翼龙的头部相对复杂，所以制作时要非常仔细。翅膀部分可以利用皮料的弯曲程度打造出跃动感。每个部分的形状都会影响到作品最终的效果，可以先看图片学习后再进行。

▶切割及头部制作

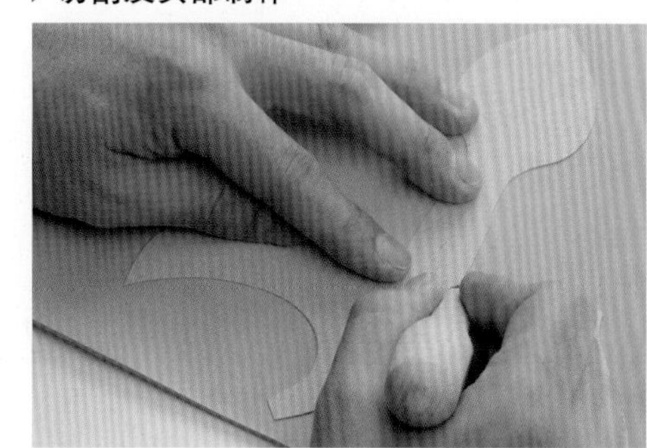

将纸型放在皮革正面，用圆钻描出轮廓。

01

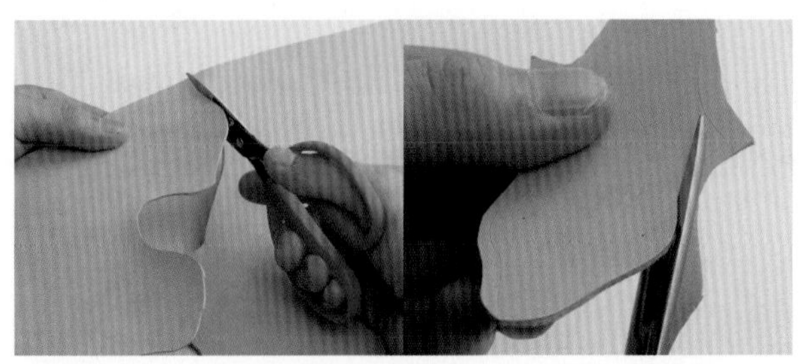

02 用剪刀剪下。可以先粗略剪下，再按照轮廓线精剪。

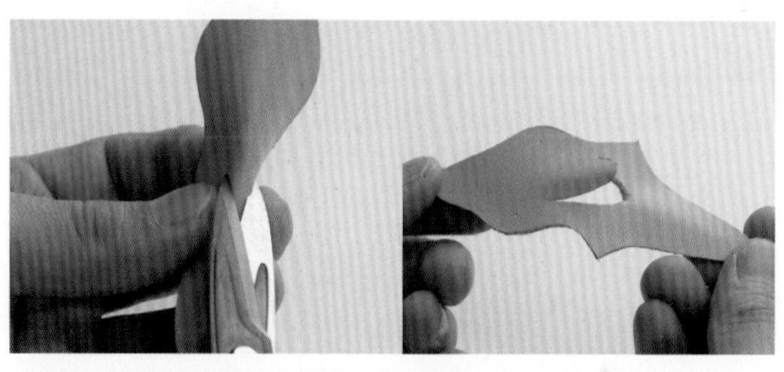

03 按照轮廓线剪下头部后，纵向对折，剪裁内侧。

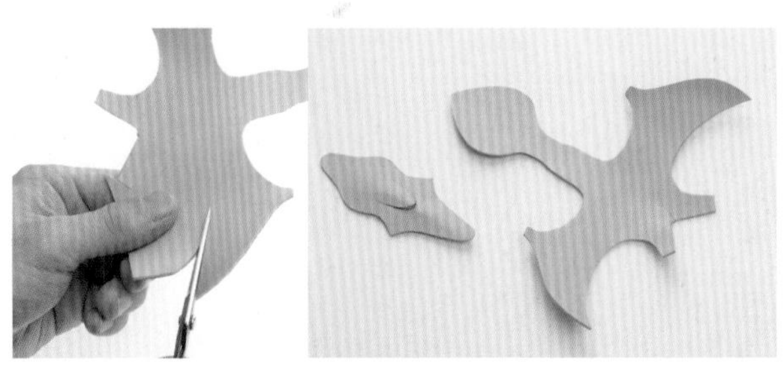

04 按照轮廓线剪下身体部分。

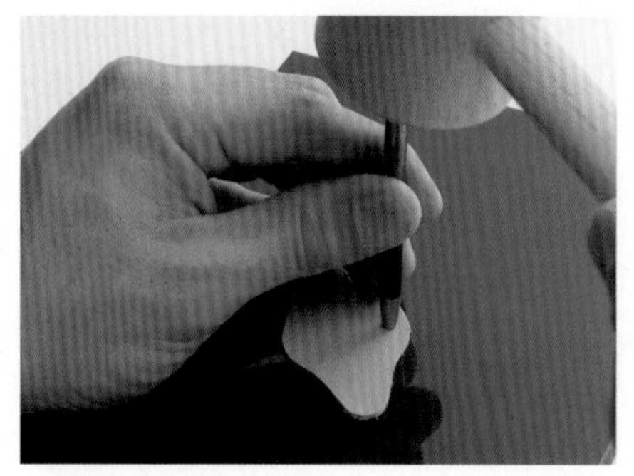

用10号圆冲在头部打出眼睛部分的孔。

05

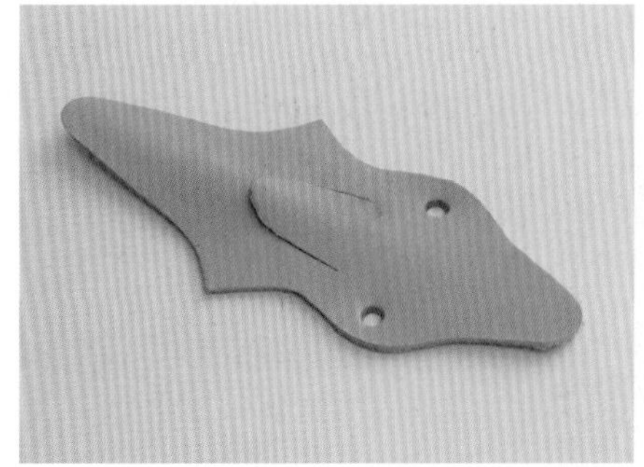

图为在头部打完孔后的状态。下一步开始进行成形工序。

06

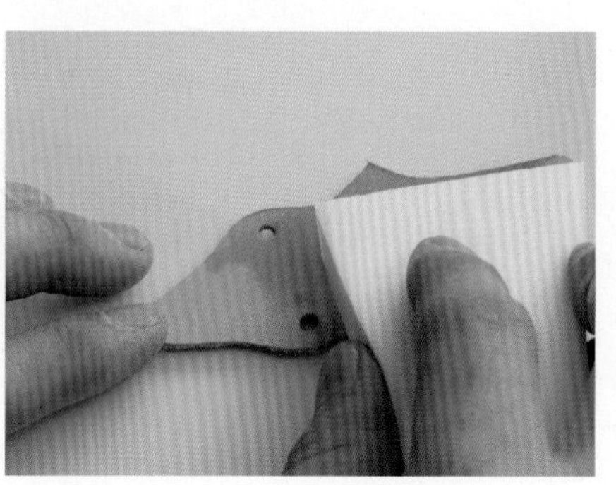

在头部的内侧涂2~3次水，让皮革充分吸收水分。

07

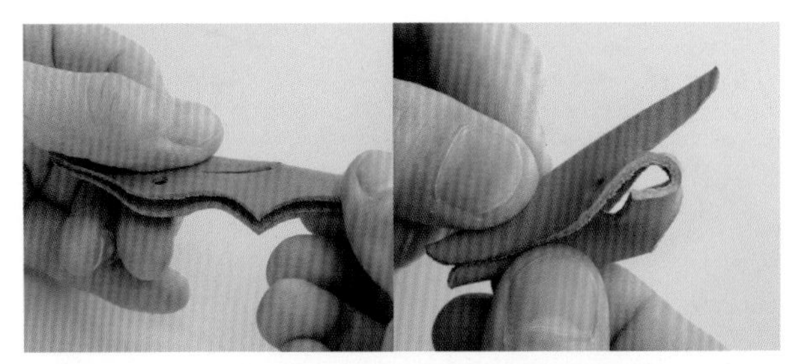

08 皮革充分吸收水分后，先纵向对折留下折痕，再如图示将嘴的顶端部分向上弯曲。

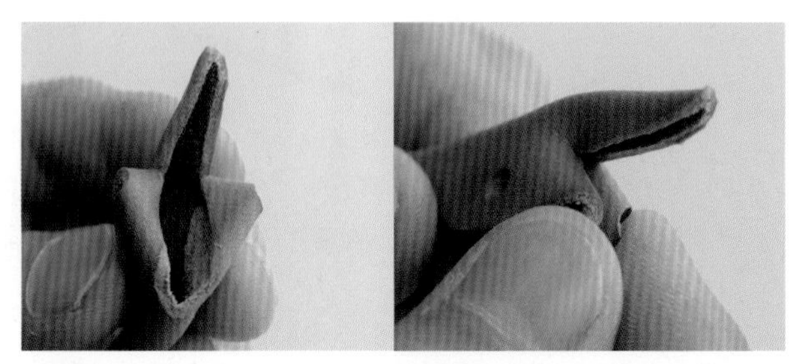

09 如图制作后头部，在按住嘴部保持其固定的情况下折叠。

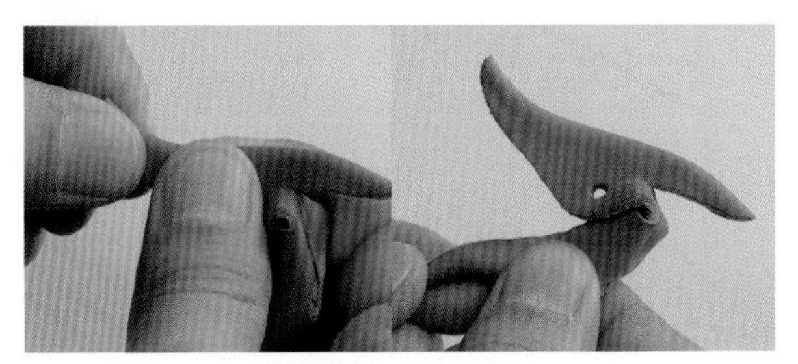

10 将上下嘴部和角弯曲，使头部成形。捏住顶端稍稍拉长。

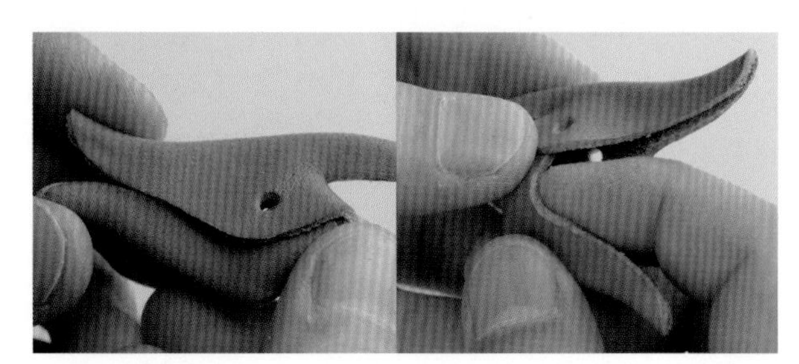

11 将手指放入上下颚之间，从内侧将其撑起来。如果皮革比较干，可以再加一些水。

修整形状，保持平衡感，再将其完全晾干。

12

▶ **身体部分的制作**

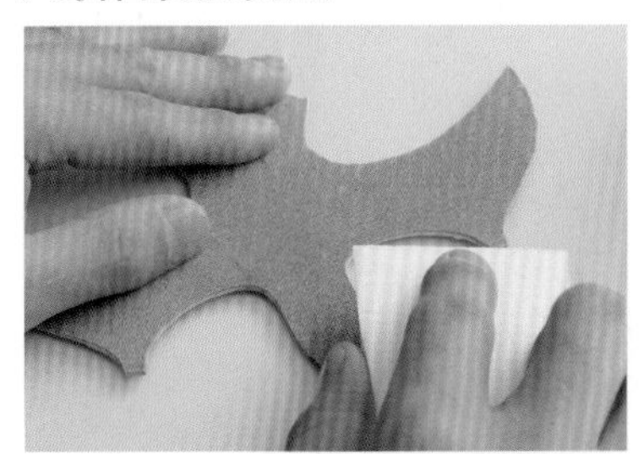

01 在身体部分的正反面涂 2~3 次水，使其充分湿润。

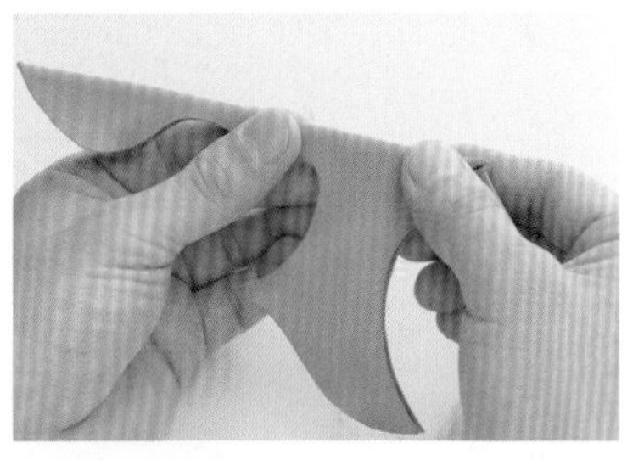

02 先纵向对折，形成背部的折痕。

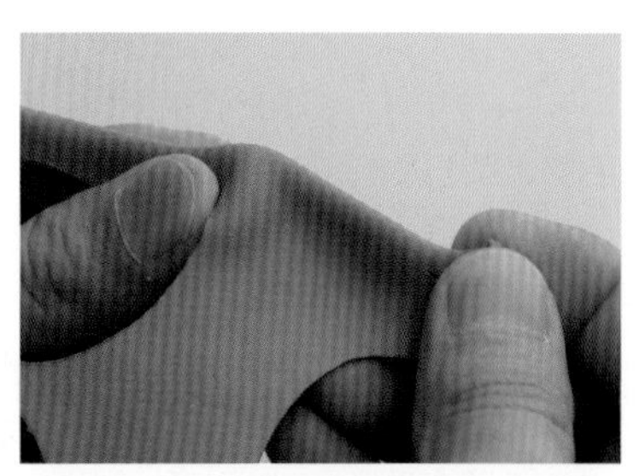

03 在背部折痕和翅膀根部外弯曲，形成山的形状。

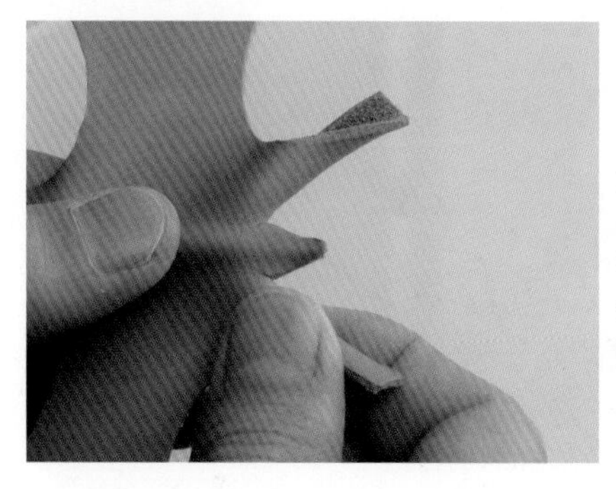

将脚从内侧向里卷起形成筒状，脚跟处保持不变。

04

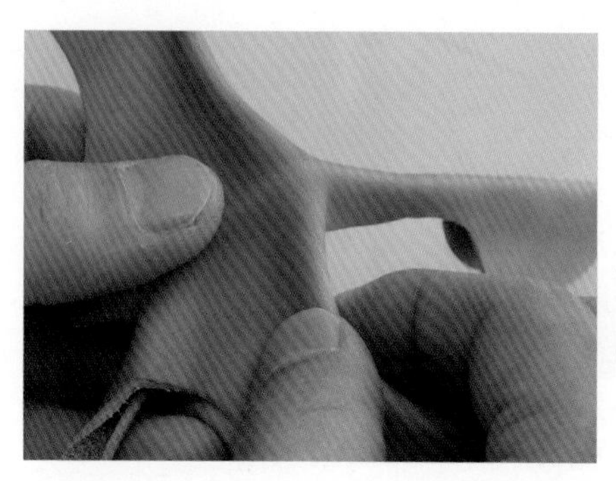

将翅膀的前部向内侧弯折并按住，使其鼓起。

05

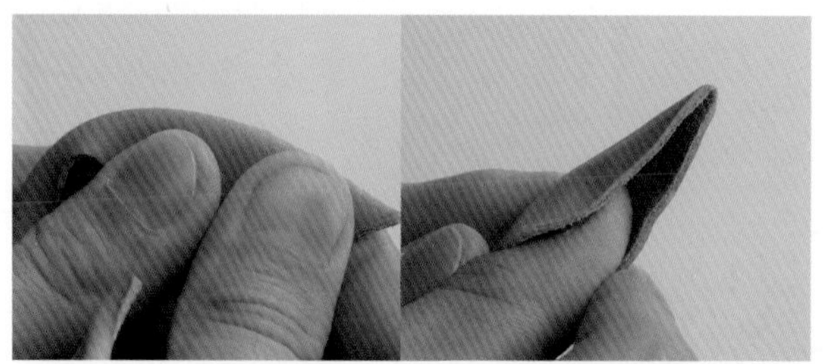

06 将腹部弯折使其形成饱满的曲线，再从内侧向侧面挤压，使其鼓起。

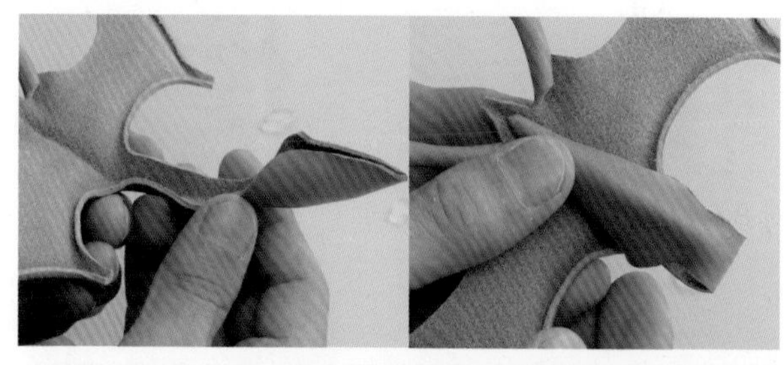

07 腹部成形后，将头部翻折过来，腹部的顶端则对齐尾巴中间的位置，放到身体部分的内侧。

08 头部的外侧和内侧重叠后折向背部。将胸部夹在头部之间。

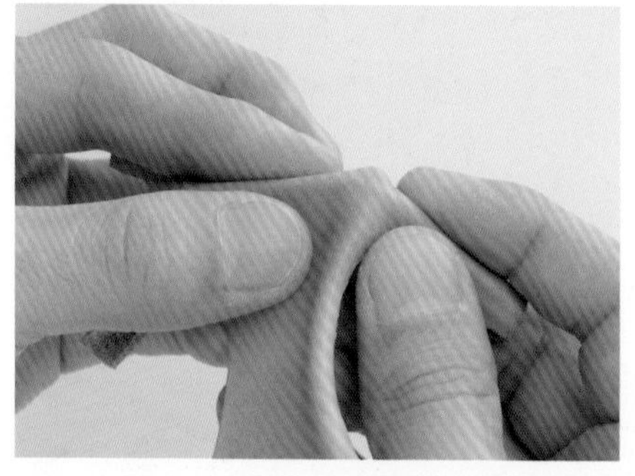

将头部的外侧和内侧调整齐。腹部与背部稍稍碰到，再对背部线条进行调整。

09

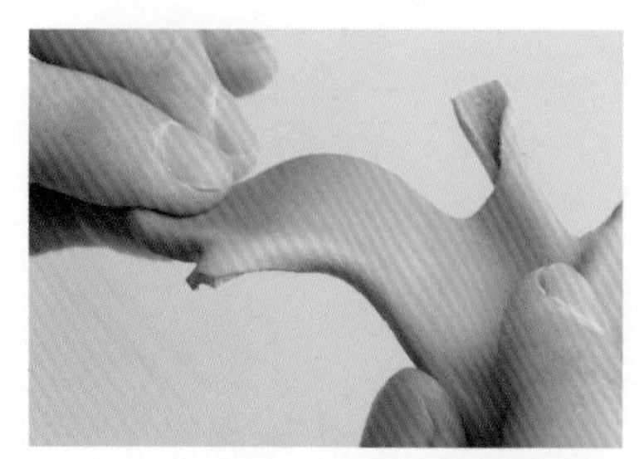

10 制作翅膀的曲线。在翅膀的中间部位使其鼓起，翅膀末端则凹下去。

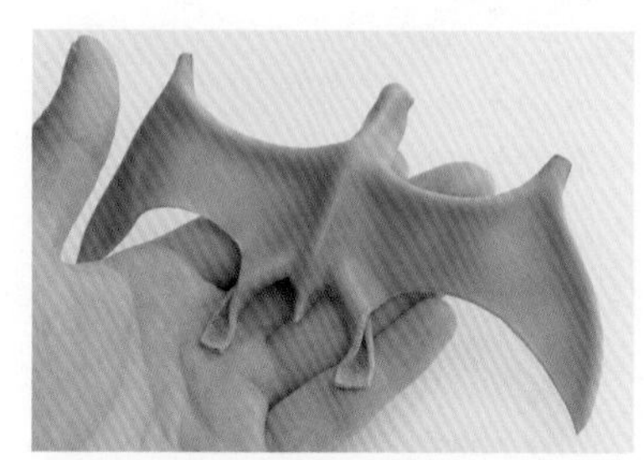

11 将两脚弯曲，脚的末端朝向后方。翅膀的凹凸可以根据喜好自行调整。

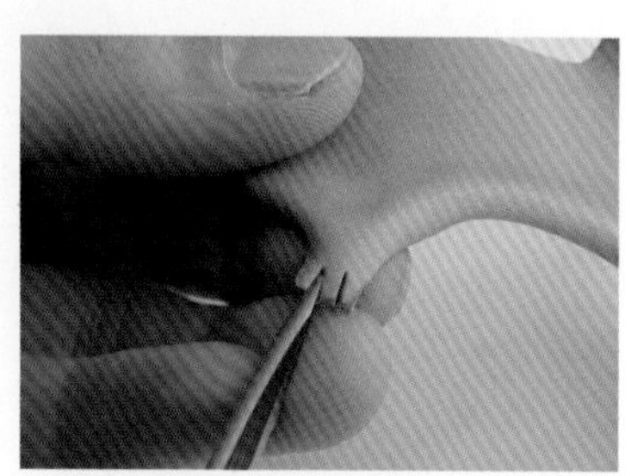

12 用剪刀剪出爪子。后足也同样需要剪出爪子。前足为3根，后足为4根。

▶ 头部和身体的接合

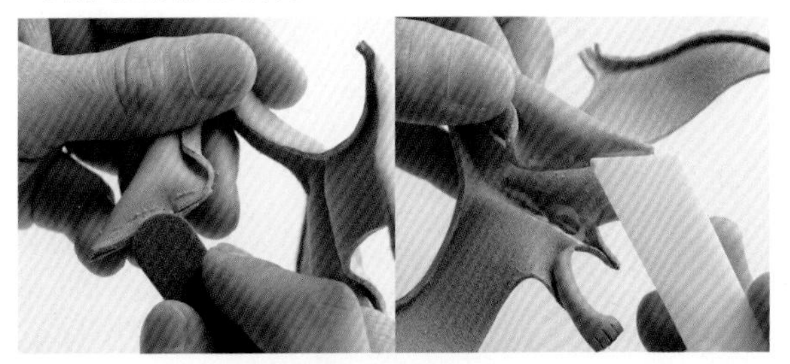

01 完全干燥后，用磨砂棒打磨腹部正面距边缘 5 毫米处，再用强力胶贴合。

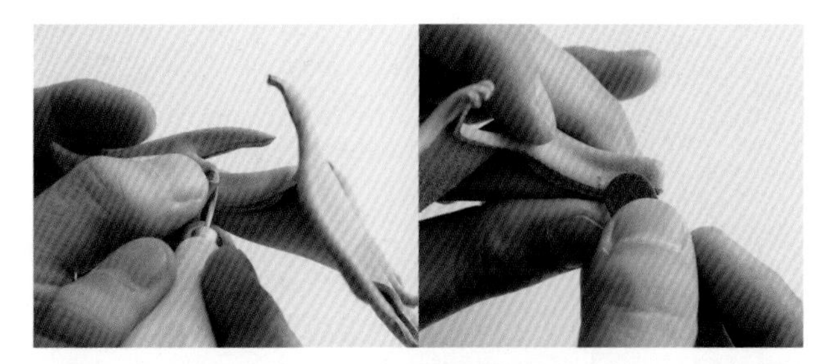

02 将头部和身体比一下，在贴合位置做上标记。用磨砂棒打磨需要与头部贴合的位置。

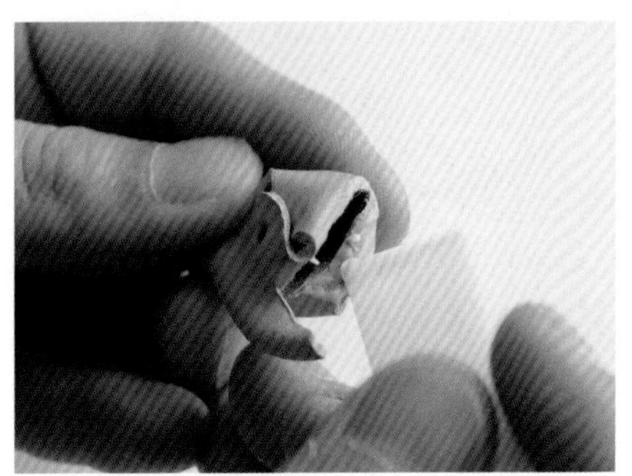

用磨砂棒打磨头部后方，涂上强力胶。

03

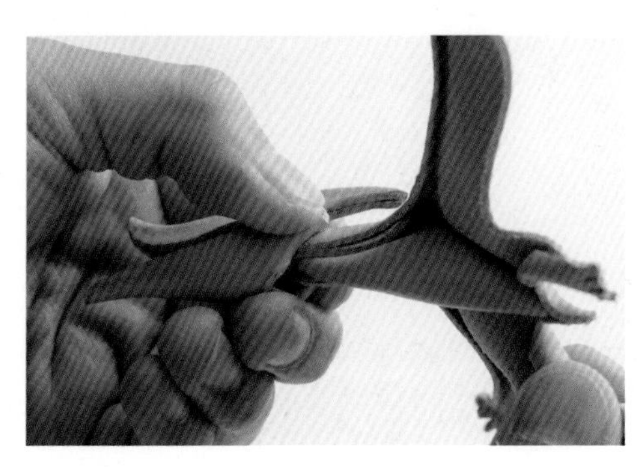

在打磨完成的颈部末端部分也涂上强力胶，再与头部贴合。

04

部件构成虽然简单，但成品造型可爱，逼真。利用皮革的可塑性，还可以制作出更多精彩的造型。

【三角龙】

三角龙的头部由角和面部的2部分构成。圆润的角和褶边（头后部立起的褶皱部分）等需要精细制作的部分比较多，所以注意不要让水分干掉。

▶ 头部的制作

剪出三角龙的部件。

01

在头部的角和眼睛位置打孔。上面的两个角使用30号圆冲，下面则使用20号圆冲，眼睛则用10号圆冲。

02

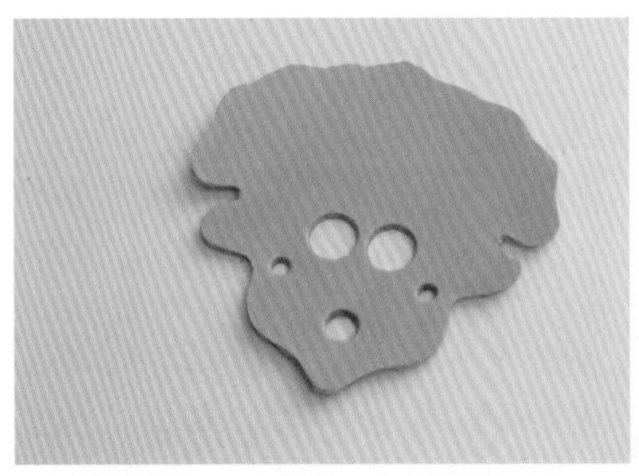

图为打完孔的脸部。

03

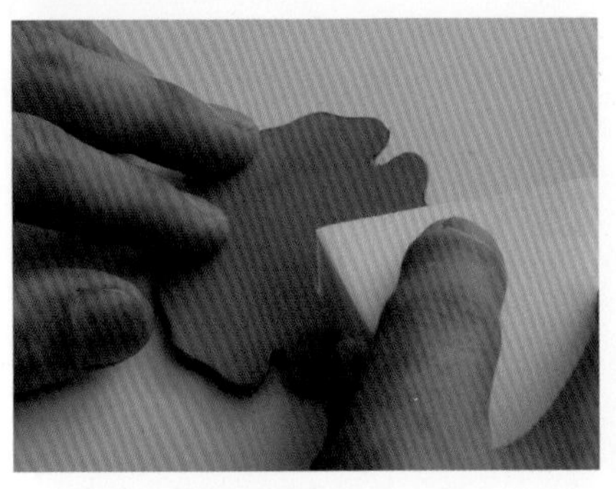

在脸部的正反面各涂3次水，使其充分含水。

04

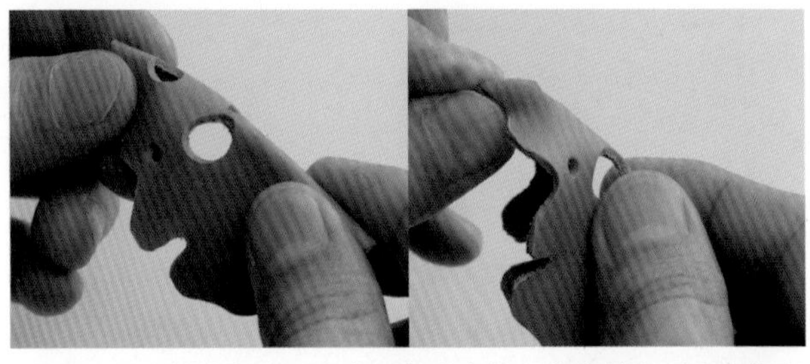

05 留出额头部分，在中心部分弯折，将末端向下方弯折以制作嘴部。

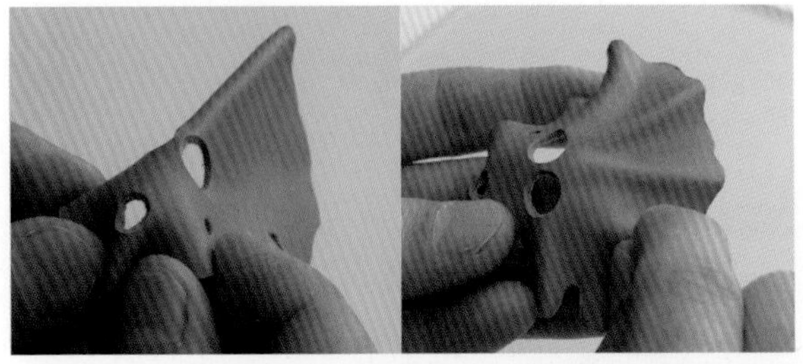

06 再捏住侧边部分使其变得立体。然后仔细折出三角龙的最大特征，即褶皱部分。

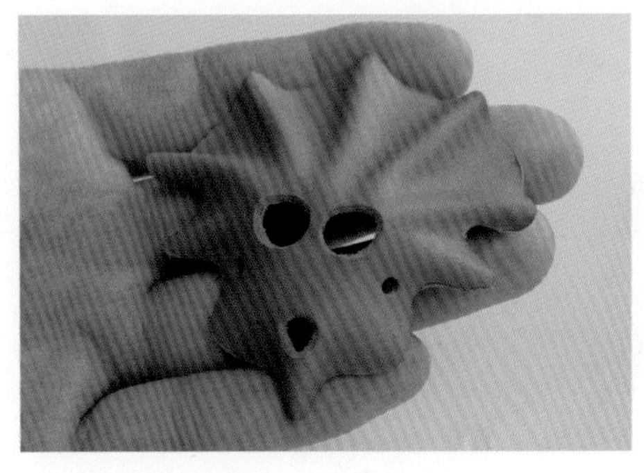

如图所示脸部初步成形。

07

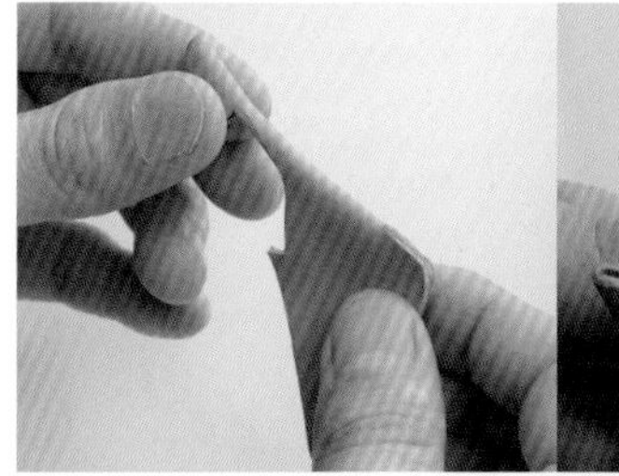

08 制作角的部分。在中间部分弯折，将配件的末端做成圆锥状，从正面看即为三个角。

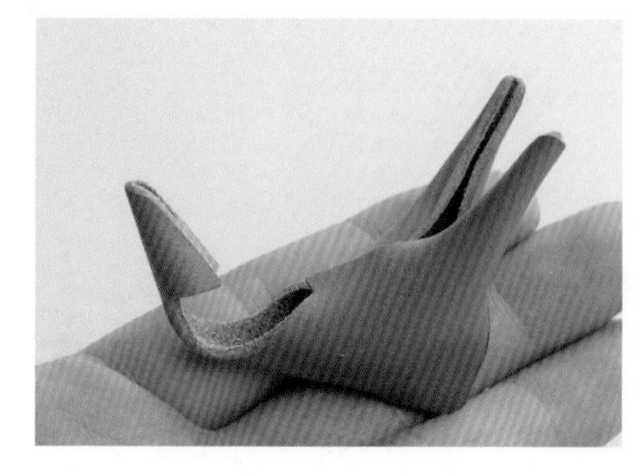

制作完成的角如图所示。

09

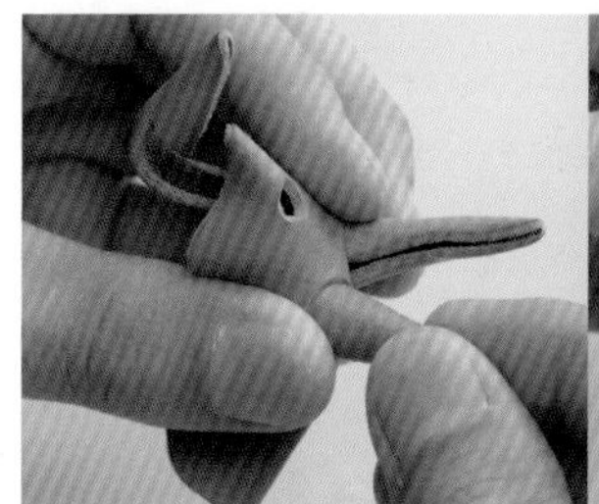
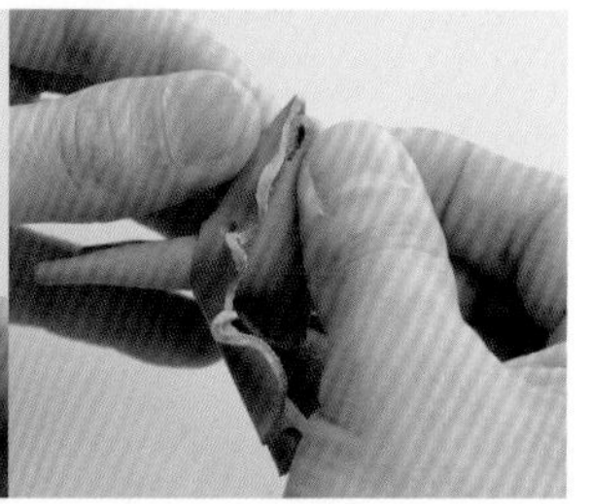

10 将头部和角组装起来。露在外面的三个角长度分别为3 厘米、3 厘米和 1 厘米。

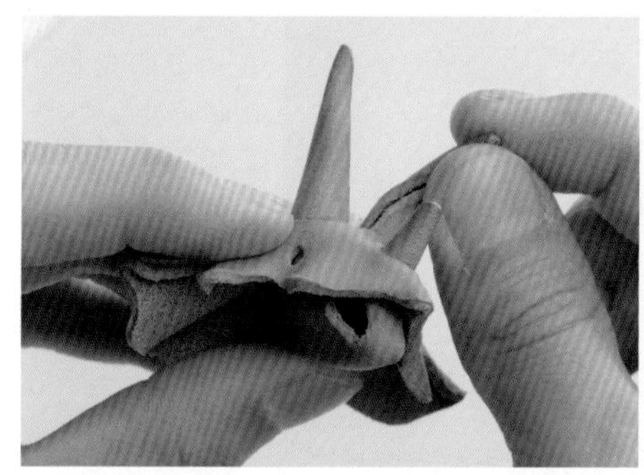

将较大的两个角扭曲、弯折，形成角度。

11

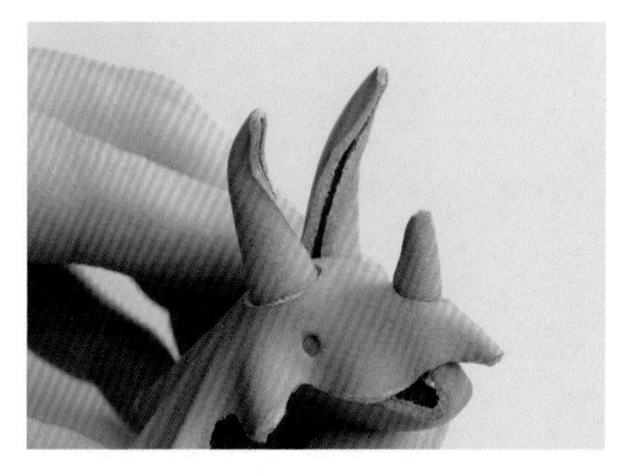

制作完成的角如图所示。较小的角稍稍向后倾斜。

12

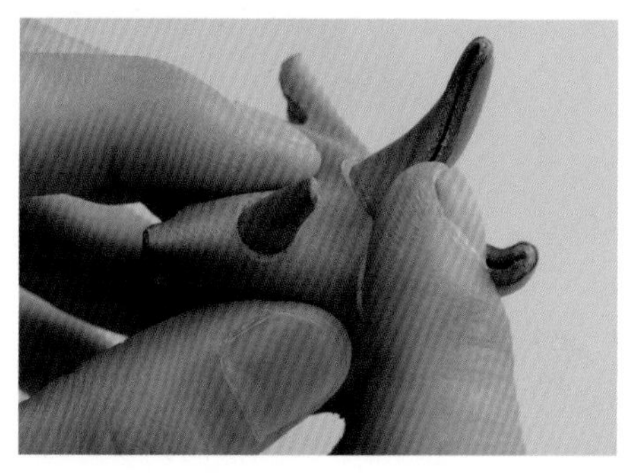

同时按住眼睛和额头部分，将整体修整平坦。

13

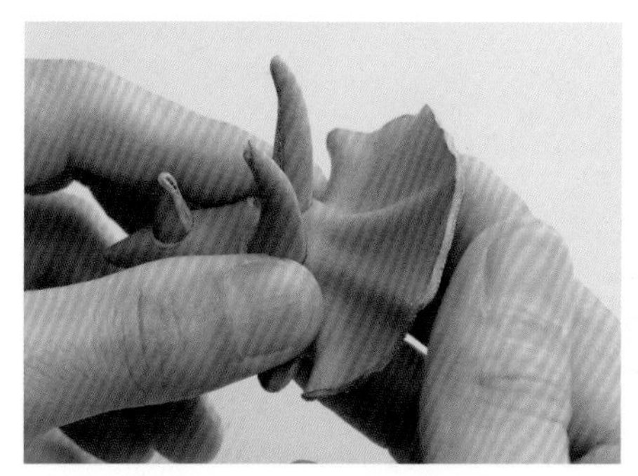

按住角的根部，将褶皱部分翻过来。角度根据整体平衡来决定。

14

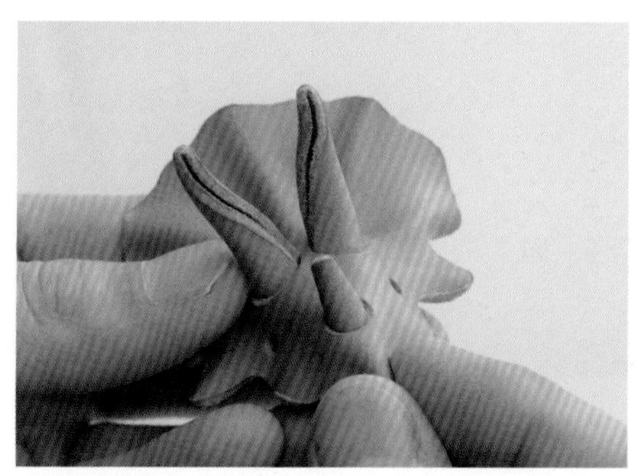

根据整体效果进行微调。

15

头部的完成状态如图所示。接下来等待其完全干燥。

16

▶ 身体部分的制作

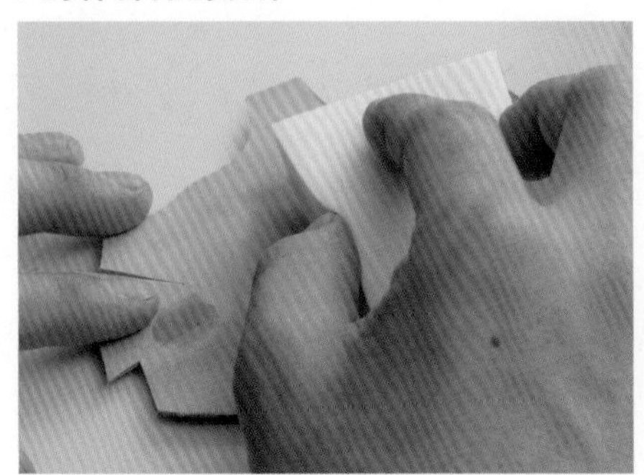

在身体部分的正反面各涂 2~3 次水，使其充分吸收水分。

01

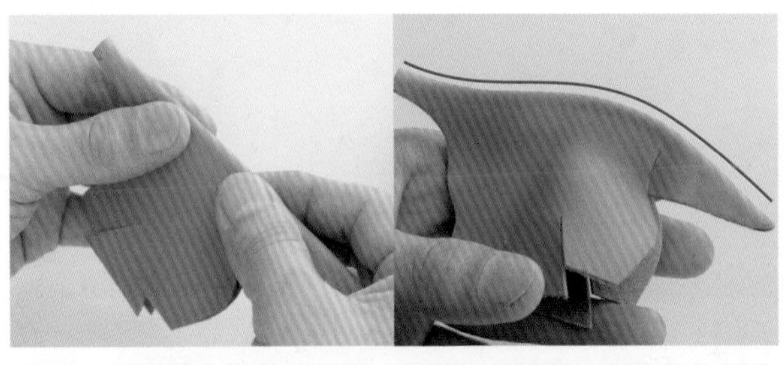

02 在背部中间纵向对折，将其拉伸弯折，制作出饱满的背部线条。稍稍用力进行拉伸，可以伸展皮革纤维。

将尾巴部分制作成圆锥状。

03

将 4 条腿制作成圆柱状。

04

在距腹部末端 5 毫米处折出直角，在腿根部向内侧弯折。

05

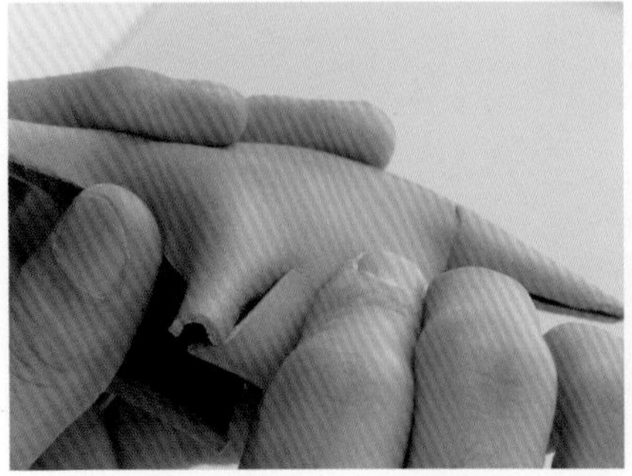

将手指伸入身体内部，使其鼓起成形。

06

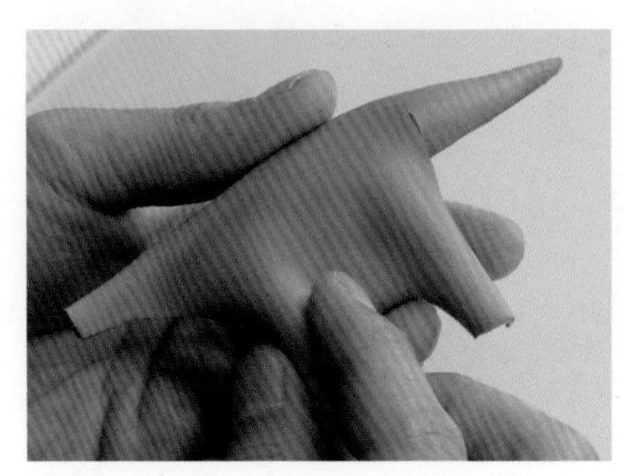

为了让肩部到前脚、尾部到后脚的线条更自然流畅，要仔细地使身体和腿部呈现饱满状。

07

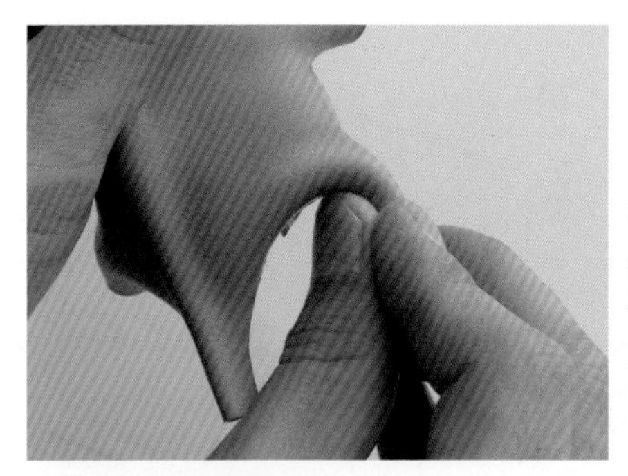

使背部到脚踝部分呈山状凸起，再将脚踝部分向前弯折。

08

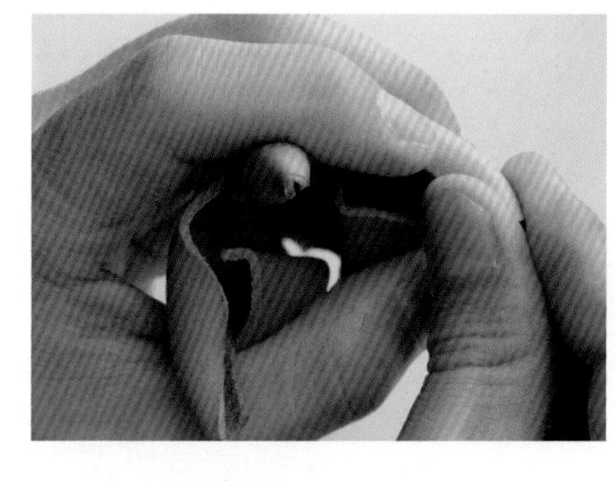

后脚部分也制作成山状，使其与前脚保持平衡。将尾巴的根部置于两腿之间。

09

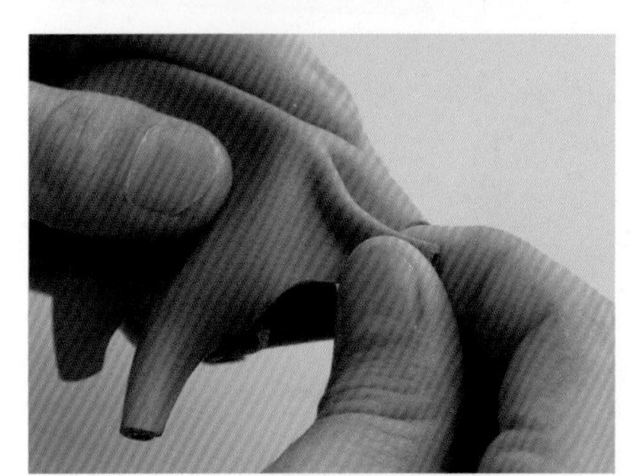

以肩部为顶点，将颈部向下方弯折。做完这一步，放置并等待其干燥。

10

▶ 头部与身体的接合

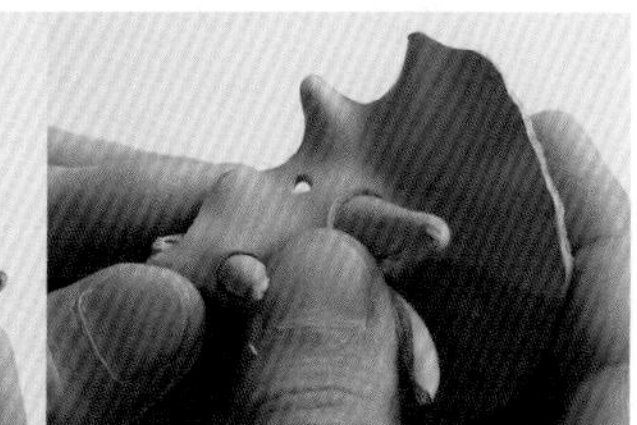

01 在脸部和角上涂上强力胶再进行贴合。接触部分一定要涂好强力胶。

用磨砂棒打磨腹部末端5毫米处，涂上强力胶再进行贴合。

02

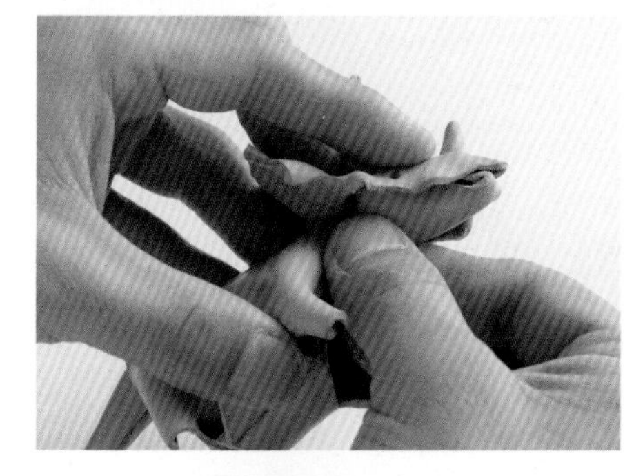

打磨颈部末端并涂上强力胶，并与在内侧已涂上强力胶的头部贴合。

03

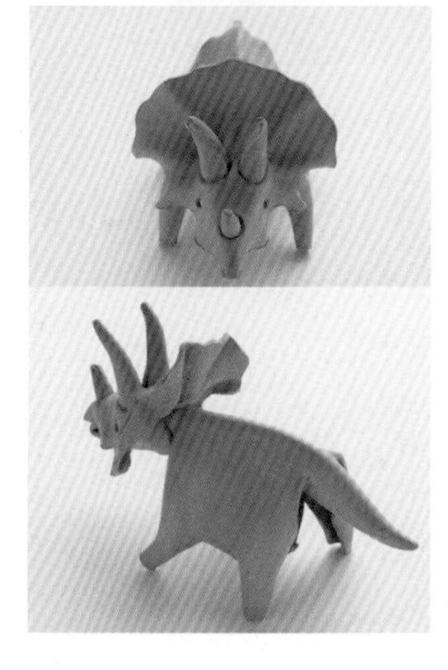

虽然头部比较重，但通过调整前脚的角度可以使整体保持平衡。

【制作成吊饰】

将制作完成的翼龙和三角龙制作成吊饰。吊饰的平衡非常重要，所以需要仔细调整，谨慎选择安装位置。

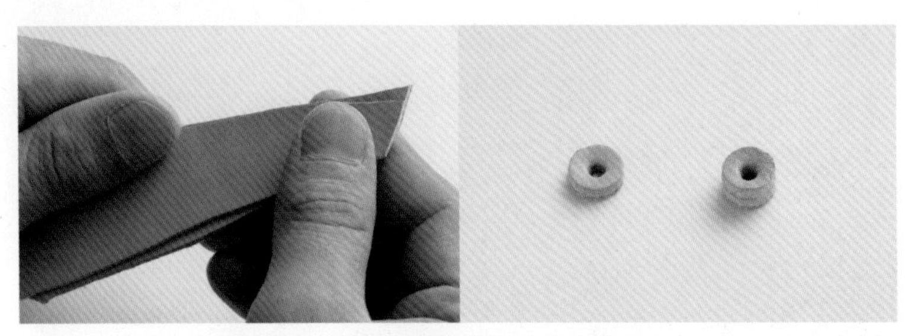

01 制作厚度不同的 2 种塞子。较厚的用 2 张皮革贴合在一起，再用圆冲打孔。圆冲规格分别为外圈 20 号，内圈 4 号。

02 用胶带将软线贴在背部线条上，寻找平衡点。

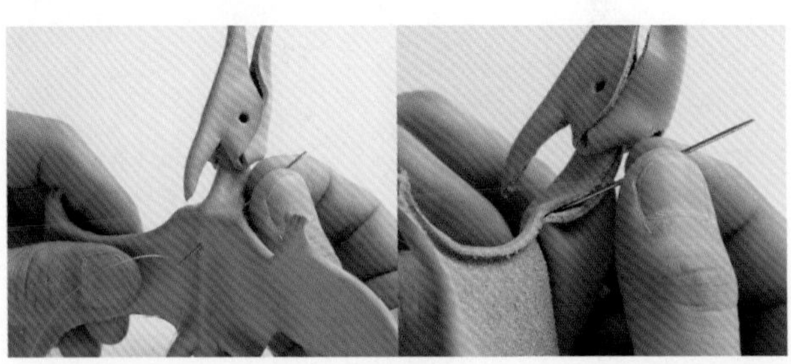

03 决定好线的位置后，用圆钻打孔，用针将线从背部中心穿过，从身体的缝隙处穿出来。

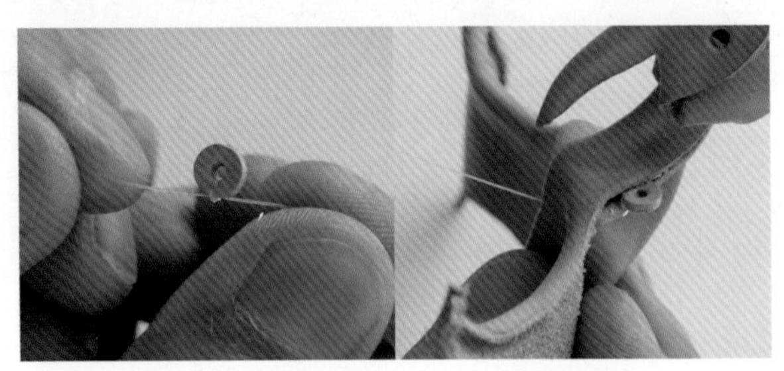

04 将针取下，把线系在塞子上，从缝隙处放回身体内部。

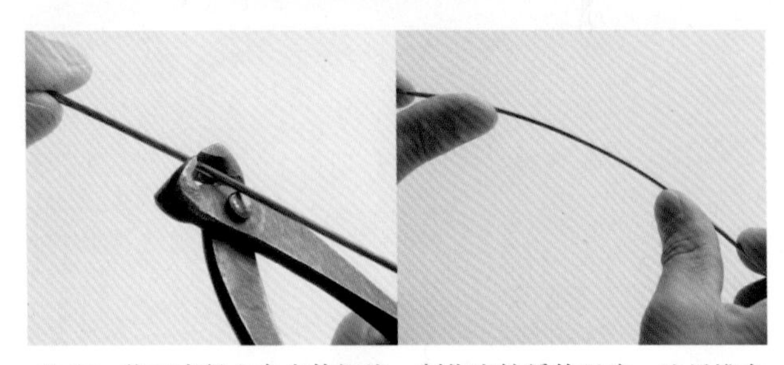

05 剪下直径 2 毫米的铜线，制作出较缓的弧度。这里准备了 19 厘米和 16 厘米长的 2 根铜线。

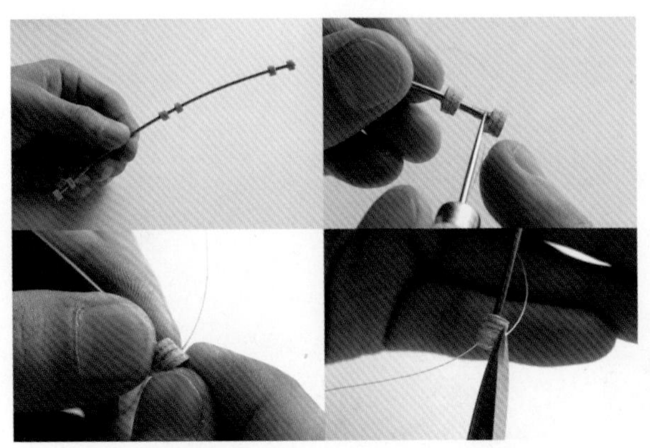

06 将 6 个塞子如图摆放，并用线连接。在左右两侧的塞子涂上强力胶以固定。

07 拎起后调整平衡度。找到平衡点后，在中央的塞子处涂上强力胶以固定。

羊头骨项链

具有美国土著风格的羊头骨项链。利用皮革的可塑性将羊头骨塑造得立体又真实，皮面上则用挖沟器加上了纹理。与多彩的皮革串珠组合也让作品显得更富有个性。

【制作要点】

在皮面加上纹理可以让作品显得更真实。熟练操作挖沟器需要练习一段时间，可以先在零碎的皮革上练习一下。以这个作品的做法为基础，可以挑战制作其他各种立体造型作品。

制作者　本山知辉

▶纸型在 172 页

需要准备的工具

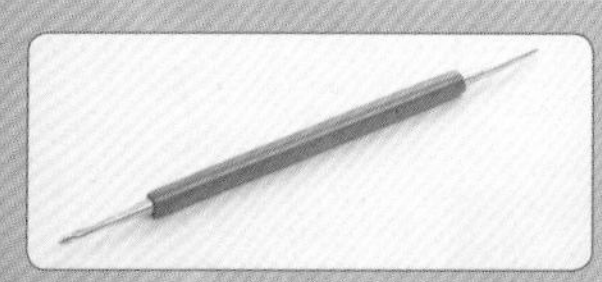

手工用金属挖沟器
在皮面刻出纹理用的重要工具。两头末端的形状不同，可以用于不同场合。

硬化剂
让皮革硬化的助剂。用于皮革定型。

手工染料
用于皮革串珠的染色。请挑选喜欢的颜色。

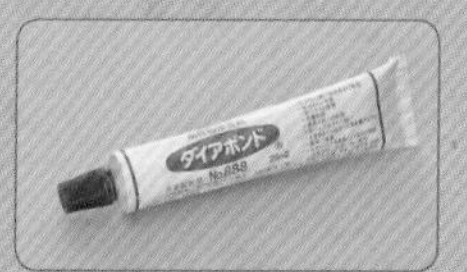

橡皮胶
合成橡胶型的黏着剂。将金属零件装到皮革上时使用。

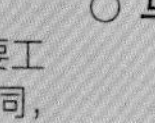

使用皮革

○ 马鞍革　1.5 毫米厚

▶ 剪裁与打孔

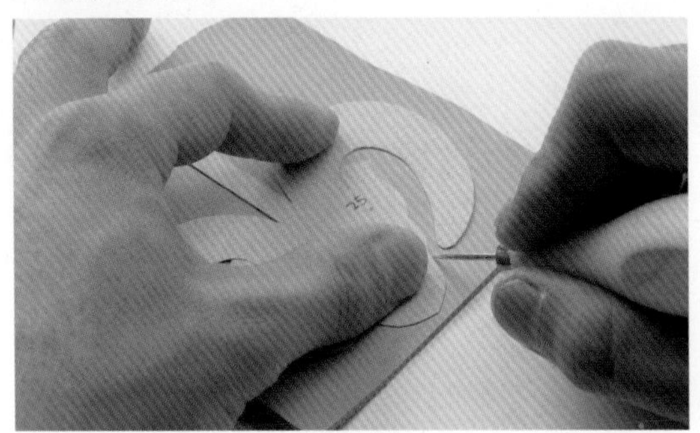

按照纸型在皮面描出轮廓。

01

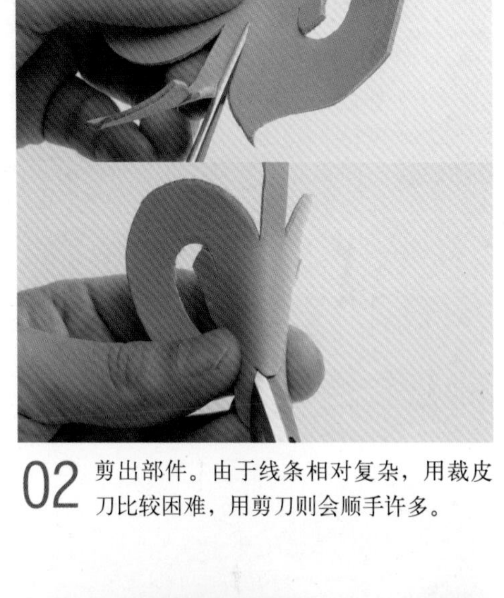

02 剪出部件。由于线条相对复杂，用裁皮刀比较困难，用剪刀则会顺手许多。

图为剪下的部件。接下去将利用皮革的可塑性把这块平面配件制作成立体状。

03

在后头部用10号圆冲打孔（用于穿过绳子等）。

04

05 用剪刀将2个孔之间多余的皮革剪掉，形成一个长孔。

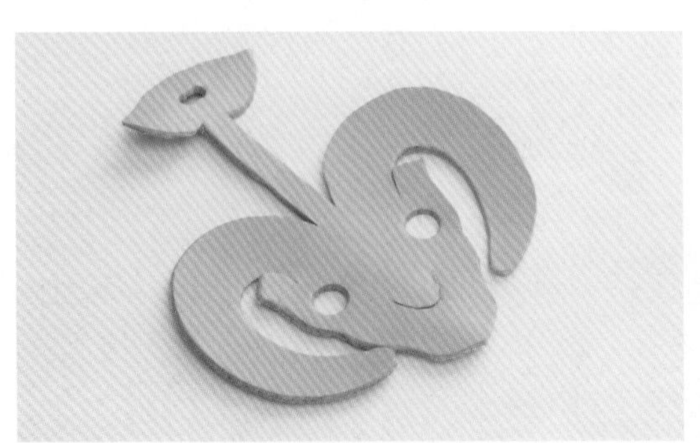

眼睛部分用25号圆冲打孔。

06

▶ 塑形

让皮革充分吸收水分。皮革正反面各涂 2~3 次水。

01

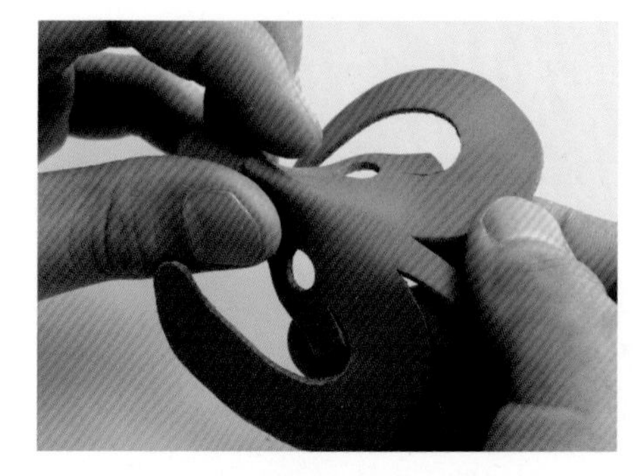

将鼻子部分隆起折成山状。

02

捏住眼睛上方，将额头部分的三角形区域按压平整。

03

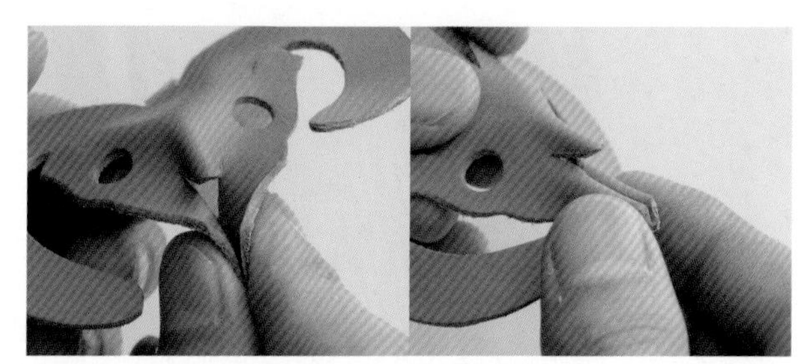

04 先将末端部分向内侧折起来，再将左右两侧分别隆起折成山状，形成上右图的状态。

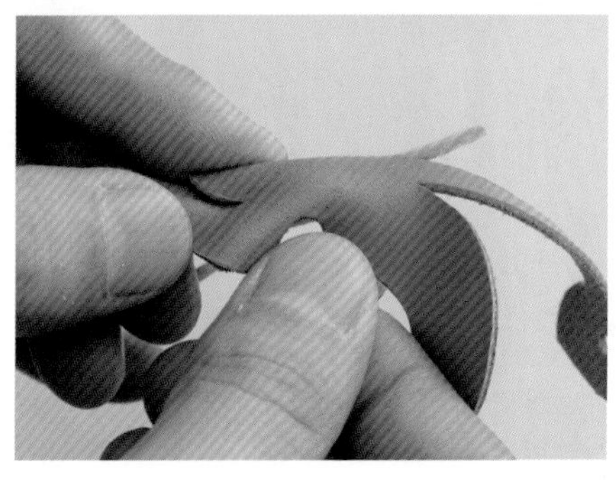

将眼睛前方皮革弯折，形成弧线状鼓起。

05

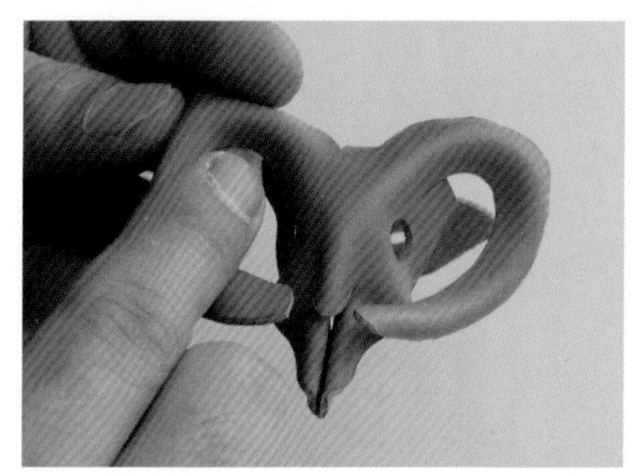

顺着额头的折痕捏出羊角。角的根部弧度最大，末端越来越小。

06

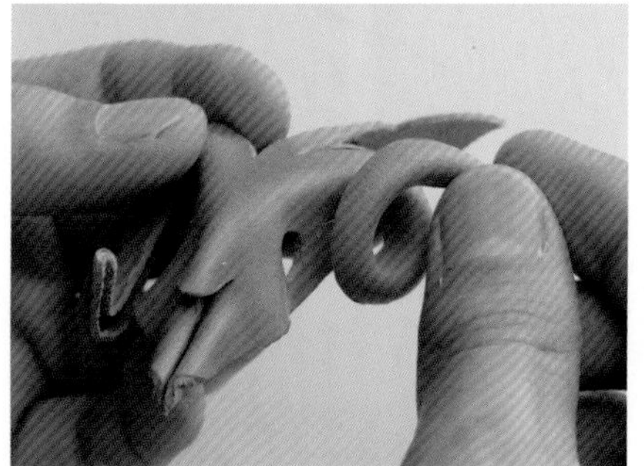

慢慢地将角弯折，形成如图的圆形。

07

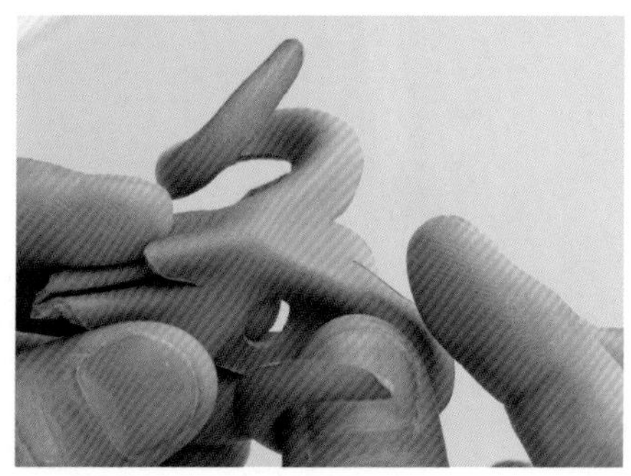

观察左右的对称，对整体进行微调。

08

将后头部带有切口的涂胶水处如图弯折。

09

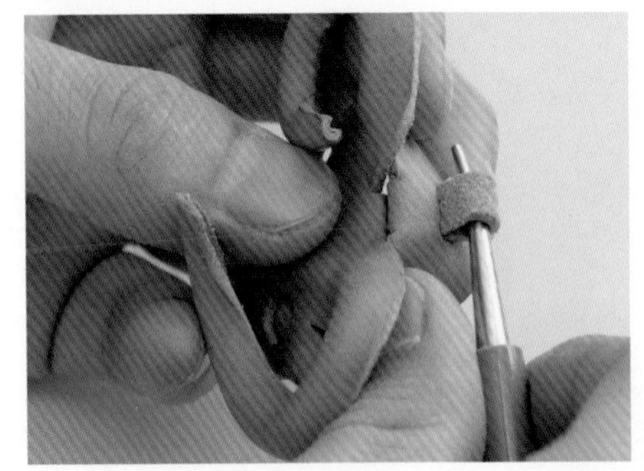

将孔的部分弯折，用挖沟器从后头部的孔里拉出来。

10

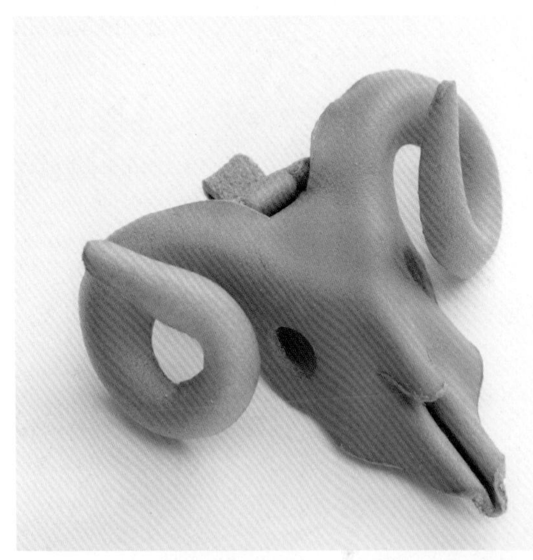

11 到这一步就基本成型了，可以整体进行微调。调整时不妨从各个角度观察。

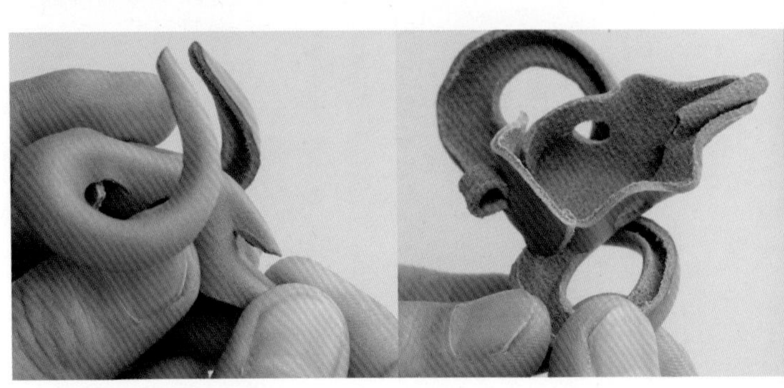

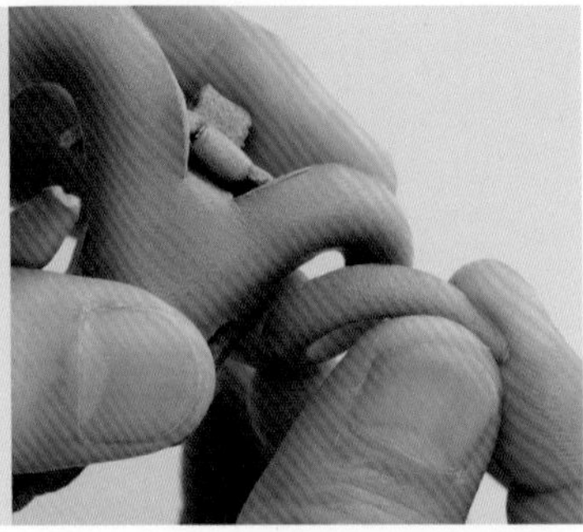

重塑各成形部位。鼻骨下面向下伸展，上颚向上伸展，并使其更饱满。

12

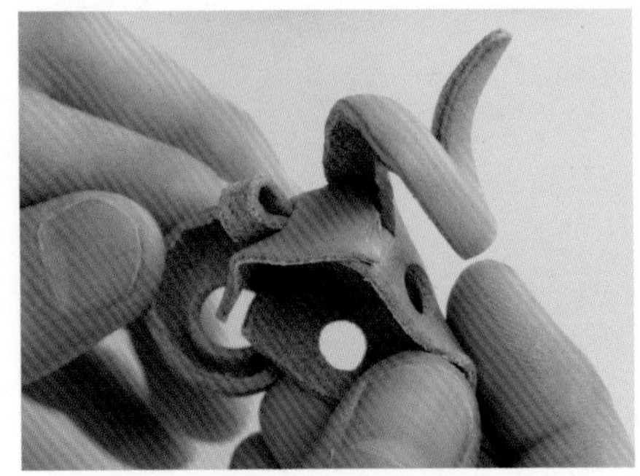

将后头部稍稍弯折后，根据涂胶水处大小将其调整得更圆润。

13

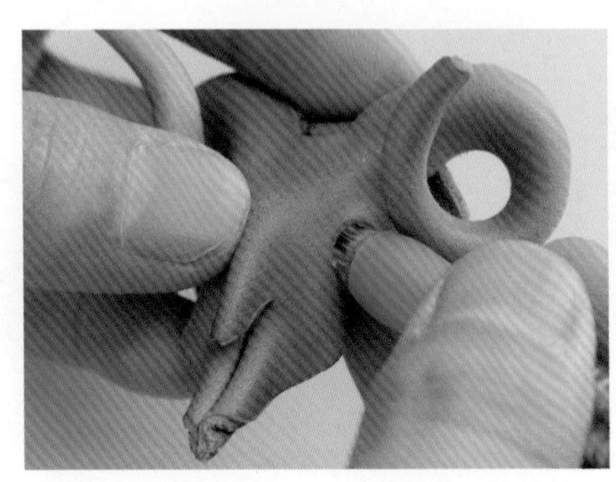

为了让眼睛更圆润有神，可以用圆珠笔头调整。孔的上方比下方更突出会让眼睛部位显得更有真实感。

14

至此，头骨就制作完成了。接下去用挖沟器在皮面加上纹理。

15

▶加上具有真实感的纹理

可以参考照片等资料用挖沟器刻出纹理，制作出更有真实感的作品。

01

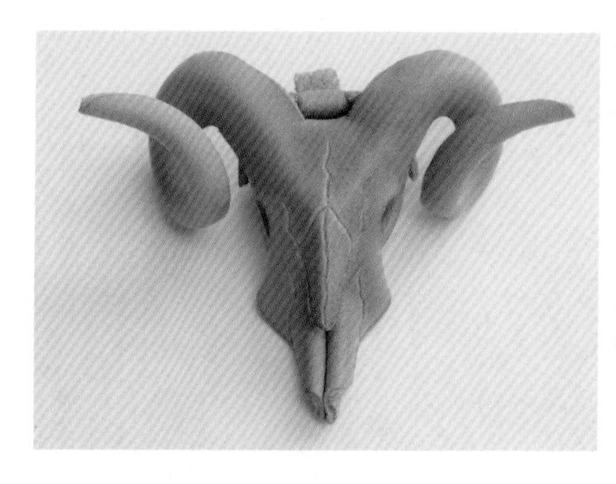

用纹理还原头骨上的裂纹。

02

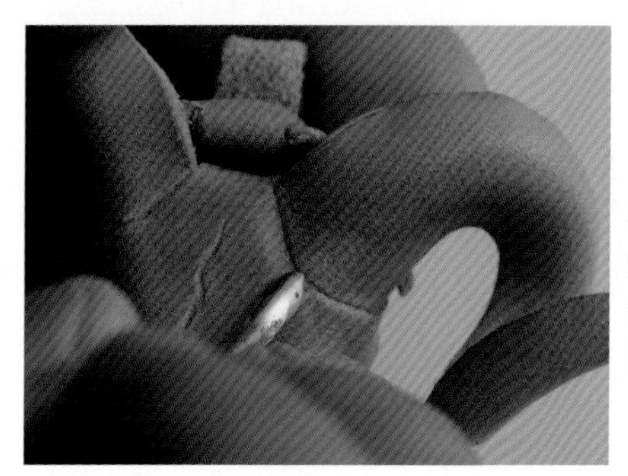

在角上刻上纹理前，先在根部刻出与头骨的分界线。

03

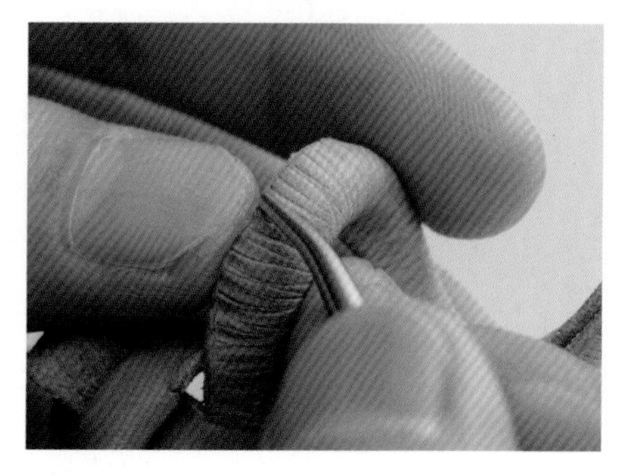

从角的外侧边缘向内刻上细线。

04

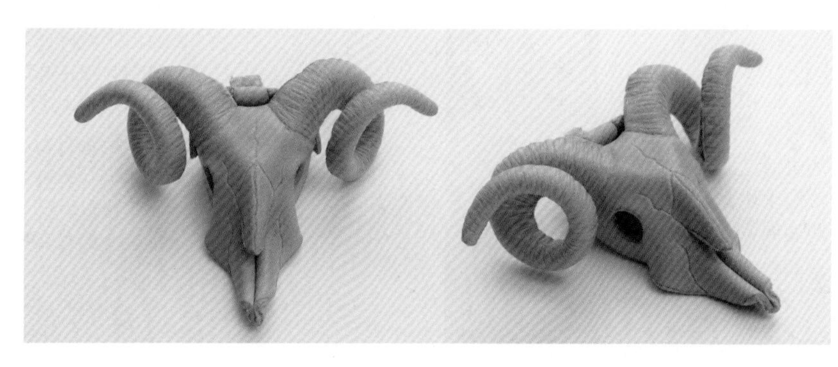

完成全部纹理后，将其完全晾干。

05

▶ 最后加工

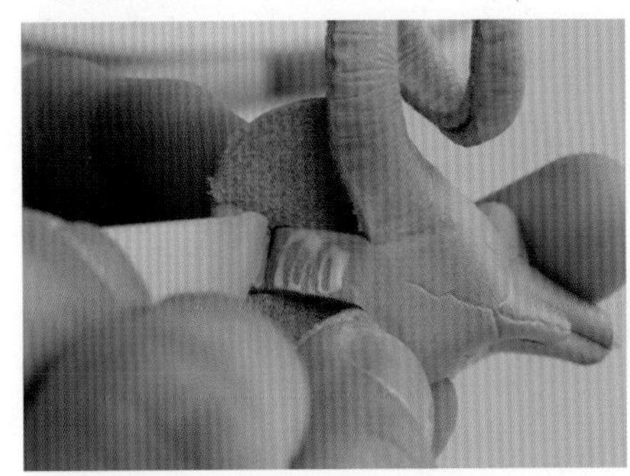

完全干燥后，在后头部和孔内侧涂上强力胶。

01

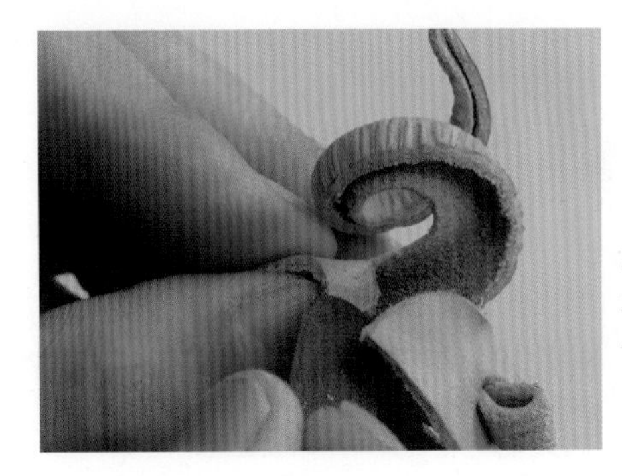

用强力胶将涂胶水处和后头部贴合在一起。

02

将涂了胶水的部分紧密贴合。

03

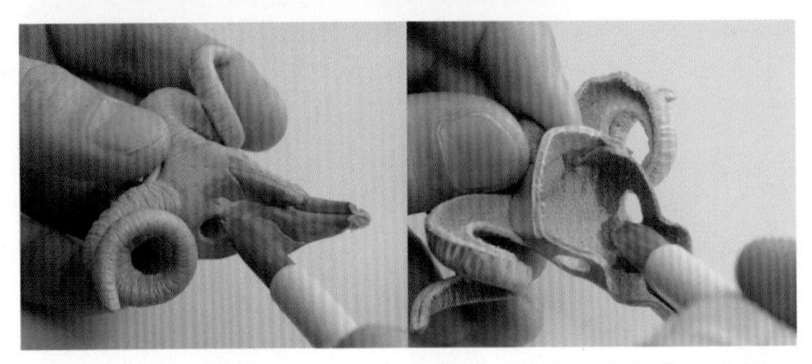

04 涂上硬化剂。一般只涂在床面，但这个作品中，皮革正面也要涂上。

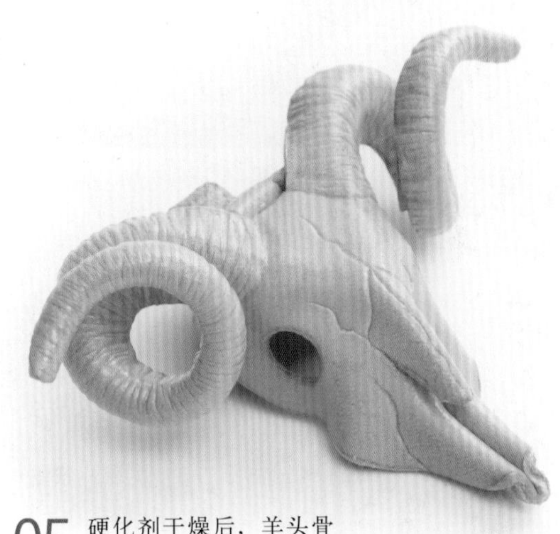

05 硬化剂干燥后，羊头骨部分就完成了。

▶ 制作皮革串珠

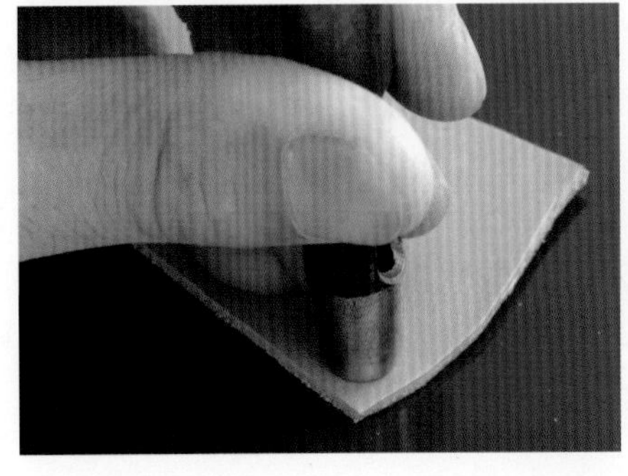

用30号圆冲在2毫米和3毫米厚的马鞍革上打孔。

01

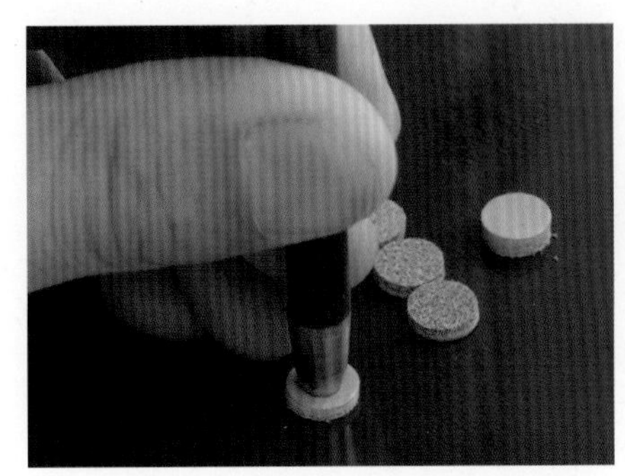

在30号圆冲所打下配件的正中央，用15号圆冲打孔。

02

03 在容器中放入染料，并放入要染色的串珠。颜色可以根据自己喜好选择，使用多种不同颜色效果也不错。

彻底染色后，将其晾干。

04

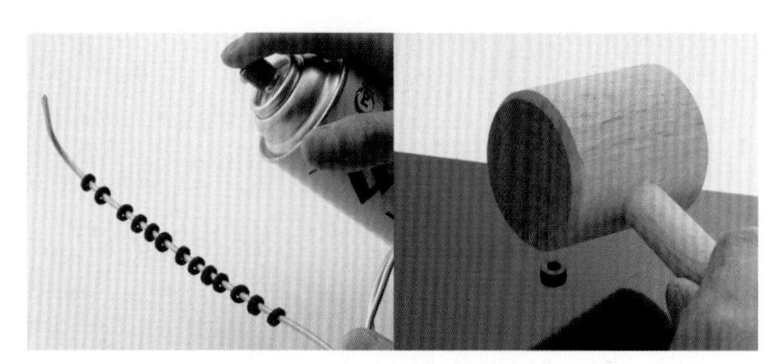

05 染料晾干后，喷上皮革喷漆以形成保护膜。喷漆干后，再用木槌腹部轻轻敲击，形成较扁的形状。

图为完成后的皮革串珠。数量和颜色都可以根据自己喜好进行调整。

06

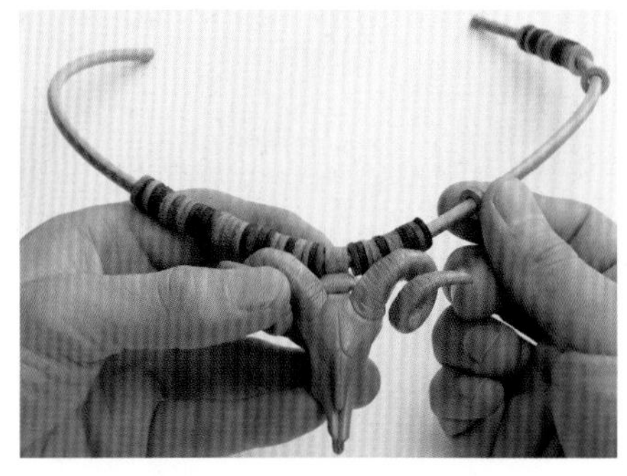

剪出长约46厘米直径为4毫米的圆柱状皮革，并装上羊头骨和皮革串珠。

07

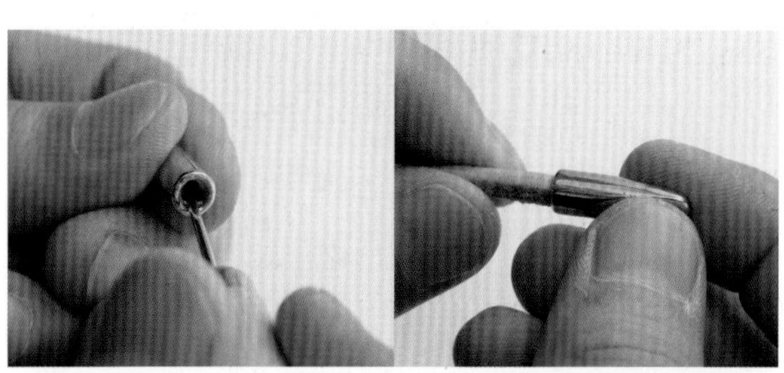

08 在钩状的固定配件内侧涂上橡皮胶，装在圆柱状皮革的两端。

完成！

橡皮胶干透后，作品就完成了。只将皮绳和皮革串珠组合在一起可以制成手链。此外还有多种造型，一起来发挥想象力，设计属于自己的皮革项链吧！

part-2

使用基本缝法即可制作的单品

本章我们将学习手缝、交叉缝扎、使用缝纫机等基础缝法。手缝可能需要一段时间才能熟练，但是通过制作一些作品，在制作过程中会自然地掌握技术，针脚也会越来越齐。交叉缝扎和缝纫机的使用也是一样，一起来掌握这些技能吧！

使用的工具

手缝时一般都用针和线，但与缝制布料不同的是，要先打好孔，再将线穿过去。打孔将使用可以打出菱形孔的菱錾。交叉缝扎则是使用花边皮革条做缝线。打孔时使用可以打出扁孔的锥梃或可以打出圆孔的圆冲，在其顶端装上专用的双叉针进行缝纫。缝法分为好几种，在 part-2 中使用的是比较简单的平针法。使用缝纫机时，则不需要事先打孔，缝纫速度也比较快，可以缩短制作时间。用缝纫机制作的作品一般手缝也能完成。part-2 和 part-3 中使用的工具基本相同。部分详细的缝制方法请参考 141 页的 part-5。

打孔工具

打制手缝用的孔时，一般都是用菱錾。但是角的部分以及高低不同处的基点则使用圆钻打孔。打孔前先划缝线，如果是厚度小于 1.5 毫米的皮革就使用带板磨边器或者圆规，厚度在 1.6 毫米以上的皮革要先使用边线器挖沟。

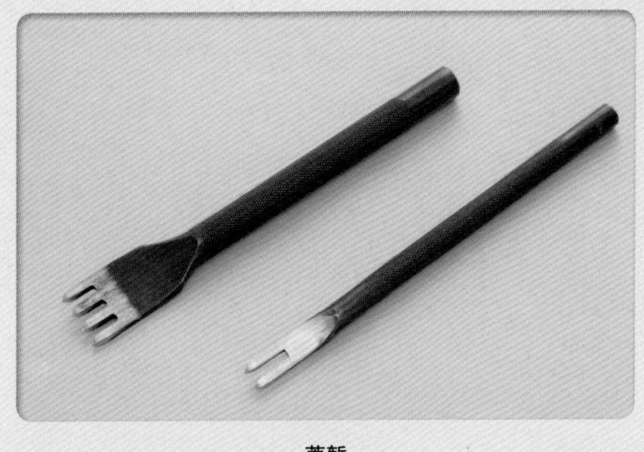

菱錾
4 齿和 2 齿的菱錾几乎可以用于制作任何物品。事先准备好齿距不同的菱錾，再根据不同需要进行选择。

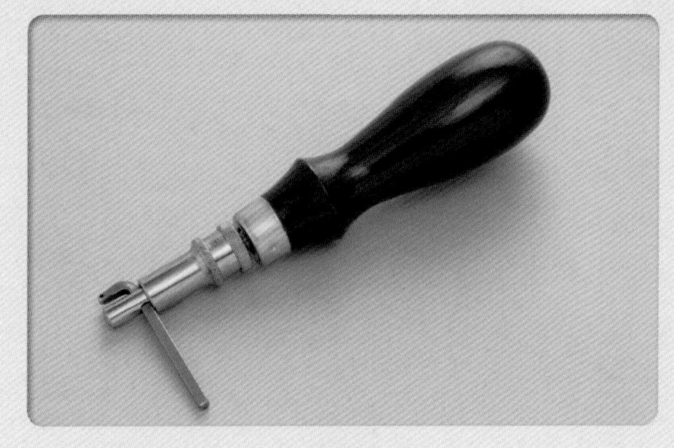

边线器
用于在较厚的皮革上挖沟槽，方便缝纫时缝线的穿过。

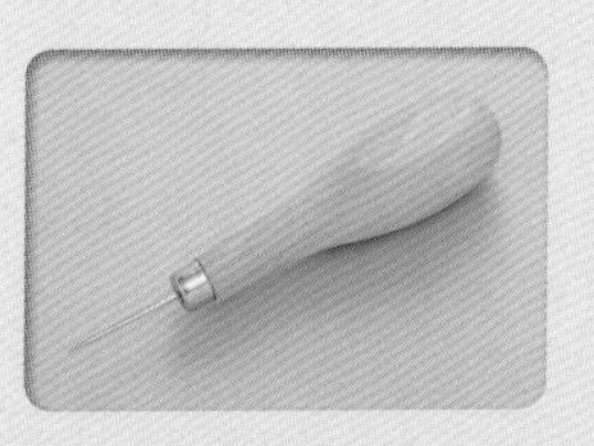

圆钻、橡胶板、毛毡
part-1 中使用的工具在 part-2 中当然也要使用。圆钻用于在角的部分打基点孔。橡胶板和毛毡则是在菱錾打孔时垫在下面用于缓冲。

手缝工具

与裁缝缝衣物一样，手缝时需要的就是线和针，不同的是，线需要先上蜡。工具套装中有麻线和手缝用蜡，也可买成品蜡线。除了麻线以外，也有尼龙及涤纶的线。

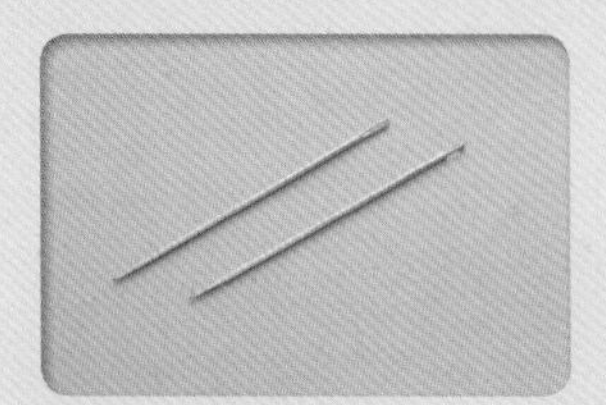

手缝针
手缝针有各种粗细，可根据线的粗细来选择针的粗细。

软线（中）
最基础的麻线。需要先上蜡后再使用，效果看起来非常自然。挑选缝线时要根据制作物品来决定。

手缝用蜡
用平针法缝制时，同一个孔会有两根线穿过，线不够光滑的话会损伤或弄脏其他线。为了防止出现这种情况，上蜡工作一定要做好。

交叉缝扎使用的工具

打孔工具的规格需要根据皮革条的宽度来决定。在 part-2 中将出现的平针缝法使用 8 号圆冲作为打孔工具。双叉针有多种可供选择，可以根据用途和喜好挑选使用。

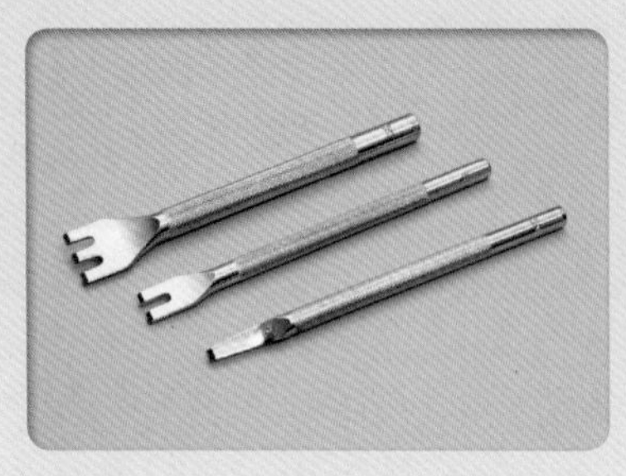

菱錾
用于在皮革上打孔。根据皮革条的尺寸，有 2 毫米和 3 毫米宽的规格，请选择匹配的菱錾。

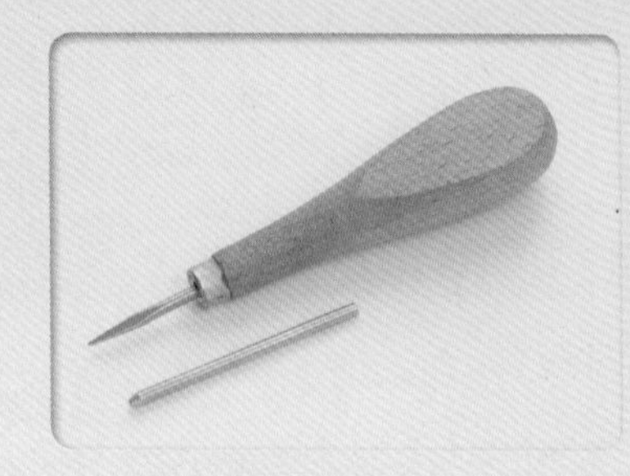

双叉针、圆钻
双叉针是可以将皮革穿进去的交叉缝扎专用针。圆钻则用于调整针眼、穿拉皮革条等。

缝纫机

在制作皮革手工时，缝纫机可以大大缩短制作时间，拓宽制作范围。缝合皮革需要比较强力的缝纫机，所以在制作前请先确认您所持有的缝纫机是否适用于缝合皮革。

家用皮革 110
专门为皮革手工设计制造的便携式缝纫机。最大可以缝纫厚度为 4.5 毫米的植鞣革。

钥匙套

只需将皮革两端缝合起来便可完成的钥匙套。需要缝合的部分非常少，所以非常适合初次尝试手缝的学员。这里介绍的共有 2 种尺寸，您可以根据钥匙的大小使用相应的纸型。此外，钥匙套的形状非常简洁，您还可以设计制作原创的钥匙套。

需要准备的工具

制作这件单品仅需使用基础工具。

使用皮革

○ 染色牛皮　1.7 毫米厚

【制作要点】

钥匙套如果太大，钥匙将无法插入钥匙孔，所以在制作时需要留意。自行设计时也要注意钥匙的实际使用情况来进行制作。

制作者　本山知辉

▶纸型在 166 页

▶ **剪裁与打孔**

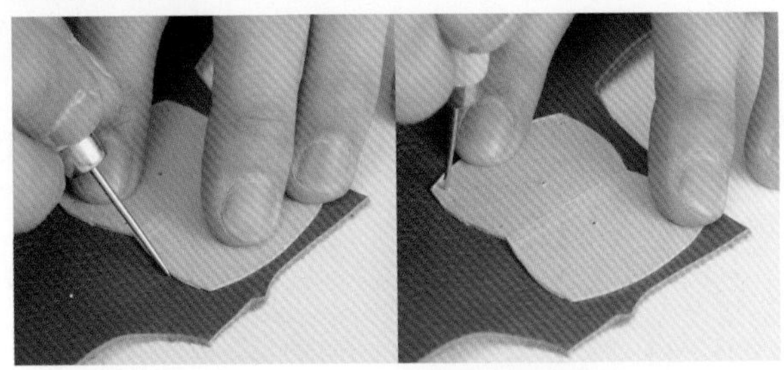

01 用圆钻按照纸型在皮革正面划出草稿线。在针眼的基准点和穿绳位置也要按照纸型标出记号。

用裁皮刀按照纸型进行剪裁。

02

用磨砂棒打磨插口皮边。

03

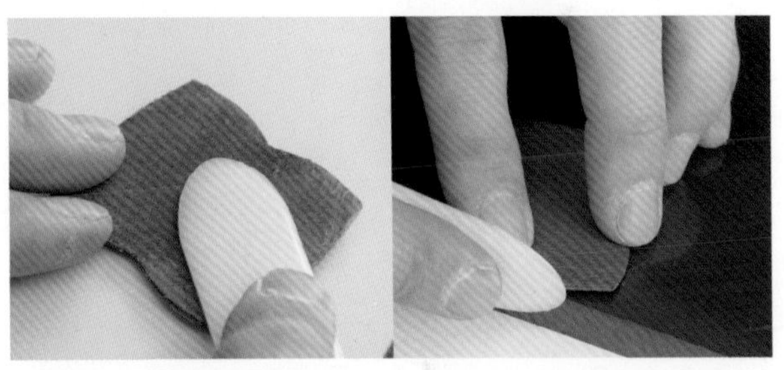

04 在床面涂上床面处理剂后打磨，并打磨不缝合的部分。

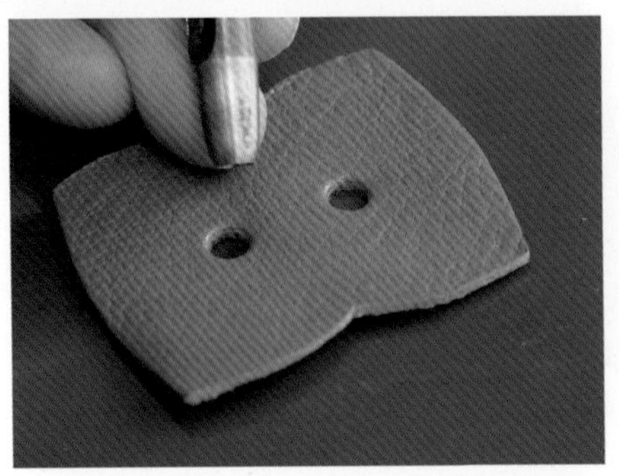

用 15 号圆冲打出穿绳孔，注意对折后孔的位置要对齐。

05

由于要用强力胶贴合，所以用磨砂棒在床面磨出涂胶水部分。

06

在涂胶水处薄薄地涂上强力胶。

07

在强力胶干前对折并贴合。

08

▶ **缝合**

贴合后用磨砂棒打磨边缘。

01

打磨完成后在距边缘3毫米处划线标出缝制位置。

02

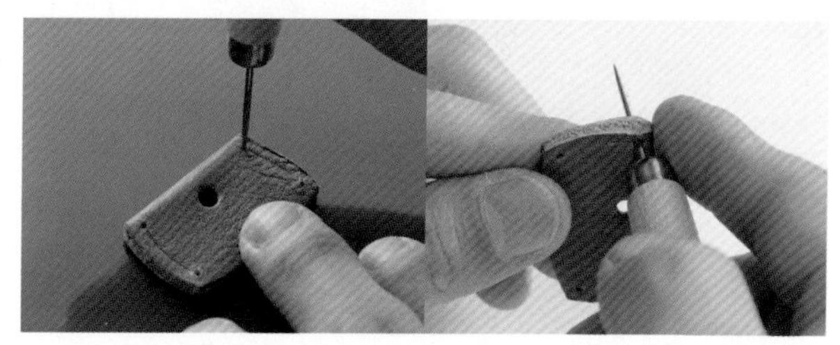

03 用圆钻在基准点打孔。基准点为左右两侧的缝制起始点及结束点共4处。

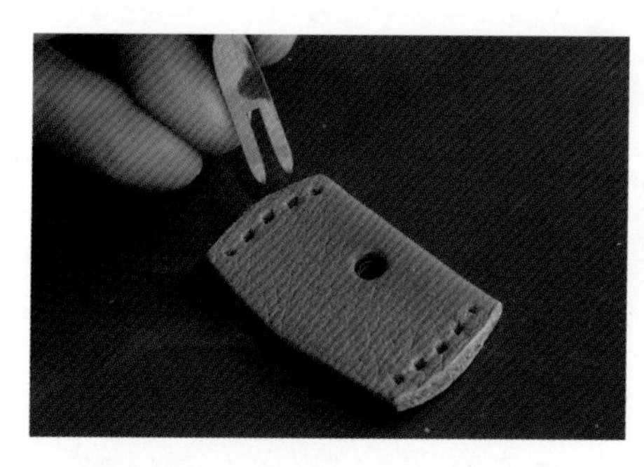

根据缝制位置线在2个基准点之间用菱錾打出缝制孔。

04

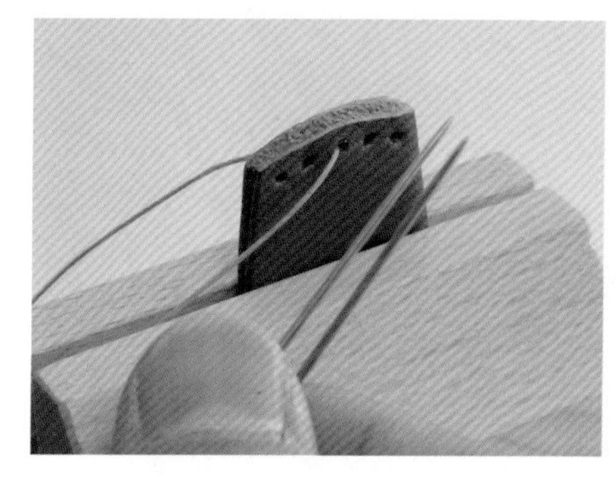

由于使用倒针脚缝法，所以将线从第3个孔中穿过。

05

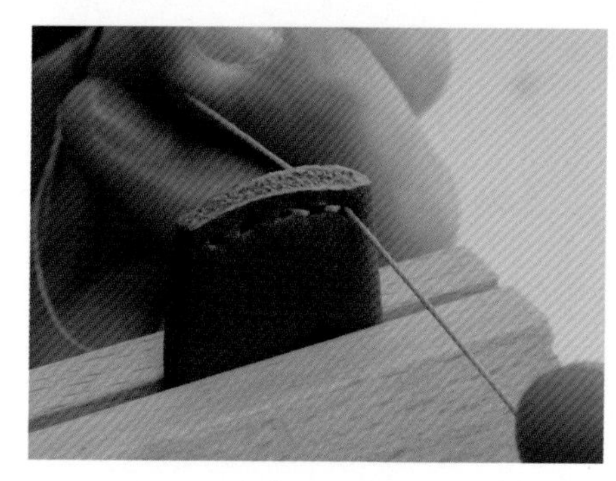

根据开始缝制时的方向进行平针缝（参见149页）。

06

缝到起始点后再倒回去缝，缝到结束点后再次进行倒针脚缝。

07

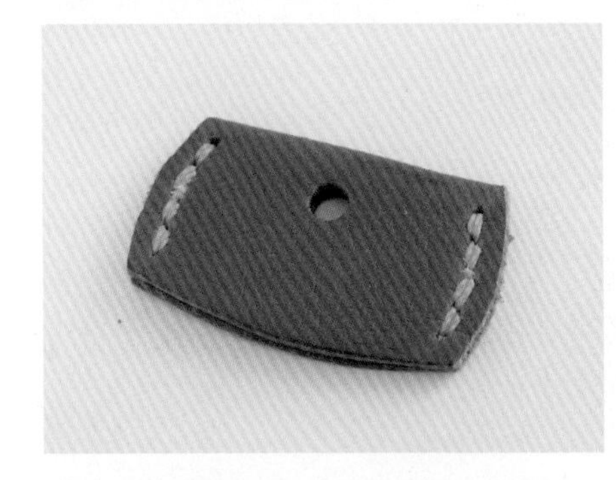

剪断缝线并稍作处理即可完成手缝工序。

08

用削边器修整缝合部分的皮边。

09

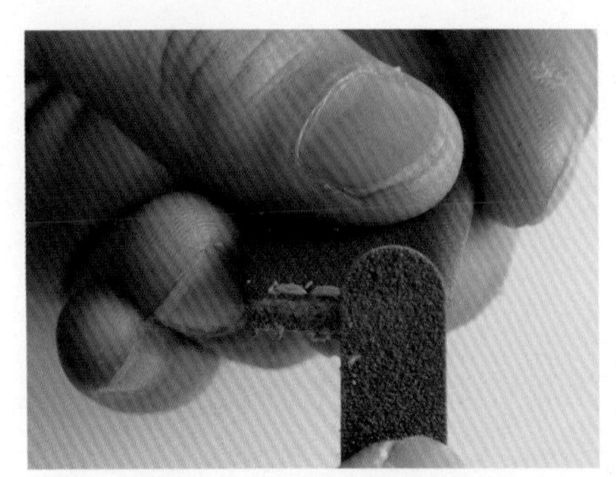

用磨砂棒修整皮边。

10

涂上床面处理剂，并用带板磨边器打磨皮边。

11

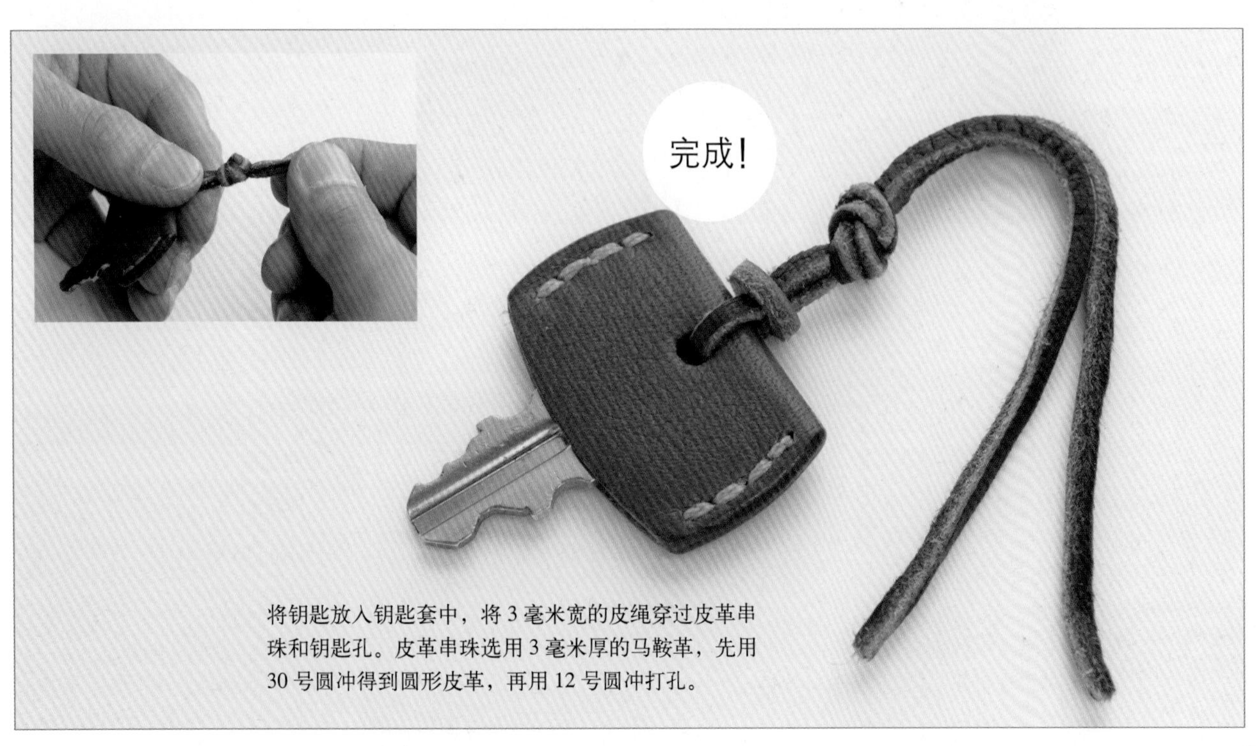

将钥匙放入钥匙套中，将 3 毫米宽的皮绳穿过皮革串珠和钥匙孔。皮革串珠选用 3 毫米厚的马鞍革，先用 30 号圆冲得到圆形皮革，再用 12 号圆冲打孔。

笔 套

可以收纳塑料圆珠笔的笔套是一件可以瞬间改变工作台氛围的时尚单品。制作时主要使用基础的直线缝法，但是将笔放入笔套后就会呈现出别样的立体感。通过制作这个笔套，可以掌握手缝的基础，为今后制作各种皮革单品做准备。可放入的圆珠笔直径约为 8 毫米。

【制作要点】

符合人体工程学的皮革笔套，外观简洁，却能让常见的塑料圆珠笔立即呈现出考究的质感。

制作者　本山知辉

▶纸型在 171 页

需要准备的工具

制作这件单品时仅需使用基础工具。

使用皮革

○ 钢琴革　1.3 毫米厚

▶ **剪裁与黏贴**

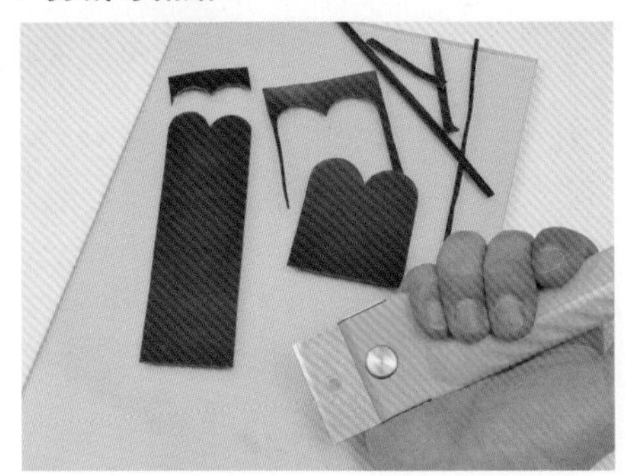

按照纸型剪裁出部件。

01

02 剪裁完成后，用圆钻标出缝制的基准点。

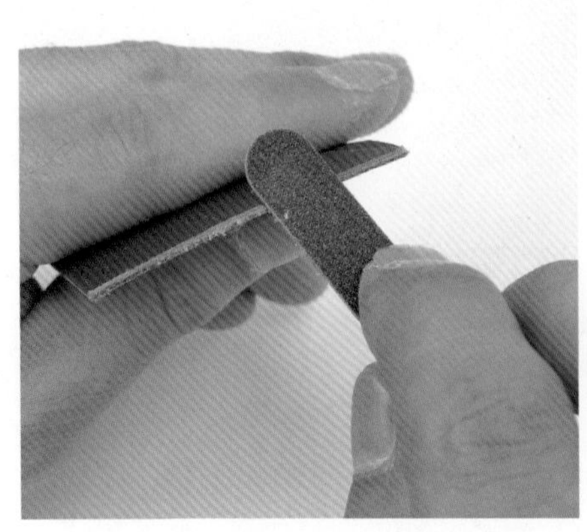

先将笔套口处打磨光滑。用磨砂棒轻轻地磨圆，再用床面处理剂打磨。

03

在床面涂上床面处理剂，用带板磨边器打磨。

04

05 用磨砂棒磨出 3 毫米的缝边。

06 将笔套主体部分也磨出缝边。

07 在磨出的缝边处涂上薄薄的一层强力胶。

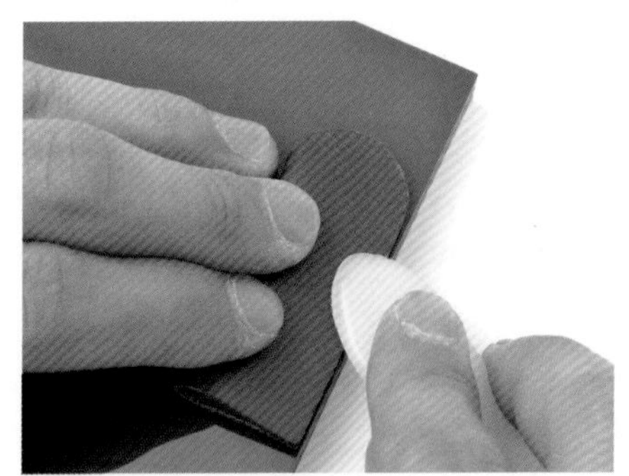

对折后贴合，用带板磨边器边摩擦边进行按压。

08

强力胶干透后，用磨砂棒修整皮边。

09

▶ **缝合**

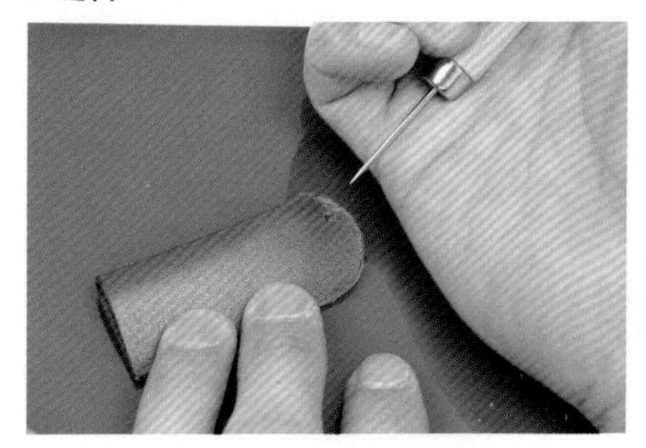

用圆钻戳出缝制结束点的位置。

01

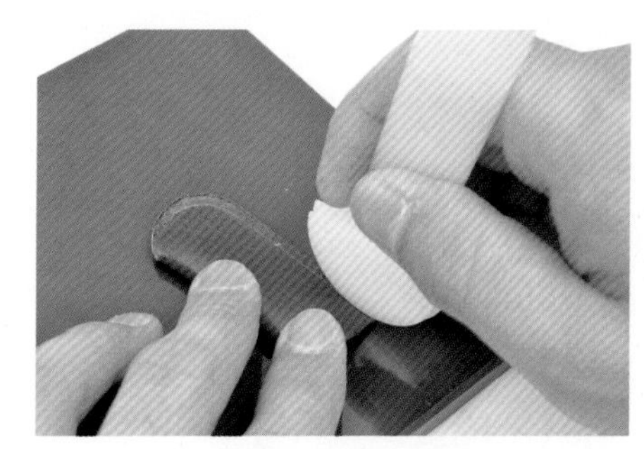

从基准点划线至笔套口。

02

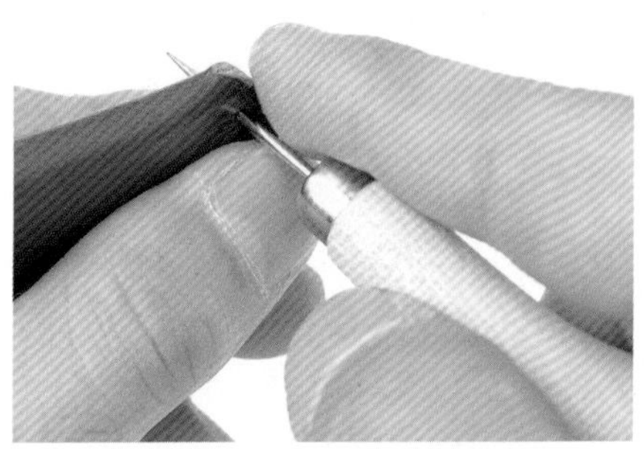

用圆钻刺穿基准点，形成一个孔。

03

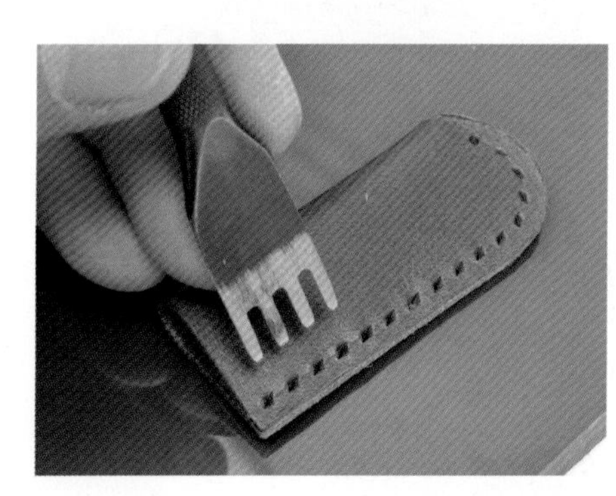

从基准点处开始用菱錾打孔。曲线部分使用2眼菱錾。

04

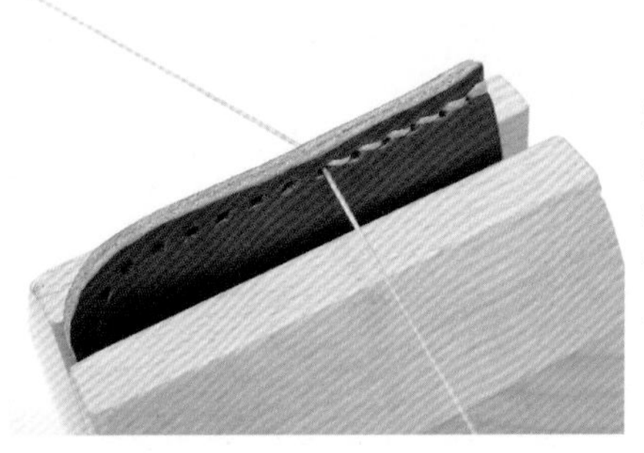

用线进行缝制。2股线穿过缝制起始处，并在缝制结束处倒针脚缝制（参见149页）。

05

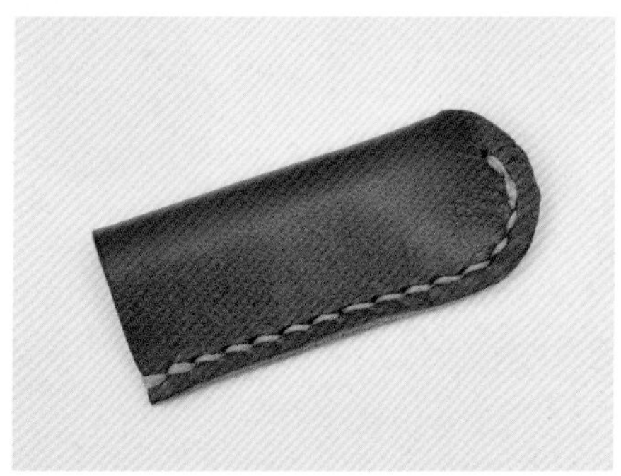

图为笔帽部分缝制完成的状态。用磨砂棒修整边缘。

06

用削边器将缝合处多余的皮边削掉。

07

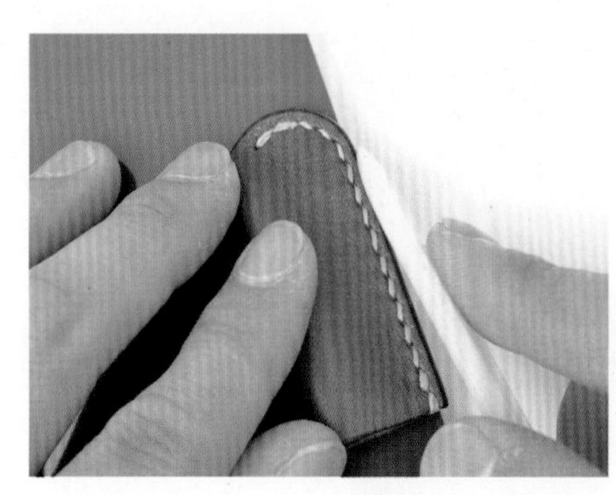

用磨砂棒修整后，涂上床面处理剂，再磨一下边。

08

笔套主体部分也与笔帽部分一样进行缝合并磨边。

09

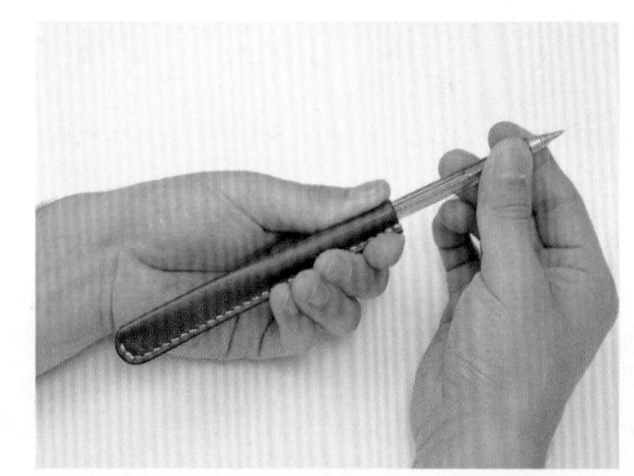

将圆珠笔放入制作完成的笔套。

10

将圆珠笔塞入笔套最深处，完整地撑起笔套。

11

盖上笔帽，调整笔帽形状。

12

完成!

越使用就越贴合书写习惯的笔套就完成了!

名片夹

有些朋友因工作需要免不了要与别人交换名片。装有自己名片的名片夹不妨尝试一下古朴的野性风格。这里要介绍的名片夹，使用了可以体验皮革经年沉淀的马鞍革，搭配较粗的软线、鹿革皮条和康乔扣，呈现出了硬朗的男性风格。制作时也只要稍稍用到一些缝制技巧，非常适合练习者。

【制作要点】

配合较粗的缝线，使用间距较大的菱錾。如果要变更用线，记得平衡配搭，选用适宜的菱錾以保持美观。还可选择装饰技巧中介绍的打孔等工艺，制作出富有个性的单品哟。

制作者　小林一敬

▶纸型在卷末插页（反面）

需要准备的工具

圆规
划缝线时必需的工具。带板磨边器也可以划线，但是使用圆规效率更高。

厚玻璃板
口袋内侧的床面也会暴露在外，因此用玻璃板打磨光滑可以让整体效果更好。

蜡线
较粗且牢固的涤纶线。

使用皮革

○ 主体部分：马鞍革　2.5 毫米厚
○ 口袋部分：马鞍革　1.5 毫米厚

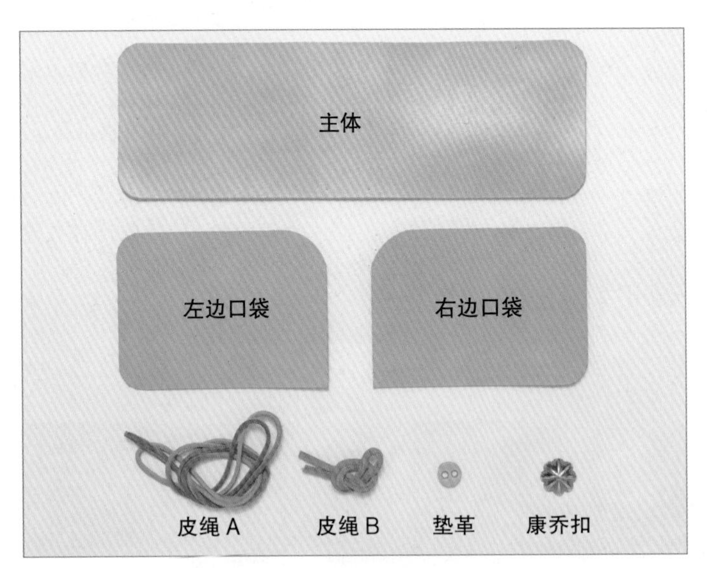

01 剪裁口袋和主体部分皮革时，要注意方向。（参照 15 页“部位与纤维的方向”）口袋部分如图所示，其横向与皮革无法拉伸的方向对齐，由于主体部分要从中间对折，所以如图所示，其纵向与皮革无法拉伸的方向一致。鹿革皮绳 A 宽 2 毫米，长 90 厘米，B 宽 3 毫米，长 15 厘米。

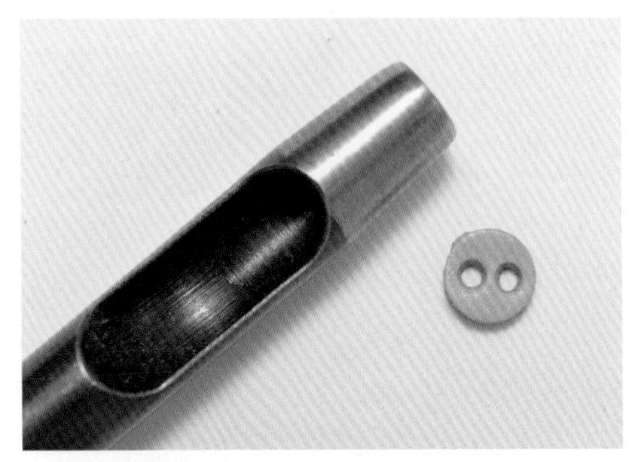

02 垫革先使用 40 号圆冲切割，再用 10 号圆中打出 2 个小孔。

适用于这个名片夹尺寸的康乔扣直径约为 2 厘米。

03

04 拼接后无法打磨的边缘和转角部分需要事先进行打磨，所以用削边器将正反面的转角处多余的皮削掉，再用磨砂棒较光滑的一面打磨。打磨范围参照右图。

POINT!

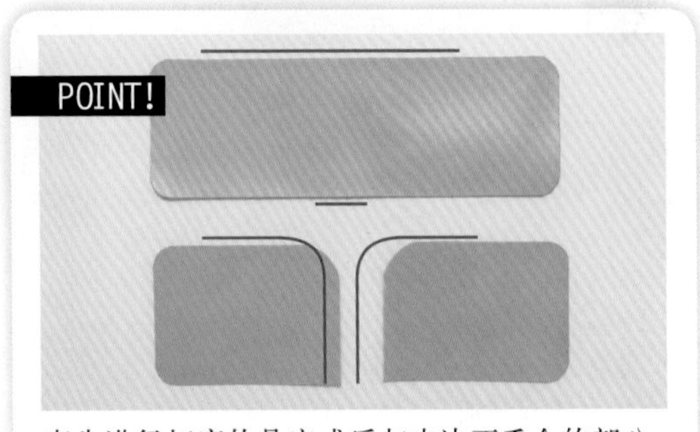

事先进行打磨的是完成后与皮边不重合的部分。（上图标出的范围）

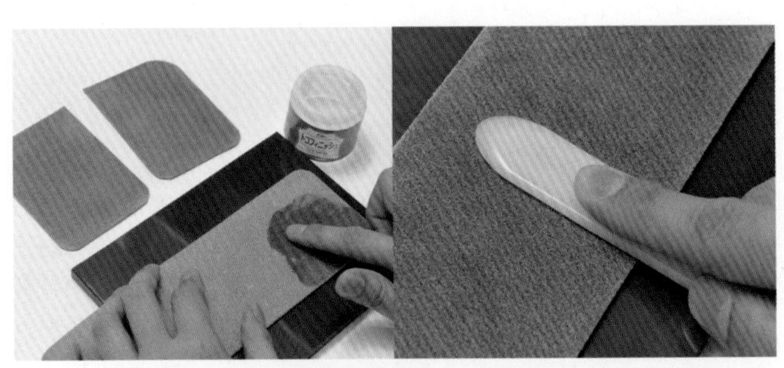

05 在主体和口袋部分的床面整体涂上床面处理剂，再用板边按压边摩擦，将皮面修整光滑。马鞍革较易沾上污渍，注意不要在正面沾上床面处理剂。

POINT!

用厚玻璃板可以更快速有效地修整较大范围的床面。

同时，用床面处理剂处理已完成转角处修整的皮边。

06

按照纸型上的位置，在主体部分描出圆孔，用 15 号圆冲打穿绳孔，用 12 号圆冲打康乔扣孔。

07

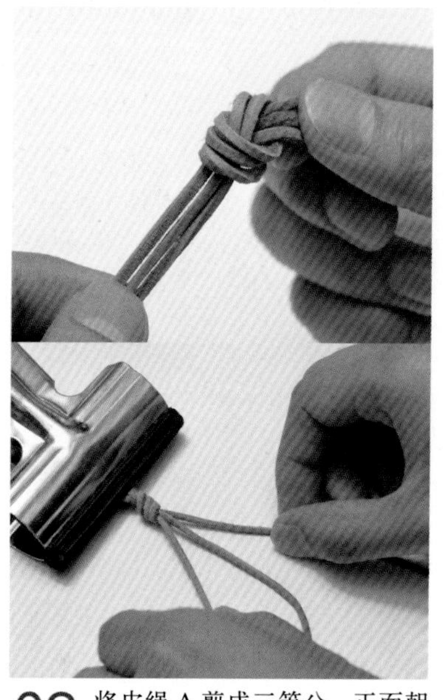

08 将皮绳 A 剪成三等分，正面朝着同一方向打一个结，为接下去的三股编绳做准备。

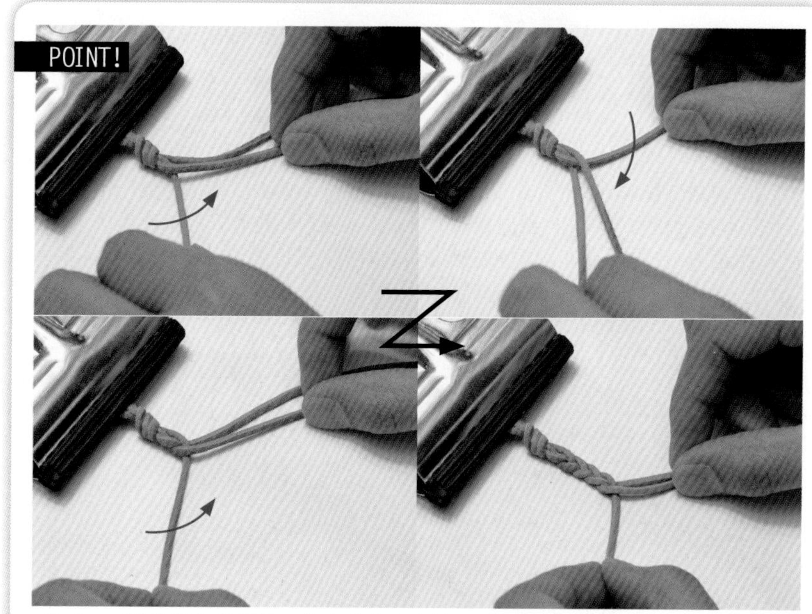

09 三股编绳非常简单。将左边或右边的皮绳置于中间皮绳的上方（左上图），再将另一边的皮绳置于中间皮绳的上方（右上图）。接着不断重复以上步骤。编织时注意将皮革正面朝外，在过程中注意调整。

编绳的长度达到约 10 厘米后，按照左图方法打结。

10

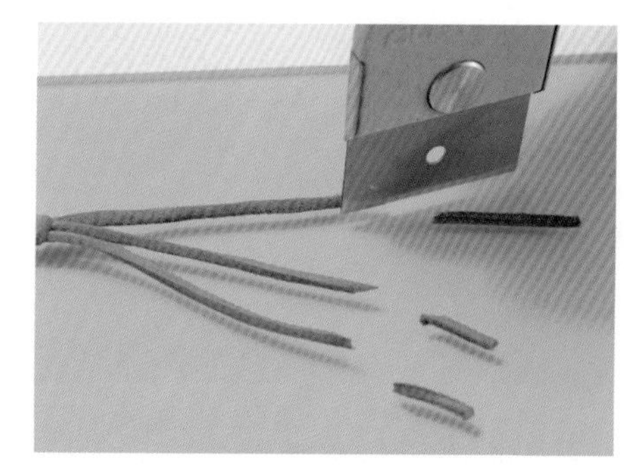

将打结后多余的皮绳在适当的长度处剪掉。斜着剪效果会更好。

11

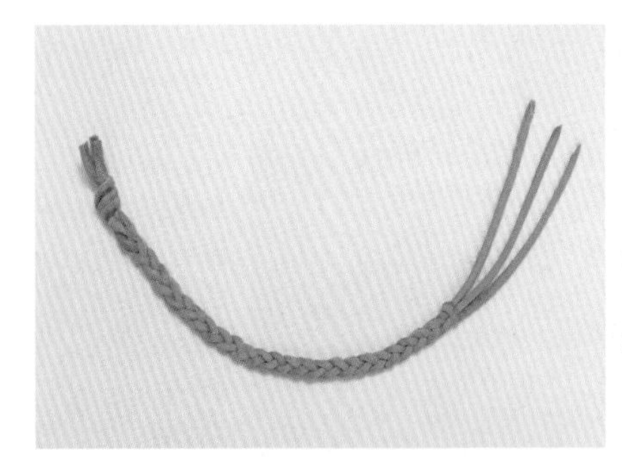

三股编绳的皮绳是用于名片夹封口处，安装在穿绳孔一侧。

12

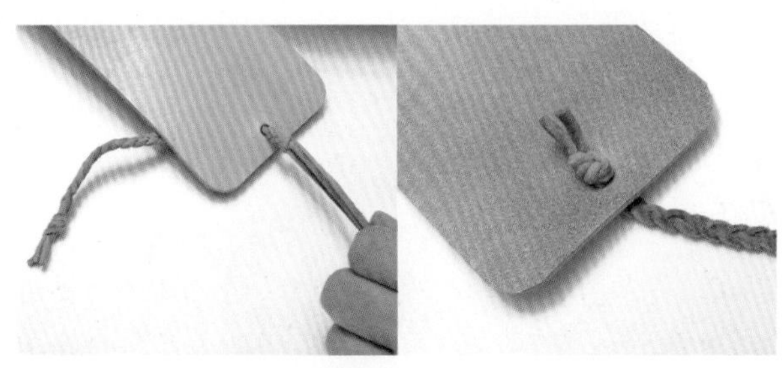

13 将皮绳从床面一侧穿过并拉紧，打结处不穿过圆孔。

将鹿革皮绳B穿过康乔扣的孔并对折，另一头从正面穿过圆孔及垫革。

14

POINT!

在完全固定康乔扣之前，先在康乔扣和皮夹主体之间为皮绳留出空间。

15

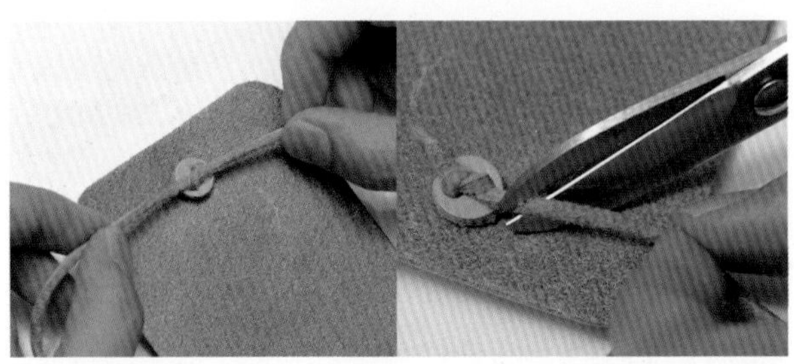

16 确认位置正确后，在此位置上将皮绳打结固定。两端的绳子留下约5毫米后，将多余部分剪掉。

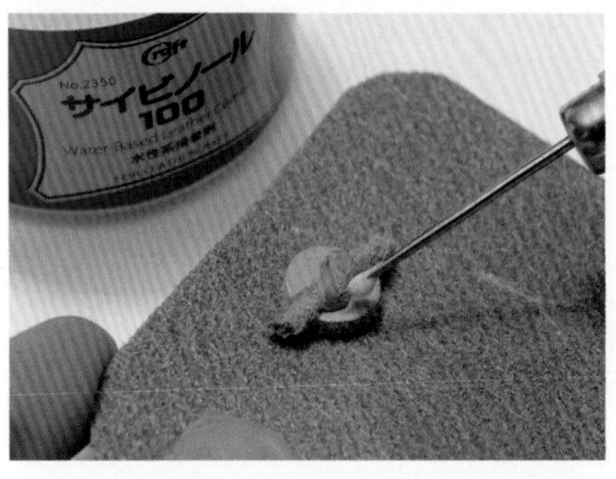

为了不让结松掉，涂上少许强力胶进行固定。

17

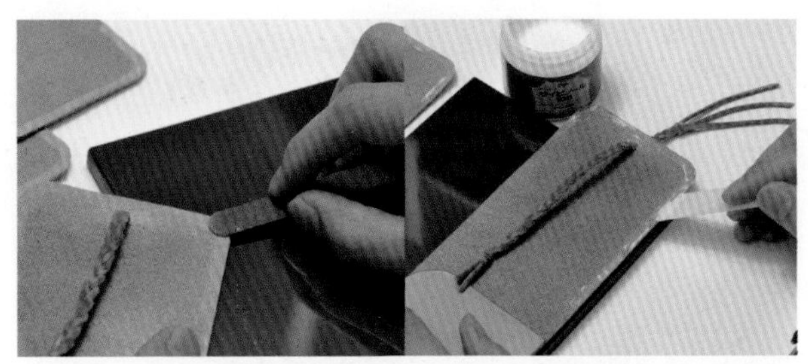

18 床面已经用床面处理剂进行修整，影响黏合剂的黏力。所以主体和口袋部分再磨出约5毫米的缝边，涂上强力胶再贴合。

用板按压贴合的部分。

19

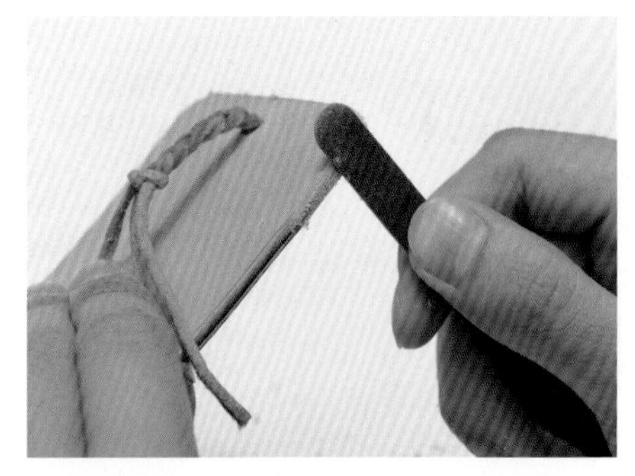

用磨砂棒将贴合部分的皮边打磨平整。

20

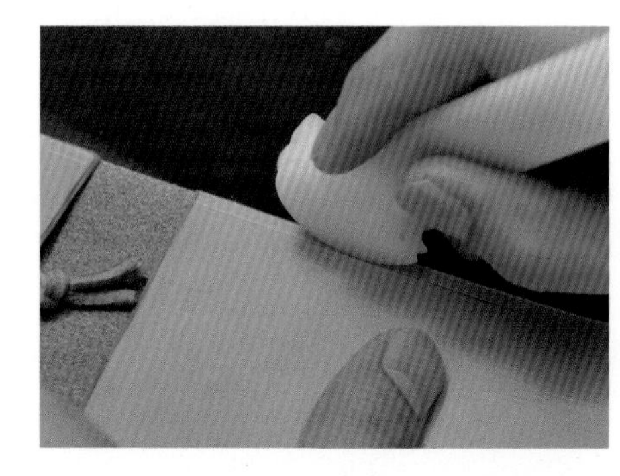

如图所示用带板磨边器在口袋侧缝边划出缝线。

21

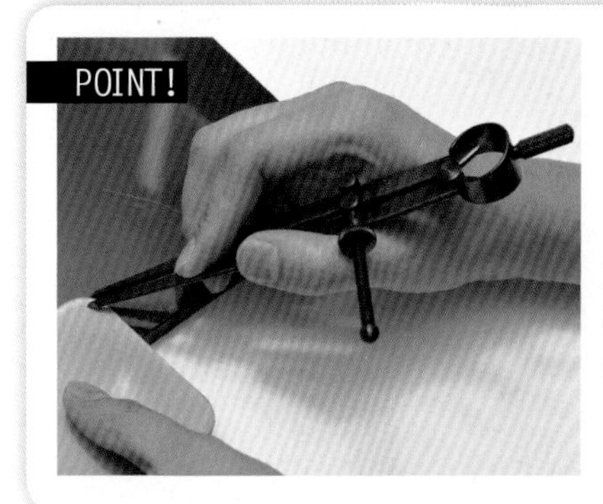

如果使用划线专用的圆规，请以3毫米为间隔划出缝线。

22

23 用圆钻在4处缝合终止点处打孔。下方的两处只在口袋边缘和主体部分打孔。打孔时用圆钻分别从两侧穿过，将孔对齐。

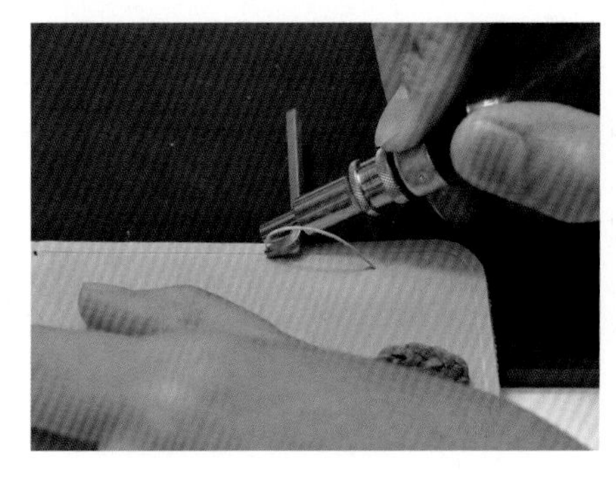

主体一侧用边线器划线（皮革较薄时，最好使用圆规）。间隔也是3毫米。

24

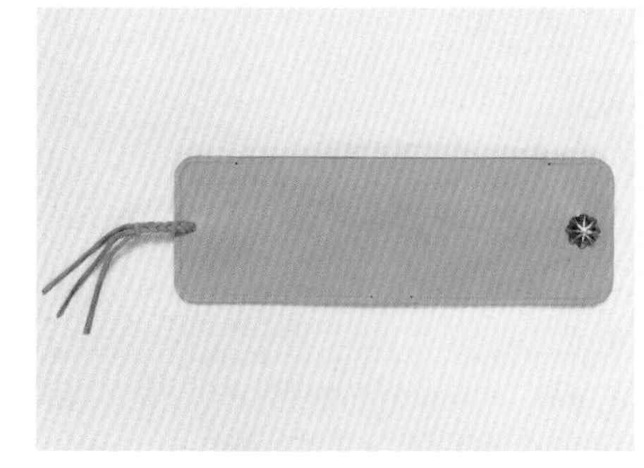

图为在缝制部分划的缝线。做之前可以先在不用的皮革上练习，将正反面的缝线划在同样位置上。

25

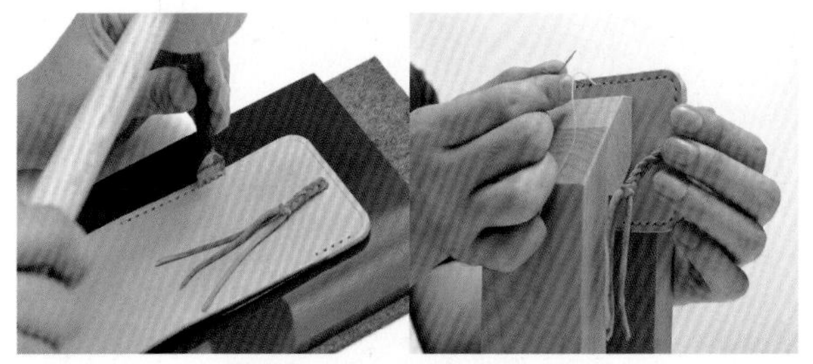

26 打孔并进行缝制。缝制方法请参见149页的基础技法。

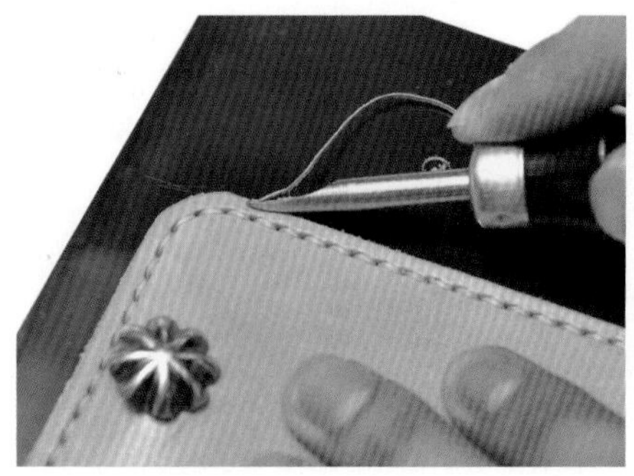

用削边器将缝边转角处修圆整。正反面都要修整。

27

28 用磨砂棒较光滑的一面修整转角处和皮边，再用床面处理剂和带板磨边器进行最后的打磨修整。

将板插入口袋内侧至缝线附近，将其撑起来为名片准备足够的空间。

29

口袋成形后，名片夹就完成了。为了避免取放时被皮革床面擦伤名片，请尽量将床面打磨得光滑一些。

笔 袋

这个笔袋是在植鞣的牛皮床面贴上了作为衬里革最常用的玻璃猪革制作而成的。用里革贴衬相较床面打磨而言，作品更显得精致考究。此外，翻盖处不使用金属配件，而是用皮带的设计更有复古风。可以任意选择喜欢的皮革颜色来制作这件单品。

【制作要点】

选择什么样的皮革进行里革贴衬对单品风格影响很大。搭配不同颜色和皮革还能做出原创感十足的作品。可以用作衬里的皮革除玻璃猪革以外，其他厚度低于 0.5 毫米的皮革均可使用。

需要准备的工具

制作这件单品仅需使用基础工具套装。

使用皮革

○ 主体部分：钢琴革　1.3 毫米厚

○ 衬里部分：玻璃猪革　0.5 毫米厚

制作者　本山知辉

▶ 纸型在卷末插页（反面）

▶配件的剪切与里革贴衬

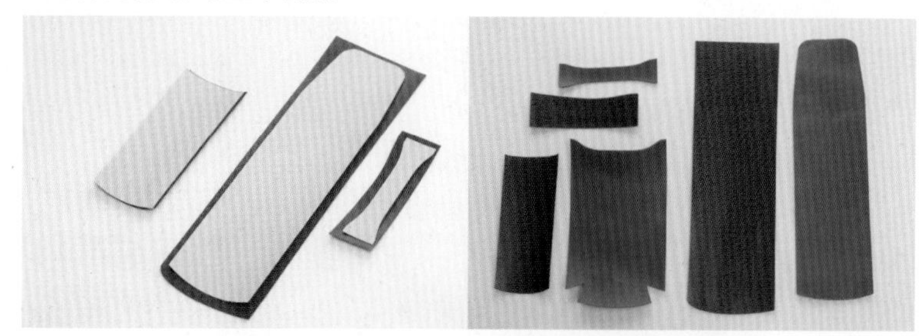

01 按照纸型剪裁出各个配件。剪主体 A 和带子的衬里部分时，比纸型尺寸剪大一圈，在完成里革贴衬后再将多余的部分剪掉。

02 在带子和其衬里革的床面涂上强力胶并进行贴合。

盖子部分弯曲贴合

03 进行主体 A 的里革贴衬时，翻盖部分进行弯曲贴合。可以在桌角将其弯曲为 90 度进行贴合。

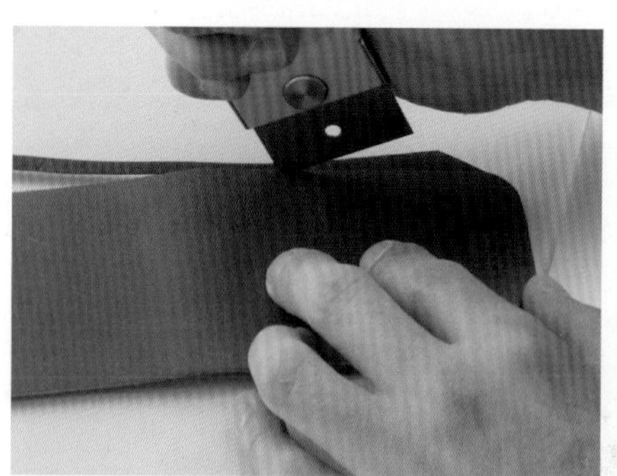

将主体 A 和带子部分多余的皮革切掉。

04

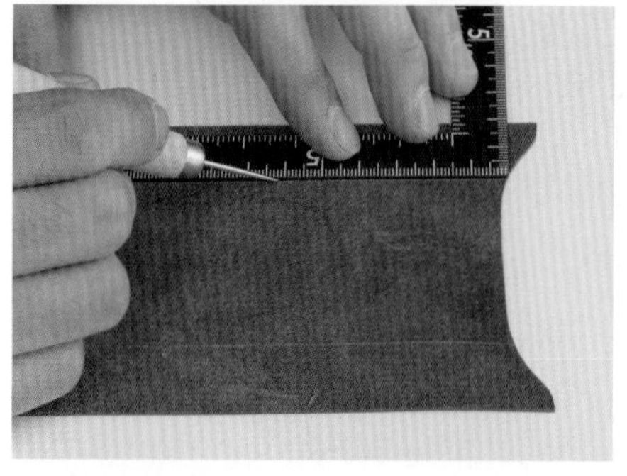

主体 B 的衬里只需贴合中间部分。贴合前先用圆钻划出要贴合的范围。

05

在划出的范围内涂上强力胶，注意不要涂到划线以外。

06

07 在衬里革的床面也涂上强力胶，看准位置进行贴合。不贴衬的部分则涂上床面处理剂打磨修整。

图为所有需要里革贴衬的部分完成贴衬后的状态。

08

▶ 先处理皮边

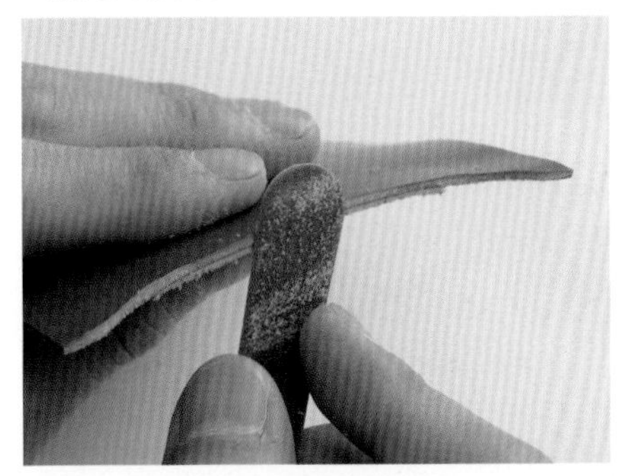

缝合主体B袋口边缘之前先用磨砂棒修整。

01

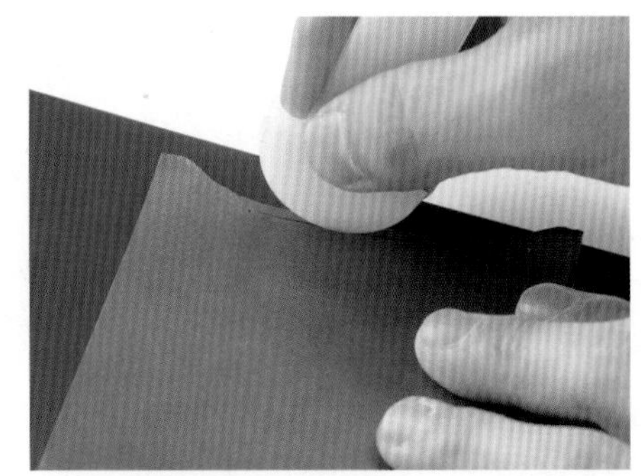

在距袋口3毫米处划出缝线。

02

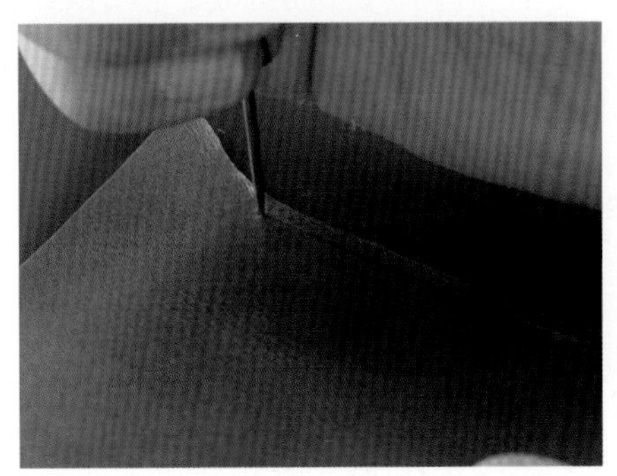

用圆钻标出缝制起始点和终止点。

03

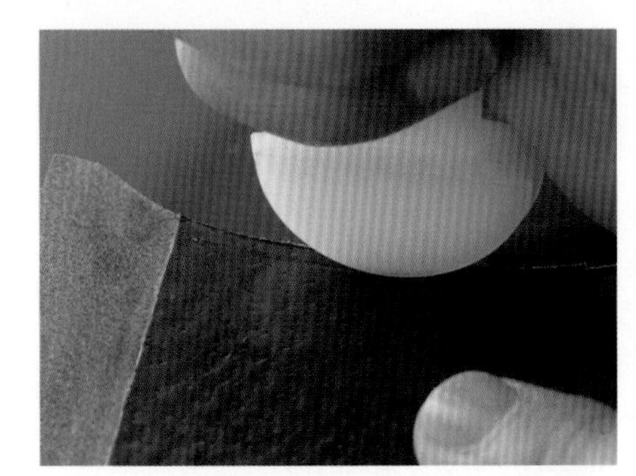

根据03中标出的位置，在里革贴衬侧划出缝线。

04

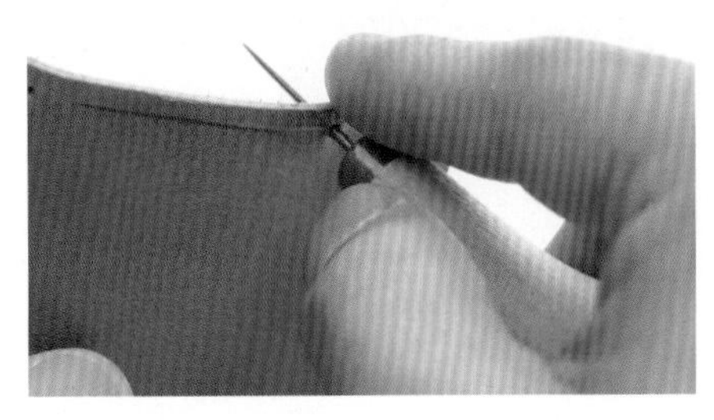

用圆钻在缝制基准点上打孔。

05

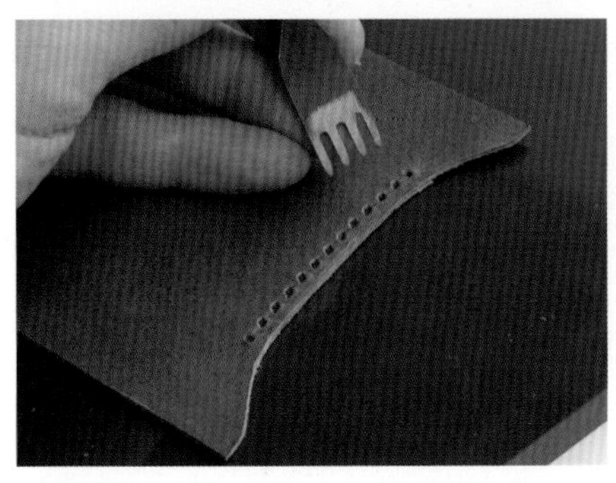

用菱錾在两个基准点之间打孔。

06

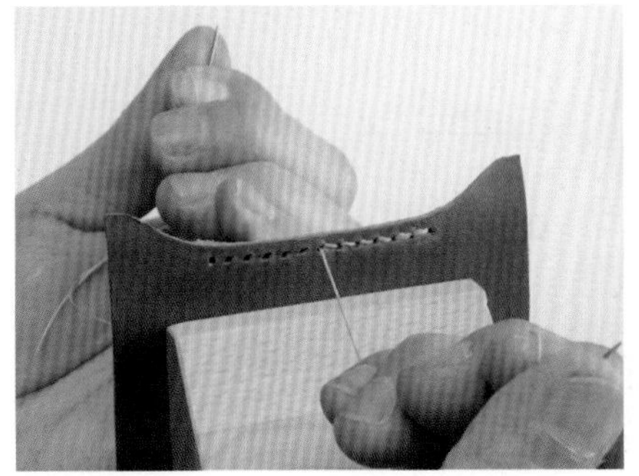

用平针缝法进行缝合。起始点和终止点处都使用两孔倒针脚缝制(参见149页)。

07

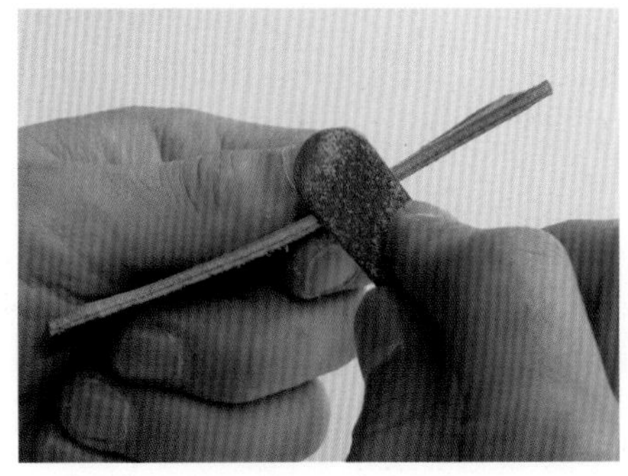

带子也要进行缝合，先用磨砂棒修整皮边。

08

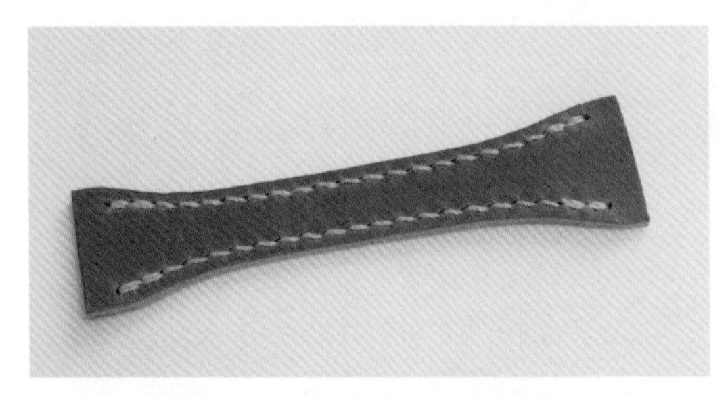

09 缝制带子。两端的部分要与主体部分一起缝合，所以在这一步无须缝制两端。

10 对完成缝合部分的边缘进行修整。用削边器削掉多余皮革之后，用磨砂棒修整形状。

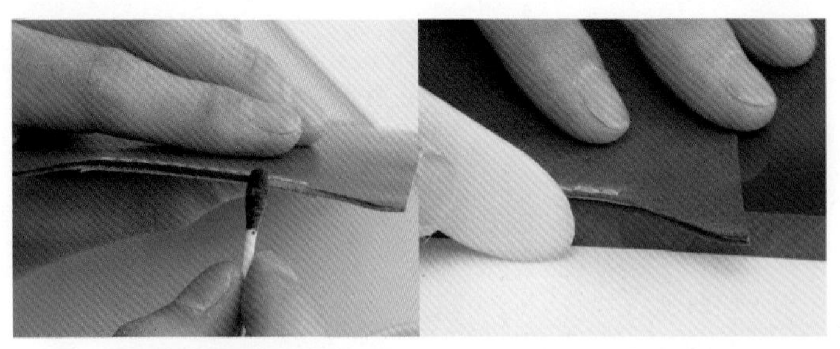

11 用磨砂棒修整完毕后，涂上喜欢的染料，并使用床面整理剂，用带板磨边器进行打磨。

12 带子部分也以同样方法制作。需要先完成皮边打磨的是图中的这两个配件。

▶底角的缝合

主体B上除顶端的其他三处边缘，用磨砂棒打磨约3毫米区域。

01

磨出安装带子的部分

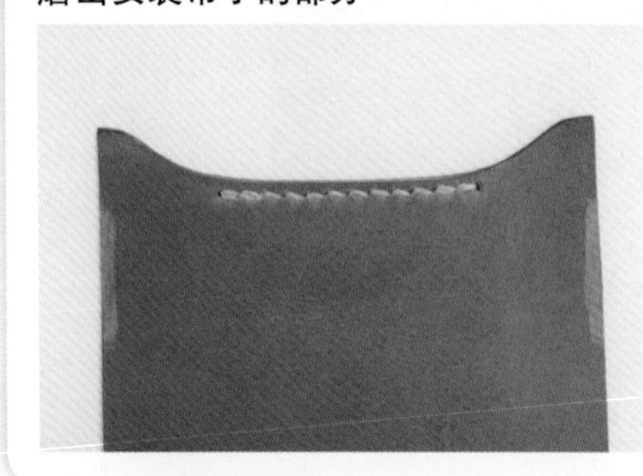

带子将安装在主体B的正面，所以先用磨砂棒打磨安装带子的部位。带子侧的床面也要进行打磨。

02

有三角形剪口处即为底角部分。在这部分的缝边涂上强力胶。

03

将涂过强力胶的部分贴合并撑起来以制作底角。

04

用圆钻在底角打出缝孔

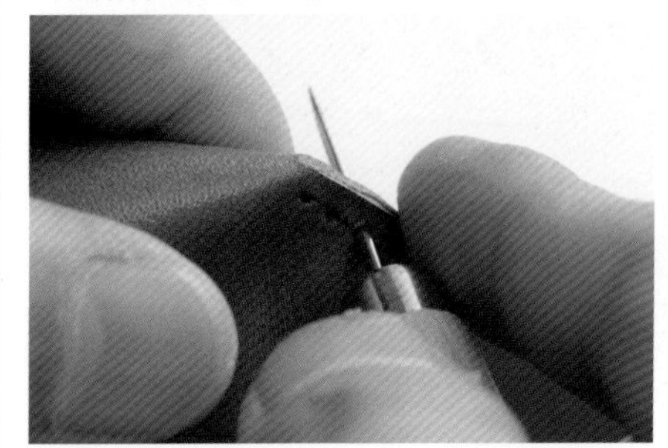

在贴合处划缝线，并按照纸型用圆钻打3个缝孔。

05

在贴合后呈山状处将缝孔打通。

06

07 缝制底角。从中间的孔开始缝，向两侧的孔反复缝，最后回到中间的孔结束缝制。

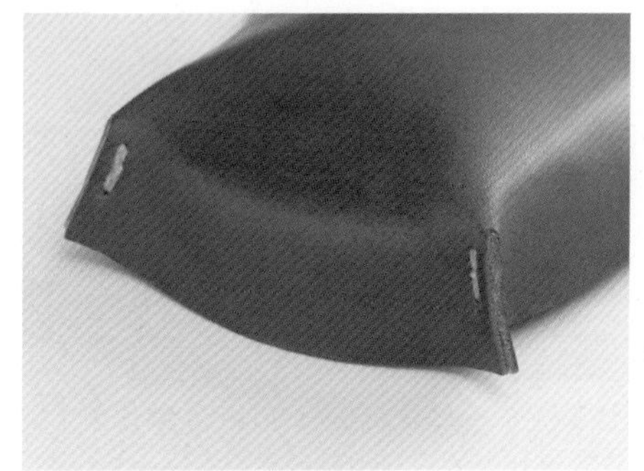

缝制另一侧。

08

用削边器和磨砂棒修整缝制完成部分的边缘。

09

用染料完成染色后，涂上床面处理剂润饰。

10

▶贴合主体部分

将主体B按照边线向内侧折叠并调整形状。

01

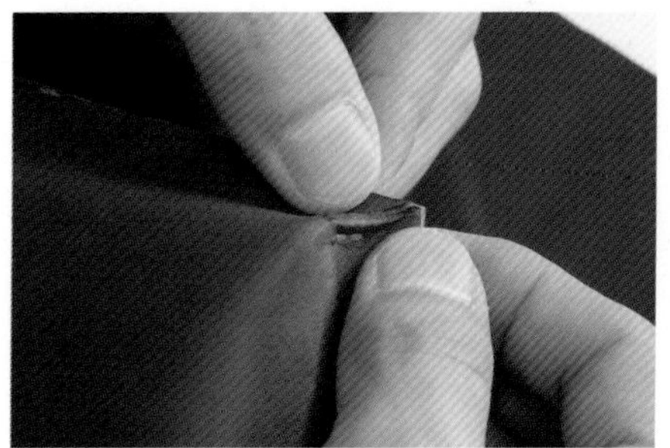

将缝边部分向外侧折叠。

02

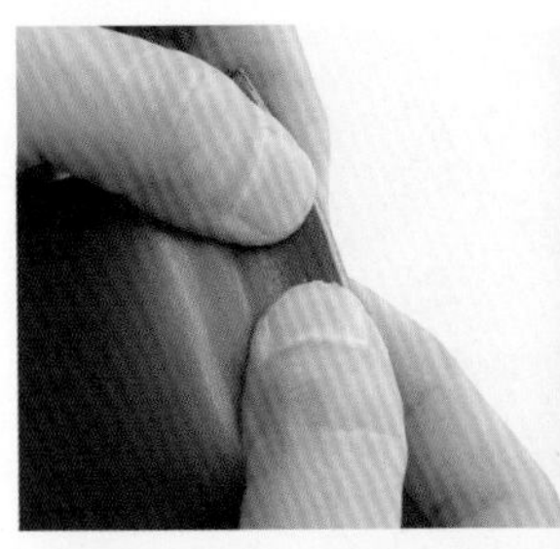

03 用磨砂棒磨出主体 A 的缝边，与主体 B 贴合。贴合时要谨慎，注意把转角部分对齐。

贴合主体 A 和 B 后，用带板磨边器打磨并按压。

04

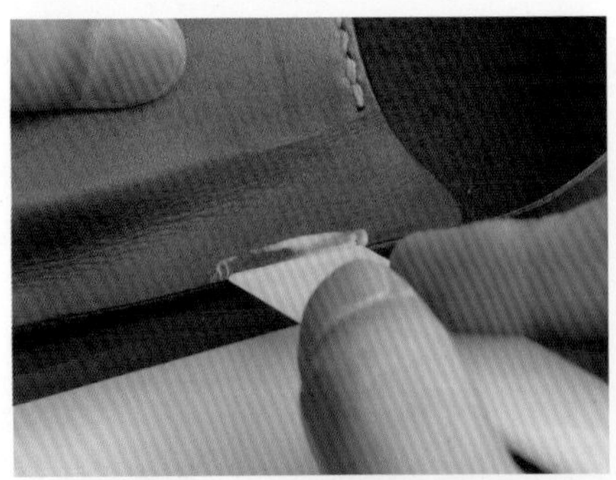

将带子贴上主体部分。在主体的带子安装处涂上强力胶。

05

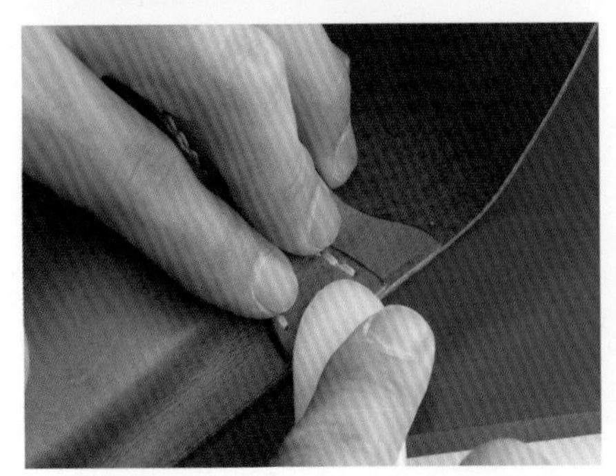

在带子侧面也涂上强力胶，再进行贴合并按压。

06

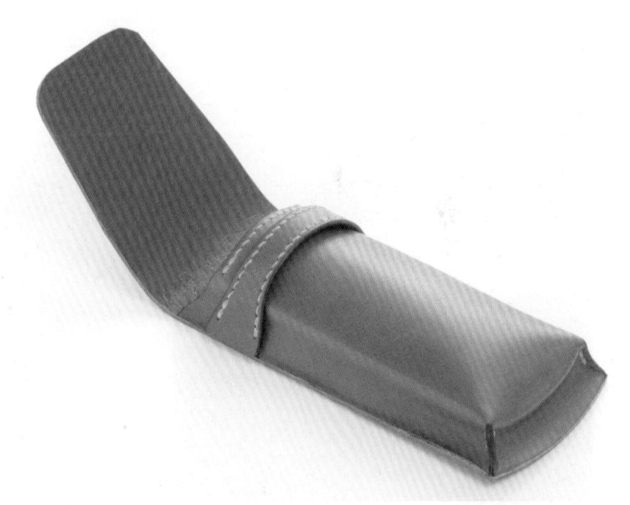

07 到这一步为止笔袋就初步成型了。强力胶完全干透后，开始下一个步骤。

▶缝合主体并润饰

用磨砂棒打磨贴合后主体的边缘。

01

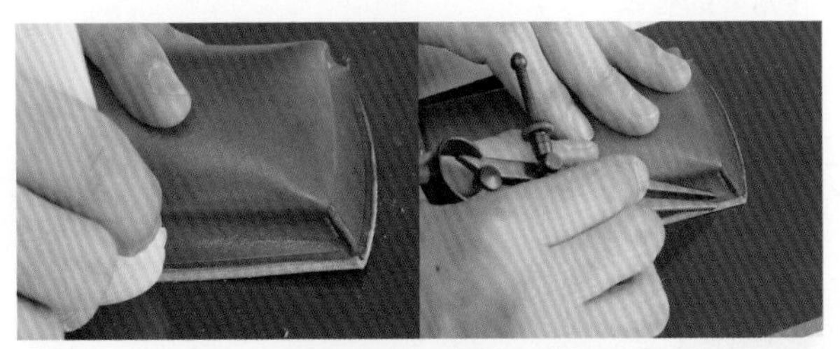

02 划出缝线。用带板磨边器也可以划线，但是使用圆规可以提高效率。

在转角处的基准点上，用圆钻打出缝孔，注意打在两块皮革的中间。

03

在主体部分内侧也划出缝线。灵活借用橡胶板的高度可以轻松完成划线。

04

用圆钻在缝制起始点、终止点和翻盖与主体弯折处打出基准孔。

05

以基准孔为起点打出缝孔。

06

缝制起始点开始采用两孔倒针脚缝，带子的衔接部分要用两股线穿过。

07

08 转角处的基准孔也需要缝制，所以将针如图状穿过。

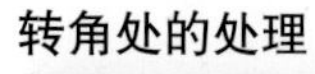

转角处的处理

在转角处将线如图穿过。不拉紧的话容易松动，操作时一定要注意。

09

最终，倒针脚缝制完成后，缝制工作就全部结束了。

10

翻盖部分要与主体部分分开缝制。若接着主体部分一起缝制，外侧的针眼会倒过来。从空出一孔的位置处开始打出缝孔。

11

图为盖子缝制完成的状态。缝制起始点和终止点处都采用倒针脚缝制。

12

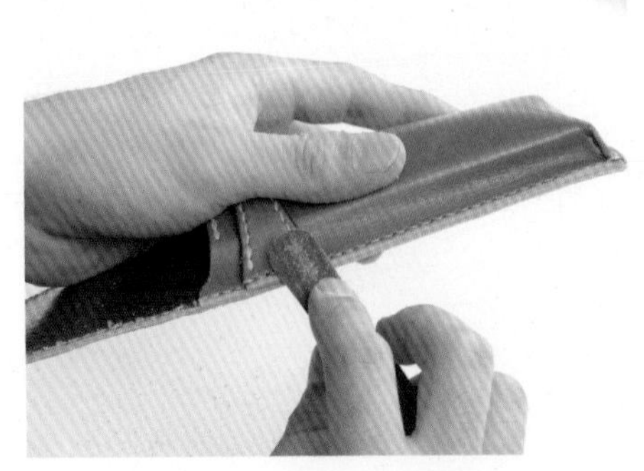

修整主体和盖子部分的边缘。用削边器削边后，用磨砂棒微调整体形状。

13

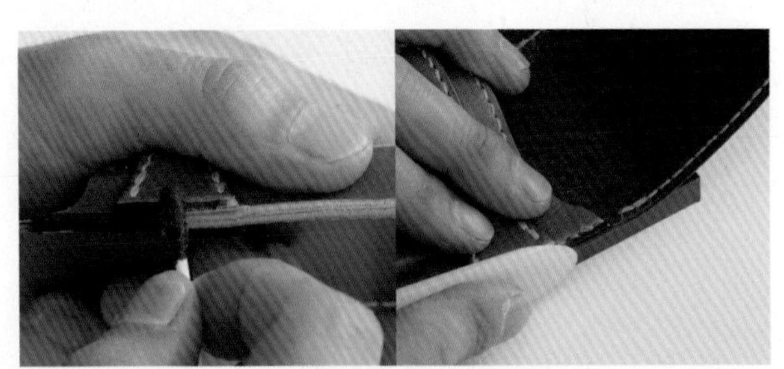

14 用染料将边缘染色。最后涂上床面处理剂，打磨并进行润饰。

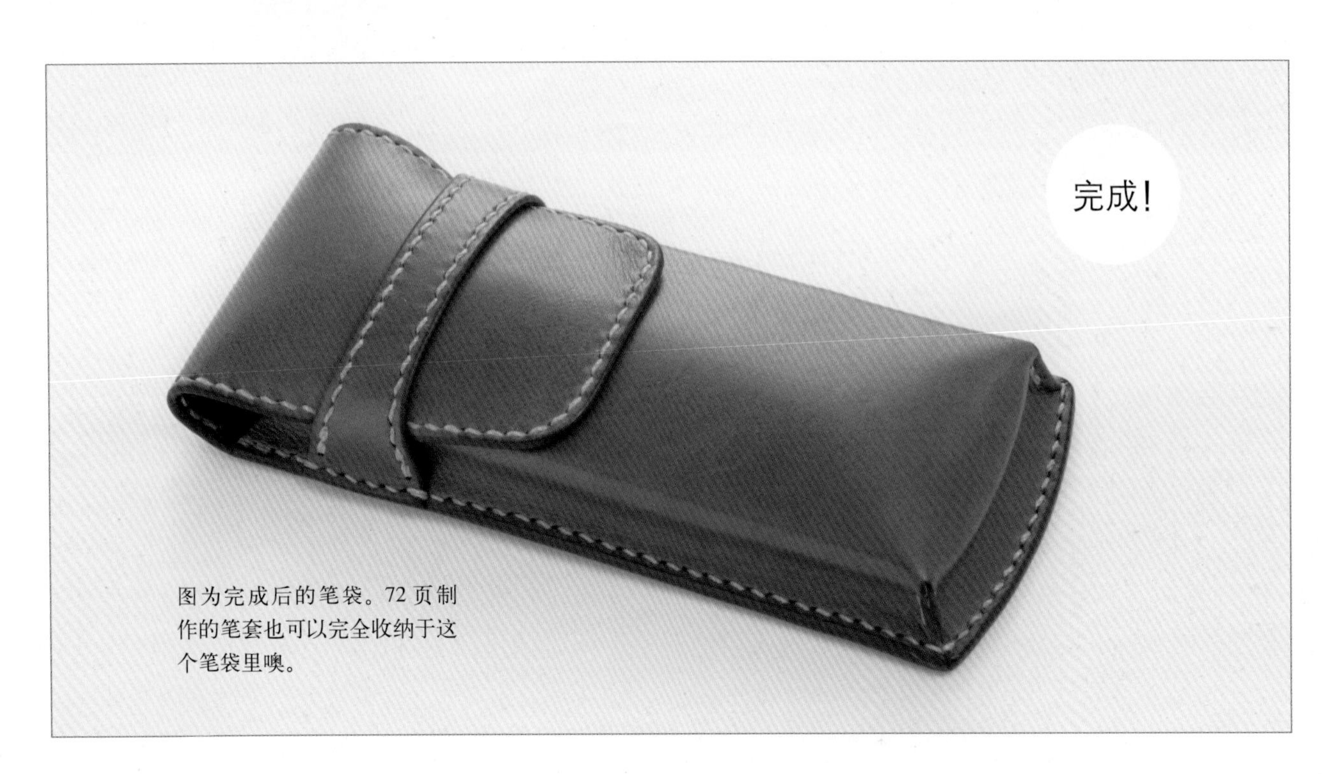

完成!

图为完成后的笔袋。72页制作的笔套也可以完全收纳于这个笔袋里噢。

卡 套

转角处制作成圆形，并用鹿革皮绳进行平针缝制作而成的卡套。这件单品虽然外观显得甜美可爱，但只要改变皮革种类和颜色，并调整皮绳的设计，就可以改造出具有男性风格的作品。此外，通过圆孔可以看见卡片上的文字和图案，实用方便。

【制作要点】

鹿革皮绳有多种颜色可供选择，通过组合不同颜色即可制作出富有个性的单品。可以根据卡片的样式和喜好来决定小孔的位置。推荐使用较柔软的植鞣革和富有张力的铬鞣革。

制作者　星惠

▶纸型在 170 页

需要准备的工具

三连圆冲
便于在需要以相同间隔打孔时使用。制作这件单品时使用 8 号圆冲。

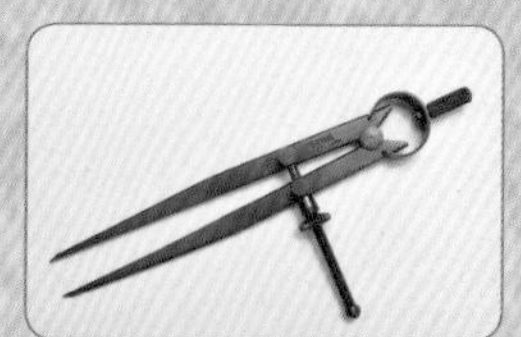

圆规
用于标出相同间隔位置以打孔。按照附录纸型制作时无须使用圆规。

* 此外，还需要准备“缝制”用工具。

使用皮革

○ 主体部分：染色牛皮　绿色

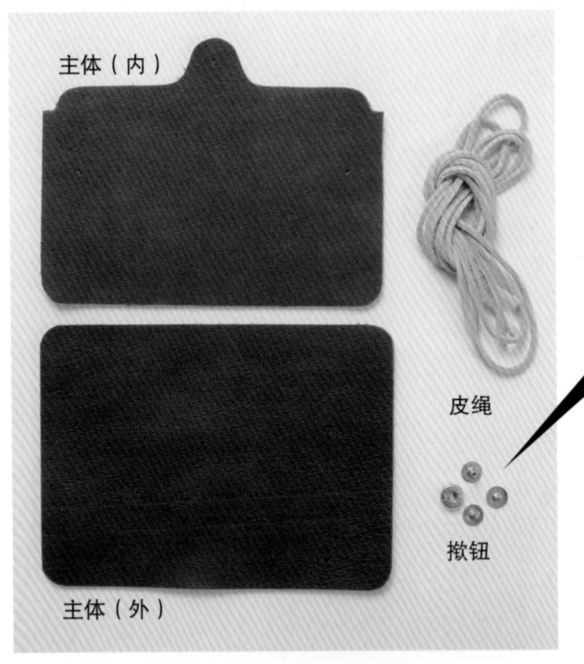

01 准备好宽度为2毫米，长度约90厘米的鹿革皮绳2根，中号揿钮套装1套和中号平扣。

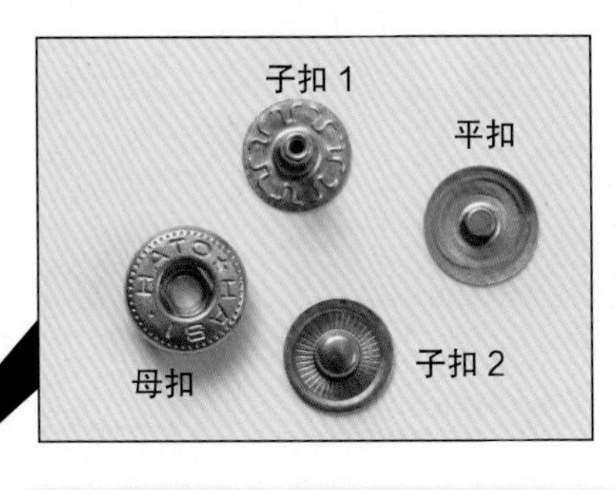

揿钮应由子扣和母扣等4个部分构成，这里我们用较薄的平扣代替扣面。

左边是揿钮套装中原本包含的“扣面”，右边是平扣。两者有非常明显的厚度差。

02 在两个主体部分的床面薄薄地涂上一层床面处理剂，用板将其磨平整。

根据纸型的位置用圆冲在主体部分打孔。主体（内）上较大的孔用15号圆冲，较小的孔用8号圆冲，主体（外）的小孔用50号圆冲。

03

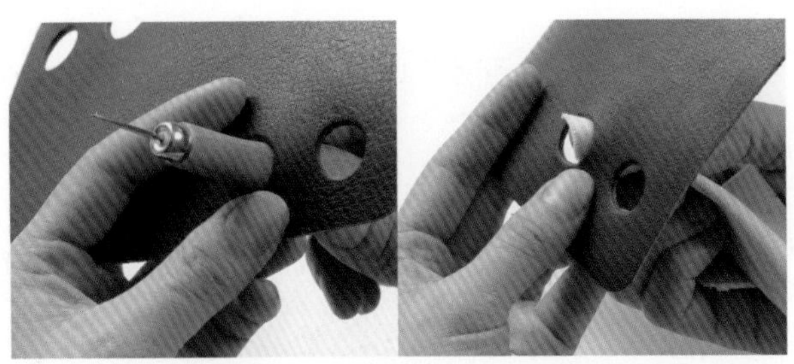

04 小孔内侧的边缘在组装后就无法再打磨，所以在这一步骤先进行打磨。可以使用圆钻的柄或帆布打磨。

揿钮的组装方法如下，大孔中装上母扣和扣面，小孔装上子扣。母扣和子扣2装在正面一侧。

05

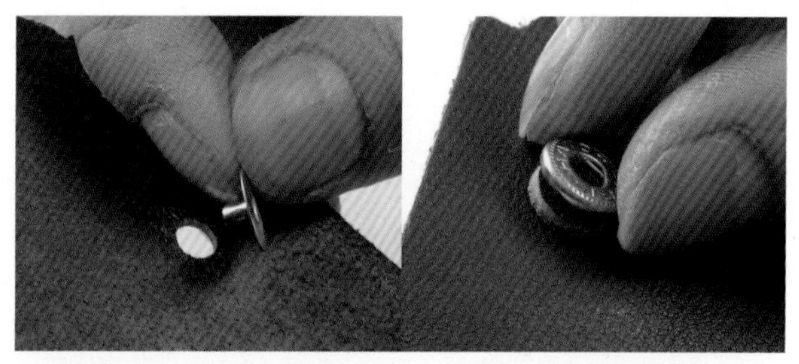

06 根据皮革种类和厚度不同，直接安装揿钮会产生间隙，所以在揿钮和皮革之间夹上 1~2 个皮革垫圈。

POINT!

夹在揿钮和皮革之间的垫圈是先用 30 号圆冲切出圆形后，再用 15 号和 8 号圆冲在中间打孔制作而成的。

07 用木槌和多功能板，将揿钮安装好。太用力的话会造成配件损伤变形，所以可以事先做一下练习。

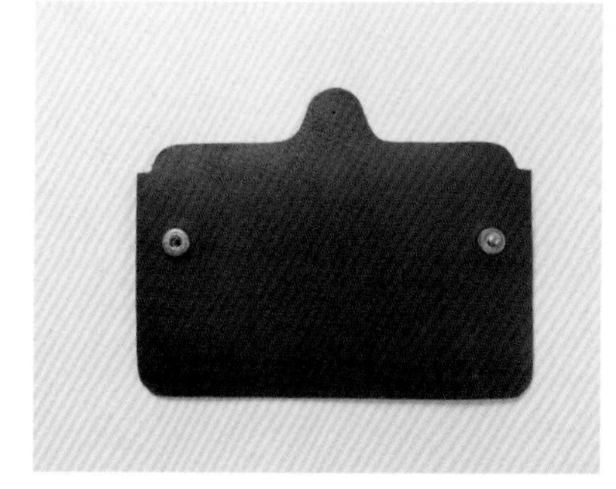

图为安装完揿钮的状态。安装完成后，试验几次确认是否安装牢固。

08

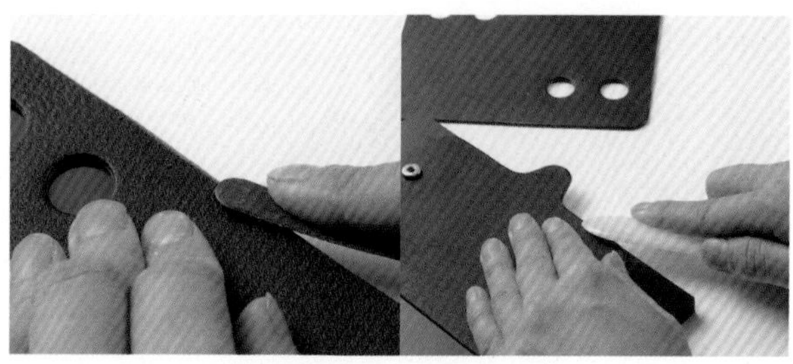

09 对之后无法打磨的部分边缘进行润饰。如果使用较软的皮革，只用磨砂棒即可完成转角处的打磨。

事先进行打磨的部分为不锁边部分。（即图中标出的部分）

10

将纸型从中间对折再与床面对齐，用圆钻描出中心线。

11

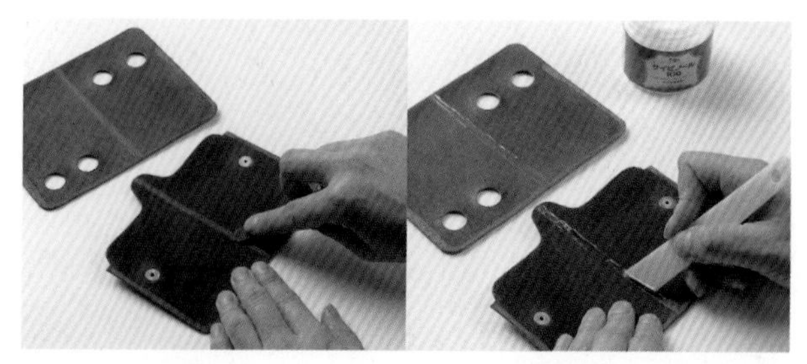

12 在以线为中心的 5 毫米范围内用磨砂棒打磨，并涂上强力胶。

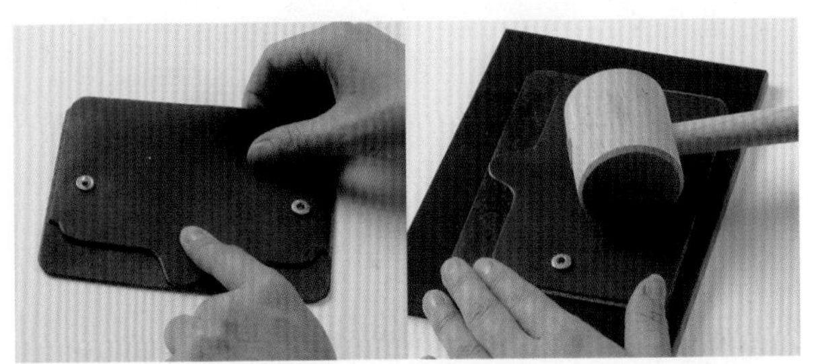

13 将两片主体部分的中心线对齐并贴合，再用木槌敲打按压。

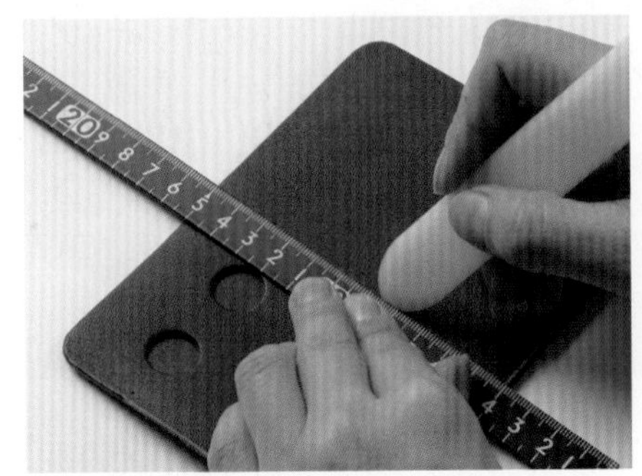

在外侧主体部分按照纸型描出锁边孔的起始和终止位置，并用板将两点划线连接起来。（圆钻会损伤皮革所以此处不使用）

14

POINT!

将圆规宽度设置为约6毫米，在起始点和终止点之间等间距画点，注意点的数量必须为偶数。纸型上已标有孔的位置。

15

用8号圆冲按照上一步画的点打出缝孔。使用三连圆冲效率更高。

16

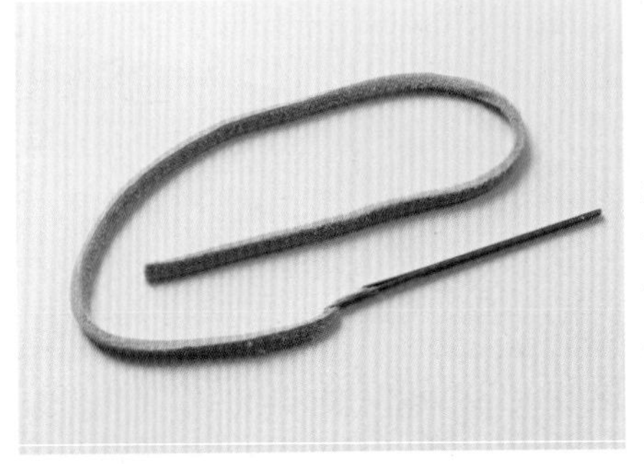

将皮绳剪出缝制距离2倍的长度，并穿上皮革针。

17

平针缝（波浪缝）

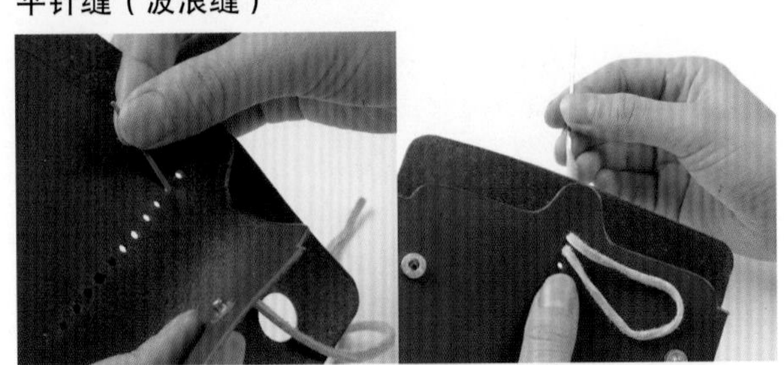

18 从主体部分内侧的第二个孔插入皮革针，再从内侧第一个孔穿出到主体部分外侧。

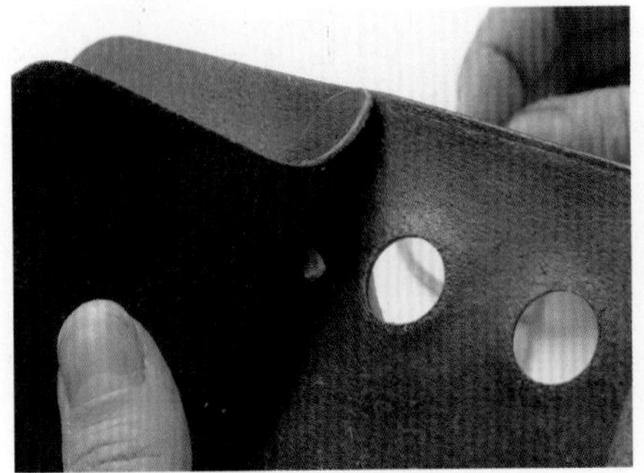

在主体内部留下约5毫米鹿革皮绳。

19

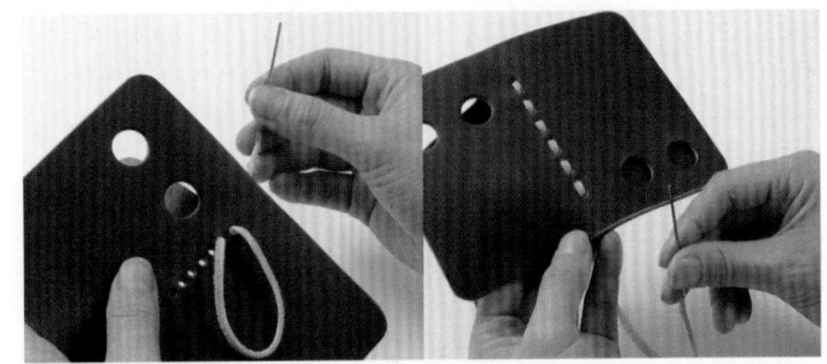

20 接着再从第二个孔的外侧穿入，从内侧穿出。以平针法缝制，最后针从内侧穿出。

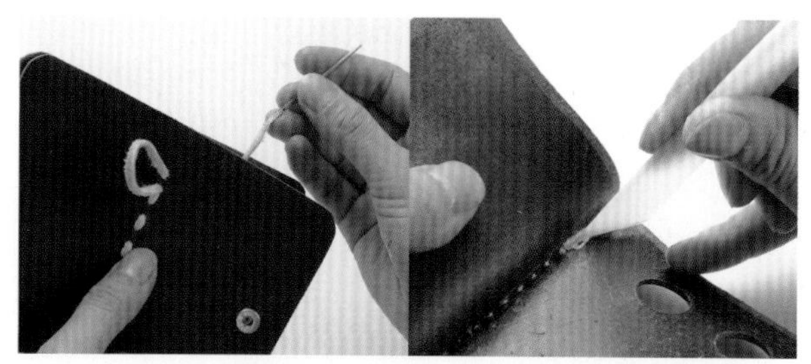

21 将针从倒数第二个孔穿入，从主体部分之间穿出。留出约5毫米后将其余部分剪去，再用强力胶固定起始点和终止点。

22 在两侧和下侧的锁边处涂上强力胶，对折并贴合。（弯曲时两端会对齐）

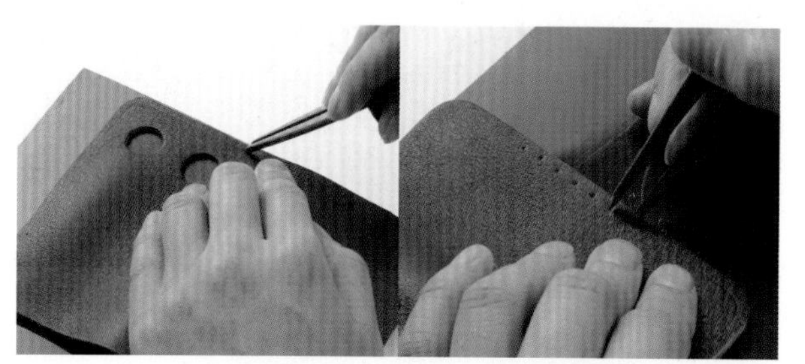

23 在外侧的锁边处划线，再以6毫米为间距画点。点的数量仍然为偶数，画点时注意适当调整。

POINT!

缝制的起始点和终止点会超出内侧边缘，所以用圆冲打孔时要注意不要打在皮革边缘。

24

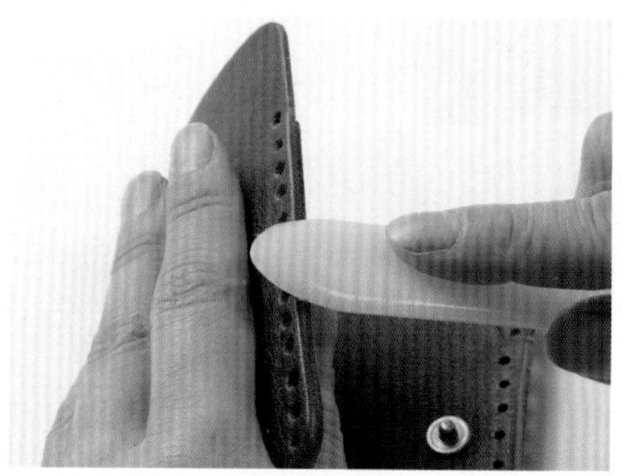

缝制之前先对缝制边缘进行打磨。

25

平针缝 2

26 与刚才一样，将针从两部分主体之间的第二个孔穿过，穿到外侧后回到第一个孔，并再次穿过第二个孔。

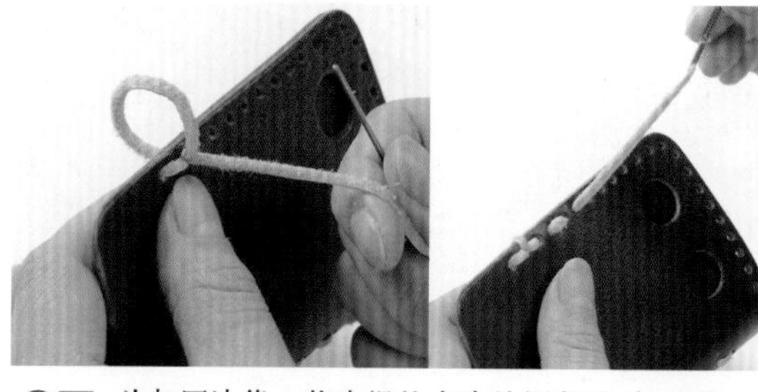

27 为加固边缘，将皮绳从皮边外侧穿过（如图），再进行一般的平针缝制。

缝到最后一个孔之后，再回到第二个孔。为加固边缘，在外侧再缝一针，回到两部分主体之间穿出。然后固定打结。

28

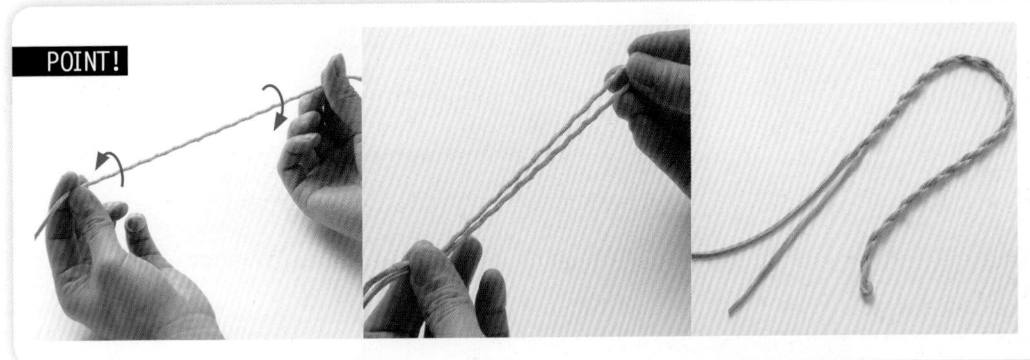

接下去制作脊部的皮绳。拧搓皮绳并对折，便可制作出拧绳了。

29

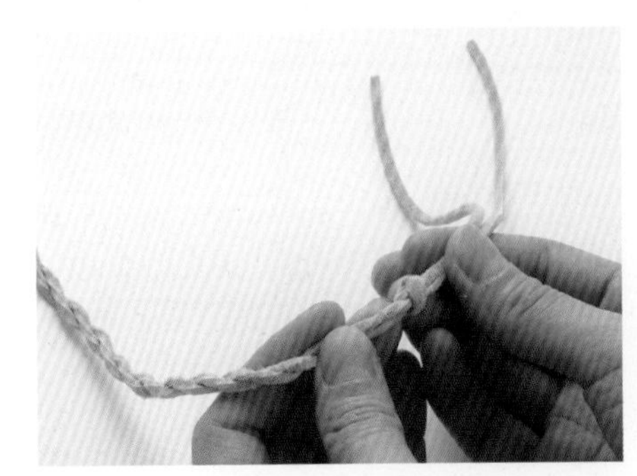

将拧绳的一端打结，然后留出15厘米绳子(皮绳原长为90厘米)。

30

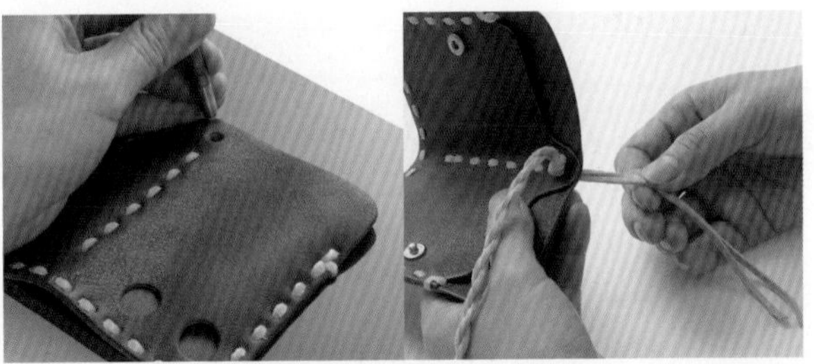

31 用15号圆冲在脊部上方打孔以穿过皮绳。将拧绳从内侧穿过，结停留在内侧。

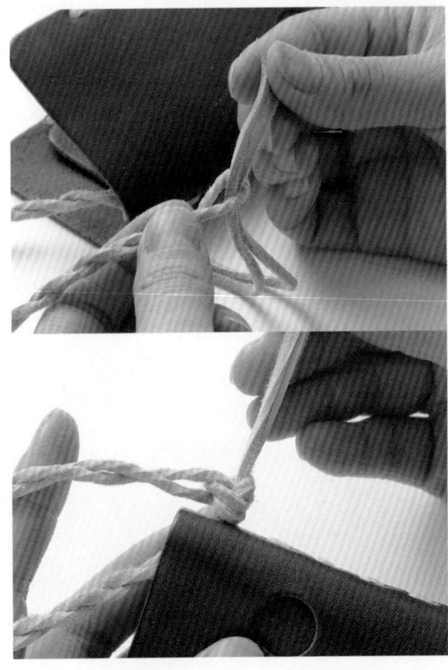

32 将绳子的一端从另一侧中间穿过，并打结固定。

用金属钥匙扣代替皮绳可以让作品呈现出另一种风格，您可以尽情享受自己设计的乐趣。

完成!

手提袋

这个手提袋简单大方，是使用缝纫机进行内缝制作而成的。用手缝法也可以制作，但是制作缝纫距离较长的大型提包时，用缝纫机会更加有效率。用劈缝法缝边可以轻松制作出牢固的作品。拎手和主体部分都使用三折后的桶染牛皮使其更加强韧，手缝部分的针脚也可以起到装饰作用。

【制作要点】

本作品使用了铬鞣桶染牛皮，从而制作出了皮面富有张力的手提袋。将纸型放大或缩小，即可制作心仪的尺寸。根据您的喜好和用途进行调整的话，可以制作出更实用的手提袋噢！

制作者　小林一敬

▶纸型在卷末插页中（正面）

需要准备的工具

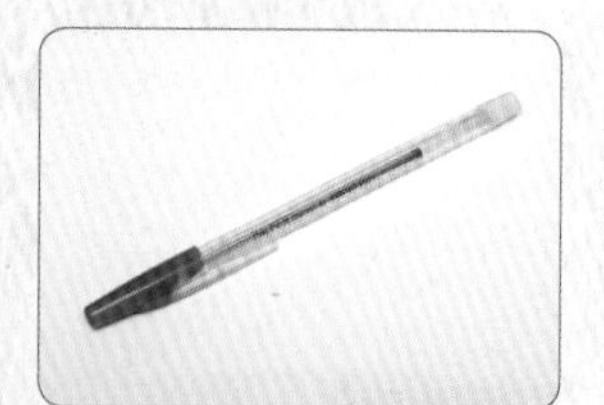

水银笔
圆钻在较软的皮革上不易显出痕迹，用水银笔标记为好。但露在表面的部分不要用水银笔。

橡胶胶水
暂时固定用的天然橡胶型胶水，可以保持皮革的柔软度，同时便于缝纫机的缝纫。

使用皮革

○ 桶染牛皮　1.0毫米厚

▶ 剪裁部件

01 按照纸型剪出各部件。拎手的宽度为 8 厘米，长度约 50 厘米。长度可根据喜好自行调整。

02 按照纸型标出拎手的安装位置。

标出弯折处基准点。

03

04 在距边缘 1 厘米处划出缝纫用线，根据折叠点划出折线。

在拎手部分距上方 3 厘米、距下方 5 厘米处划线。

05

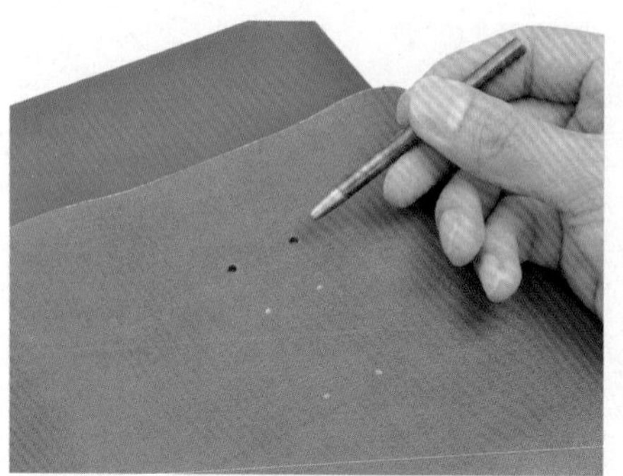

为穿过拎手打出长孔。先用 10 号圆冲在两端打孔。

06

将两孔之间挖空形成长孔。

07

终止点逆切

为了不切到孔的外面，切到两端时注意从反方向切过去。

08

▶缝合

01 在正面缝边涂上橡胶胶水。胶水用于暂时固定，所以不需要先打磨皮面。

02 橡胶胶水干后，贴合主体部分。注意一定要将边角对齐，否则针脚会错开。

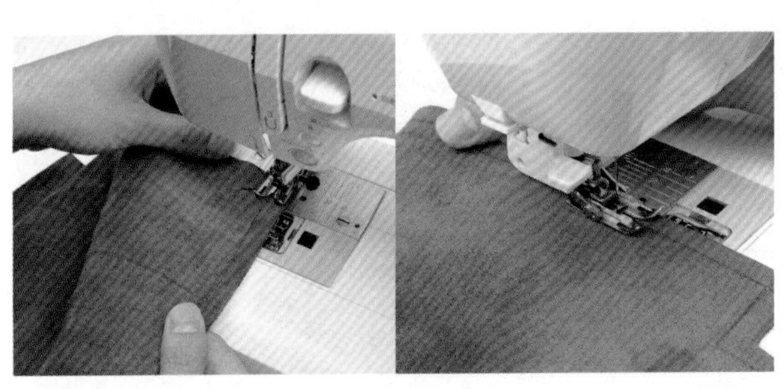

03 按照划线用缝纫机进行缝纫（参见 160 页）。虽然缝制距离比较长，但用手缝也可以完成。

缝完后用打火机烫一下固定线头。

04

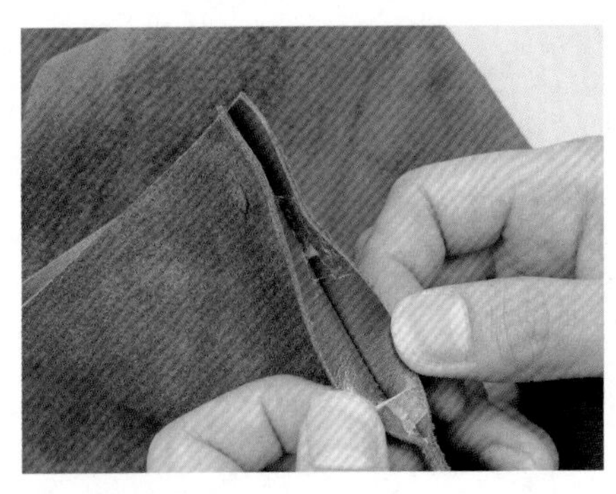

剥开用橡胶胶水贴上的缝边，注意不要损伤皮革。

05

橡胶胶水的剥法

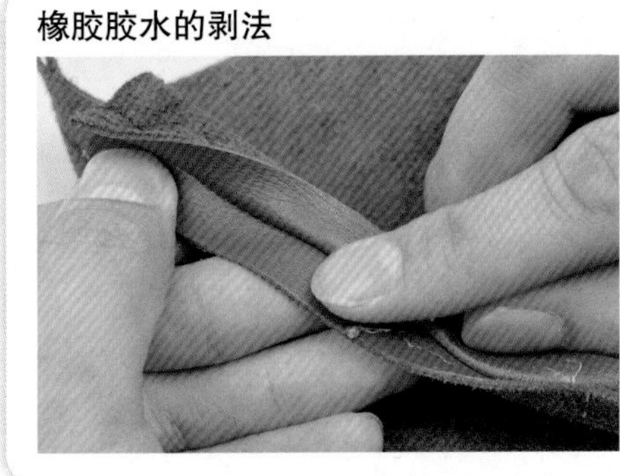

用手指将橡胶胶水搓成条状会比较容易剥下来。

06

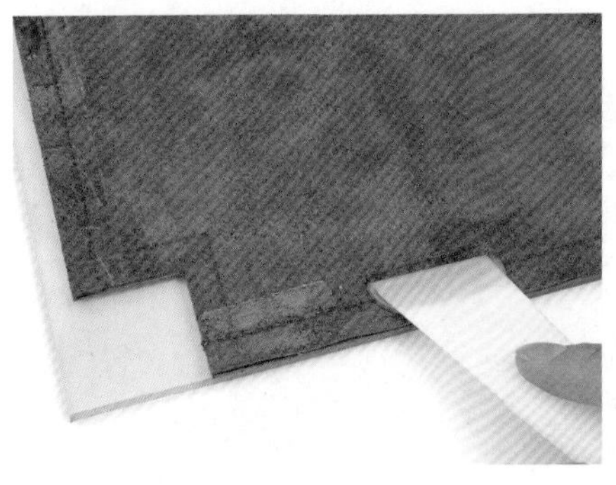

由于要进行劈缝，所以在边缘 2 厘米处涂上强力胶。边角处的涂法如图所示。

07

将缝边展开并贴合。贴完后无法重新返工，所以贴合时一定要仔细。

08

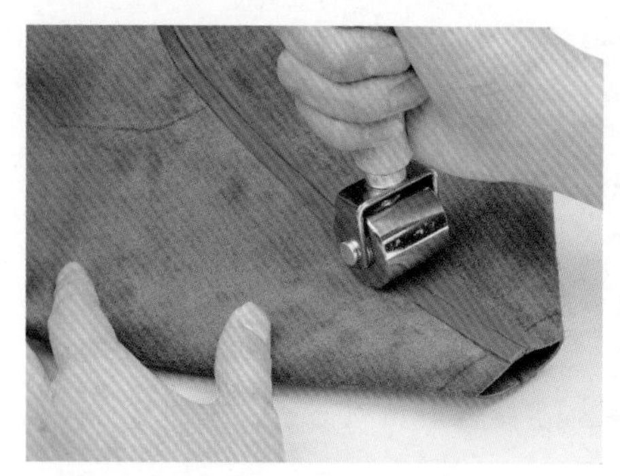

用滚轮按压贴合后的缝边。

09

图为完成三边缝边劈缝后的状态。

10

11 在边角内侧（正面）到缝线处涂上橡胶胶水并贴合。

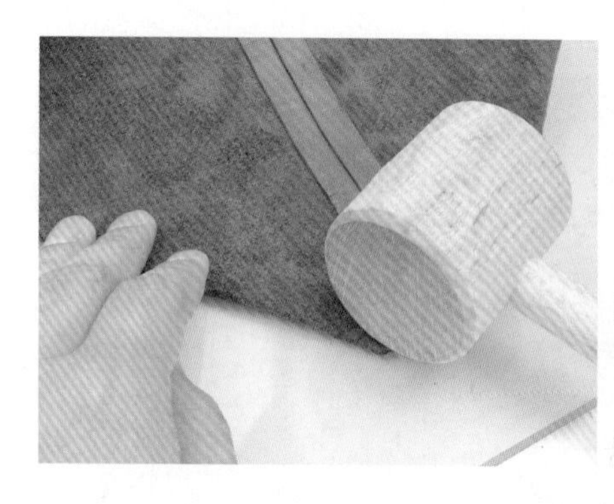

贴合后，用木槌侧面敲打按压。

12

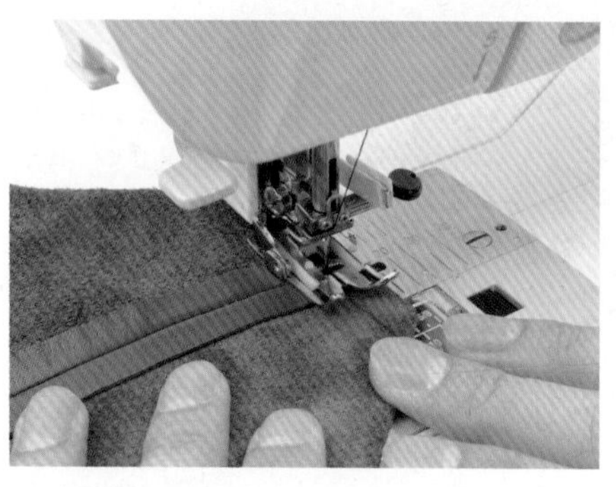

用缝纫机按照缝线将边角处缝合。

13

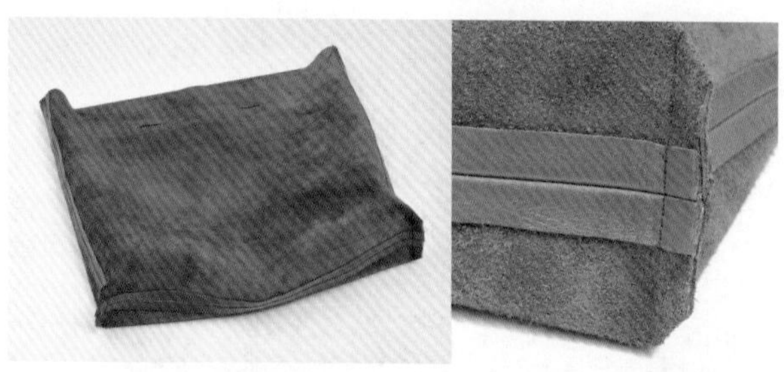

14 完成边角处缝合后，会形成如图的袋状。边角处不使用劈缝。

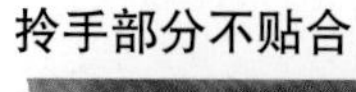

拎手部分不贴合

在边缘处翻折部分涂上橡胶胶水，拎手部分除外。

15

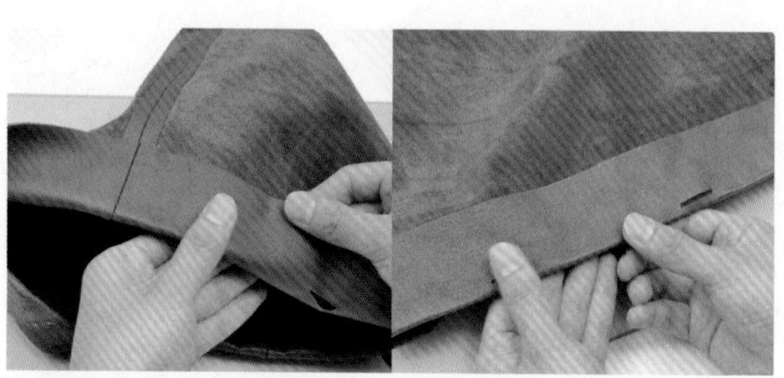

16 按照草稿线翻折边缘，注意不要有错位或褶皱。

翻折边缘时，注意将缝线完全对齐。

17

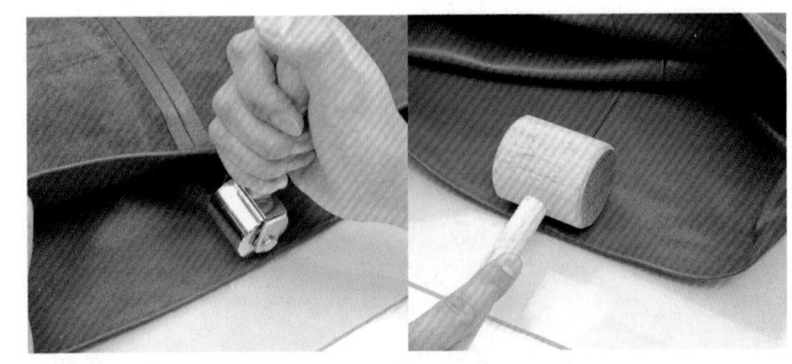

18 翻折边缘后，用滚轮或木槌进行按压。

图为完成边缘翻折的状态。

19

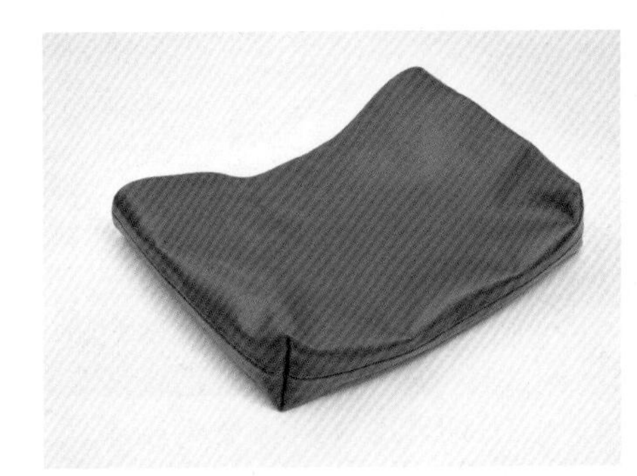

完成上一步骤后，整个翻回正面。

20

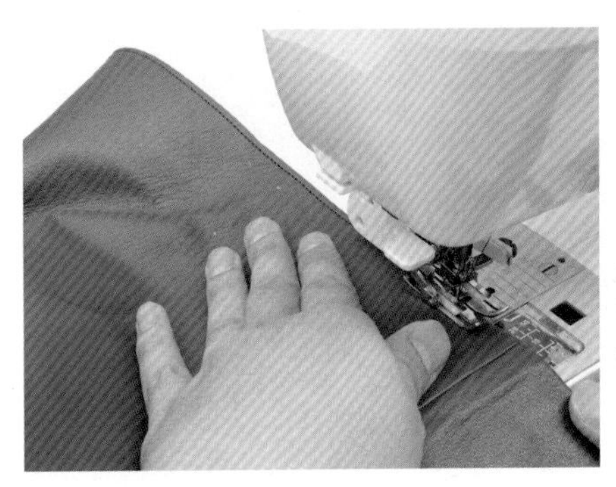

在距边缘3毫米处用缝纫机进行缝合。

21

图为完成边缘缝制的状态。安装拎手的孔比较小，缝制时注意不要破坏它。

22

▶ 拎手的制作

01 拎手部分需要折三次。先在距边缘5厘米范围内涂上橡胶胶水，对齐线和边缘后贴合。

用滚轮按压翻折部分。

02

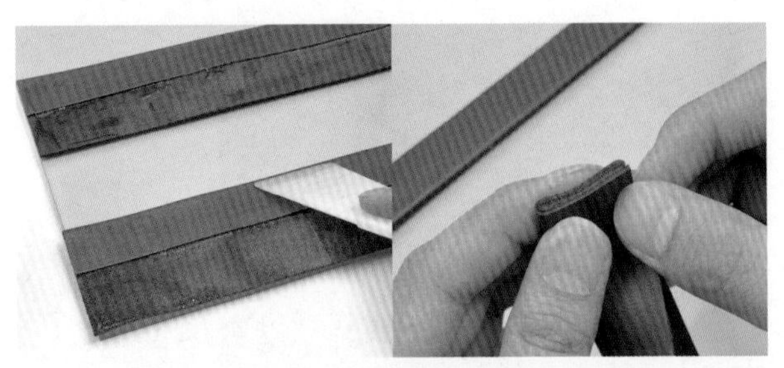

03 在翻折部分和剩下的 3 厘米处也涂上橡胶胶水，并进行贴合。

用滚轮反复按压以固定三折的拎手。

04

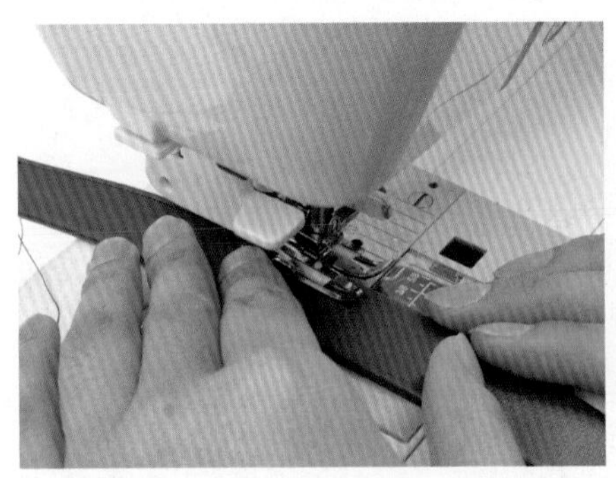

在拎手距边缘 3 毫米处用缝纫机进行缝制。

05

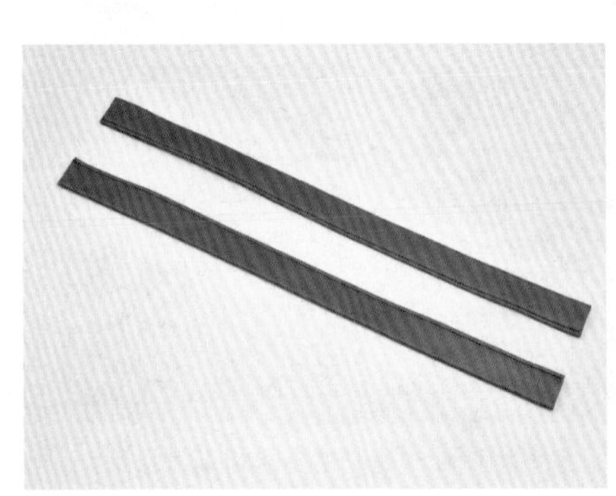

完成 2 根拎手的缝制后，开始将其安装到主体部分。

06

▶ 安装拎手并润饰

将拎手穿入长孔。

01

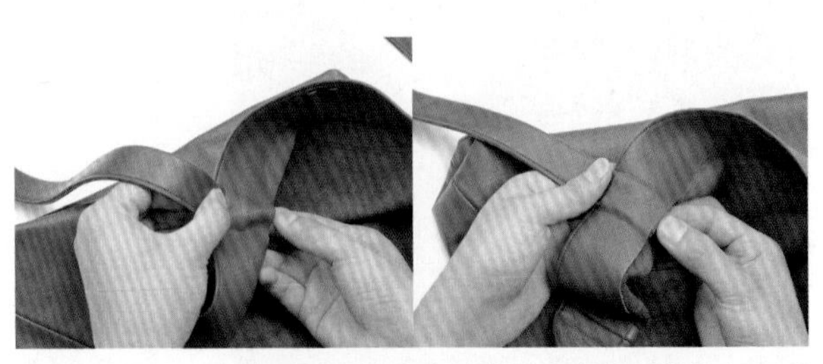

02 拎手一端与翻折后的边缘对齐，注意拎手的朝向不要反了。

用橡皮胶暂时固定拎手

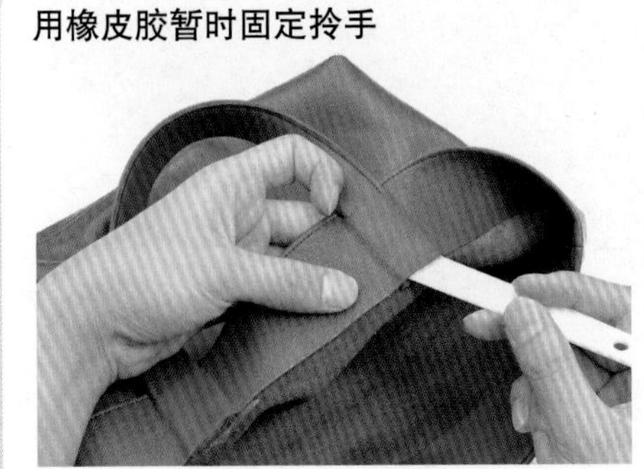

在拎手和边缘之间涂上橡皮胶并贴合。

03

图为将拎手暂时固定在主体部分的状态。

04

手缝拎手

05 由于拎手部分为手缝，所以要打出基准孔并用水银笔划线。

用菱錾打出缝孔。

06

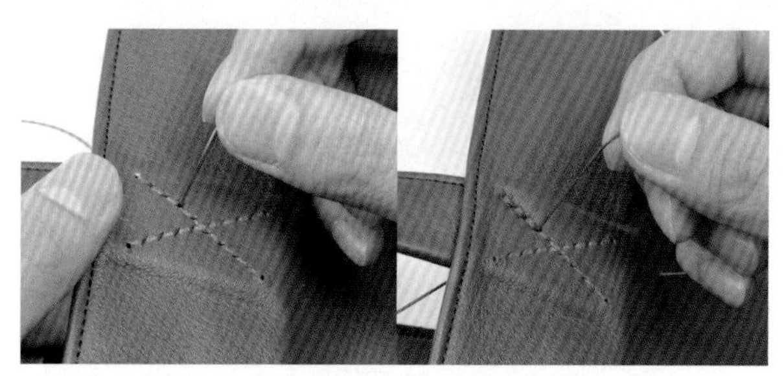

07 缝合拎手。先进行倒针脚缝制后再开始正常缝制。

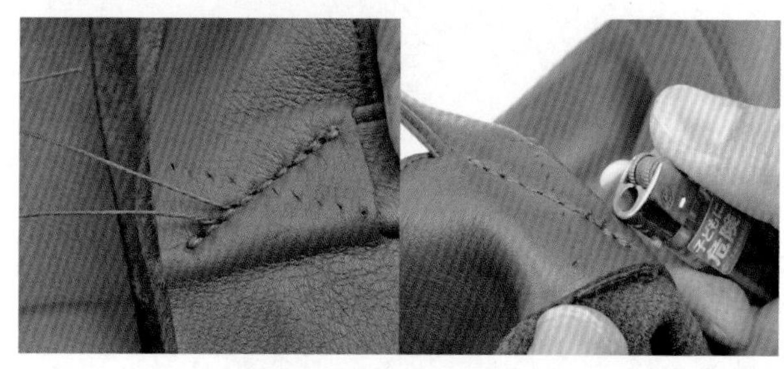

08 缝制终止点也进行倒针脚缝制，线从口袋内侧穿出。由于使用的是尼龙线，所以最后要用打火机烫一下以固定线头。

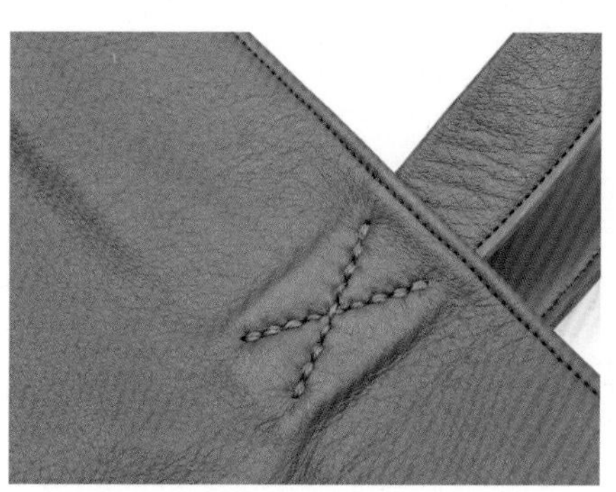

图为完成拎手缝合的状态。

09

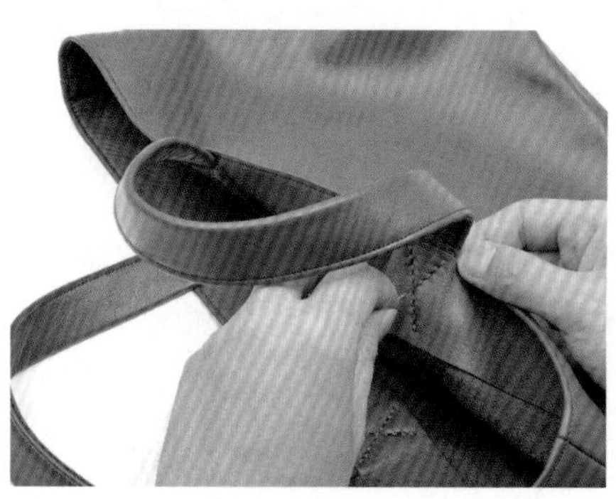

剩余的三处也以同样的缝制方法来安装拎手。

10

安装好拎手后手提袋的制作就完成了。只要掌握基础做法便可制作任意大小的手提袋，拎手长度也可自由调整。

part-3

构造复杂的单品

这一章要制作将多个部分缝合在一起，构造比较复杂的单品。随着配件数量的增加，制作时必须考虑组装顺序、打磨皮边的时间点等。虽然步骤增多，但只要按照正确做法仔细制作，一定可以顺利完成。

中型钱包

这个中型钱包可以横着放入纸币，较长款钱包更小巧。插卡袋和零钱袋均为纵向，非常便于使用。其中最引人注意的是完美使用单张皮革制作的放纸币处。

【制作要点】

由于内里（放纸币处）是从中间进行缝合的，所以打开钱包时内里会向两侧张开。在制作这个单品时，使用了2.5毫米厚的马鞍革，呈现出一种硬朗的风格。

需要准备的工具及材料

菱形钻
用这个工具先在外侧打孔，贴合完成后再在内侧打孔。在给弯曲贴合的部分打孔时也要用到这个工具。

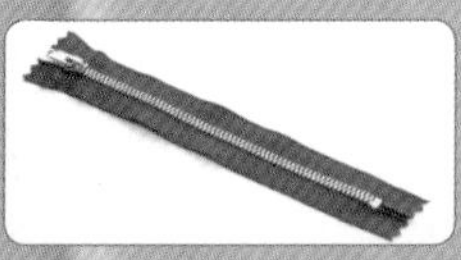

拉链
使用长度为16厘米的拉链。

带环时尚头
这里使用的是螺丝型。先在螺丝孔涂上强力胶再进行安装。

使用皮革

- ○ 外侧：马鞍革　2.5毫米厚
- ○ 中间部分：马鞍革　1.5毫米厚
- ○ 插卡袋（仅T形部分）：1.2毫米厚

制作者　小林一敬

▶纸型在168~169页

▶剪裁与预先准备

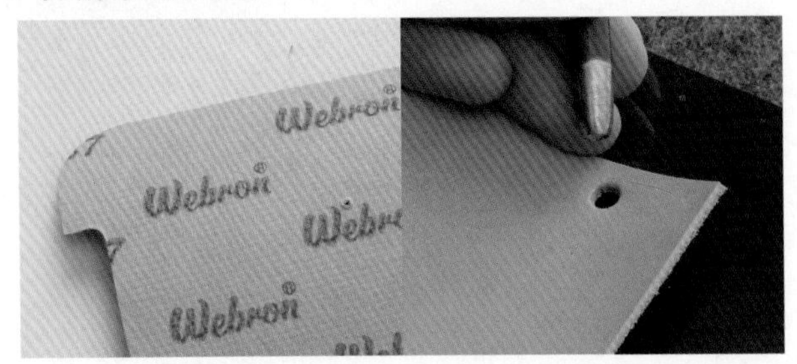

01 按照纸型剪裁出各配件，用圆冲在转角处打孔。

在中间部分皮革打孔，中心处的孔用 40 号圆冲，左右两边的孔则用 15 号圆冲。

02

03 剪裁出各配件。按照纸型剪裁，将 15 号圆冲打出的孔连接部分漏空，用作放内纸币口。

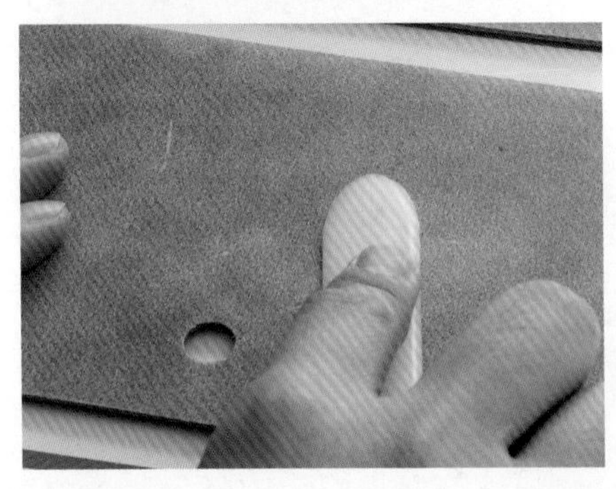

在所有配件的床面涂上床面处理剂并打磨。

04

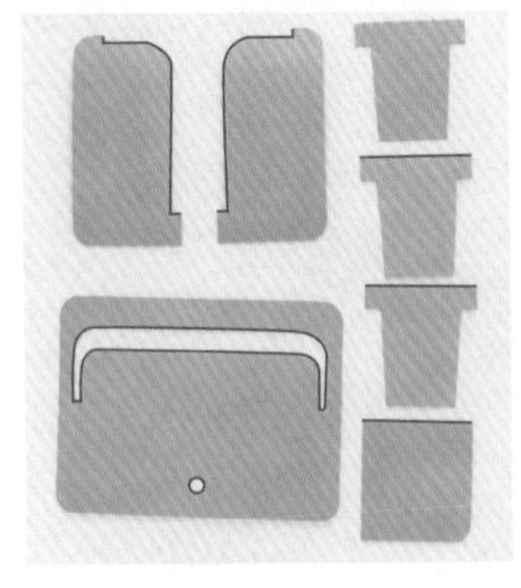

图中用红线标出的是在开始制作前要先打磨好皮边的部分。

05

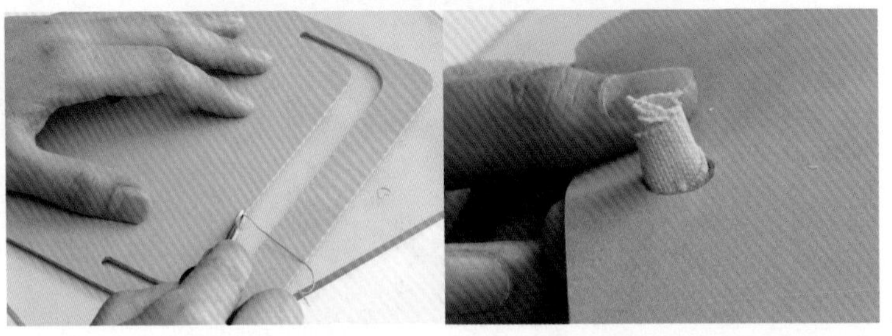

06 按照削边器→磨砂棒→床面处理剂的顺序将各皮边打磨润饰。孔的内侧可以将帆布卷起来后进行打磨。

▶零钱袋的制作

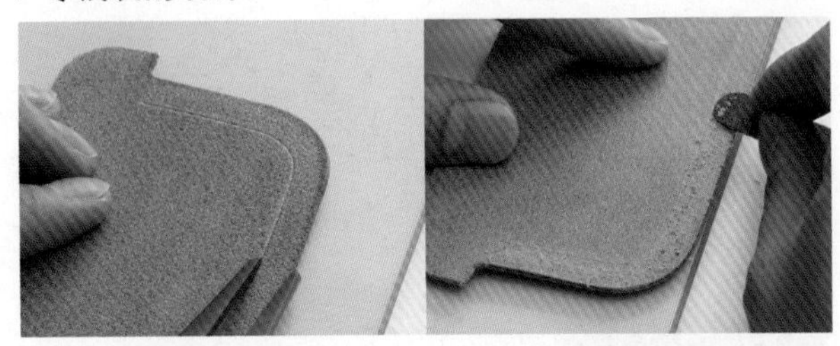

01 在距边缘 8 毫米处划线，作为安装零钱袋拉链的缝边，并用磨砂棒打磨。

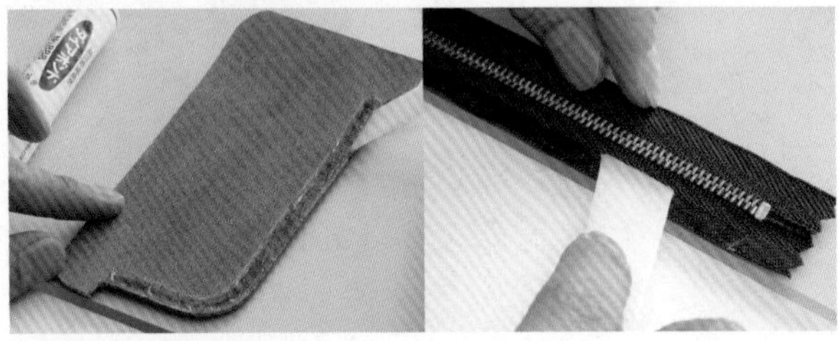

02 在完成打磨的缝边和拉链贴合部分（距边缘 7 毫米处）涂上橡皮胶。

先贴直线部分，
转角部分先不贴。

03

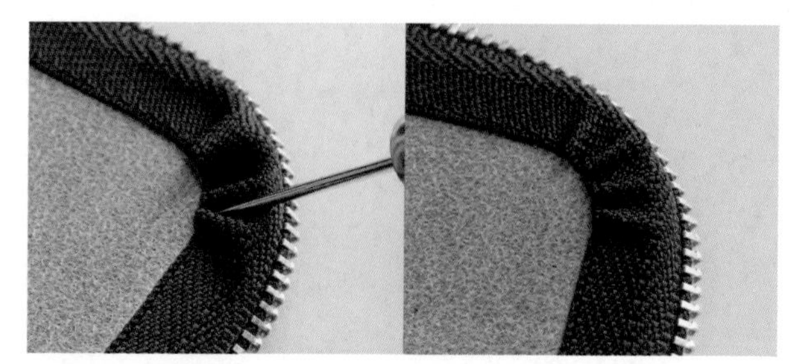

04 转角部分用如图制作褶皱的方法贴合。这个方法叫“滚边”。

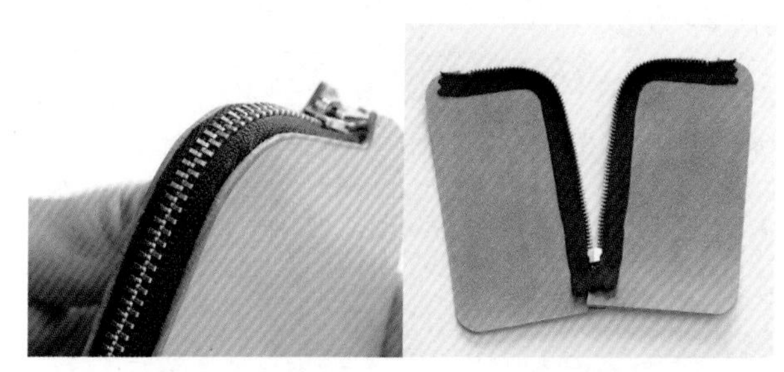

05 将两侧的皮革与拉链条贴合。拉上拉链确认转角部分是否有松动。

06 为缝合拉链，在皮革边缘3毫米处划出缝线，并用圆钻打出基准孔。

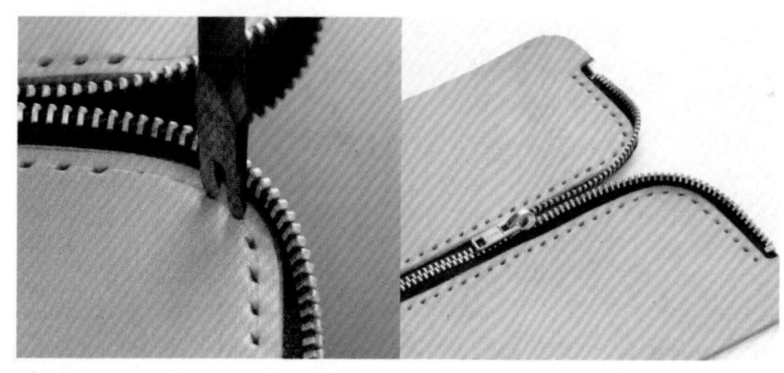

07 用菱錾打孔，转角部分用二齿菱錾。

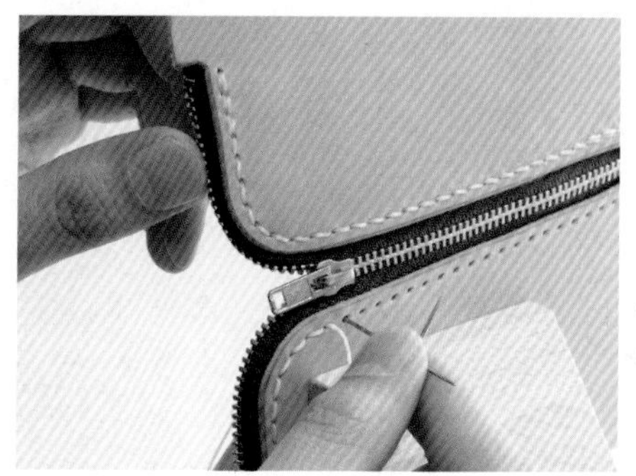

将拉链和皮革部分缝合。

08

09 为防止拉链条两端散开，涂上橡皮胶后按照图上方法折叠贴合。

完成拉链缝制后，确认其是否能完全闭合。

10

▶ 插卡袋的制作

将插卡袋的配件组合起来确认安装位置并标出。

01

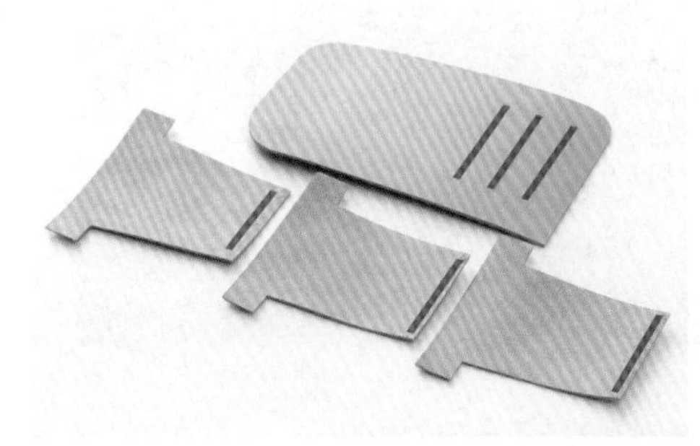

用磨砂棒打磨各部分的缝边。

02

03 将涂上强力胶的T形配件粘贴并缝合至主皮革上。然后用圆钻在主皮革两端打孔。

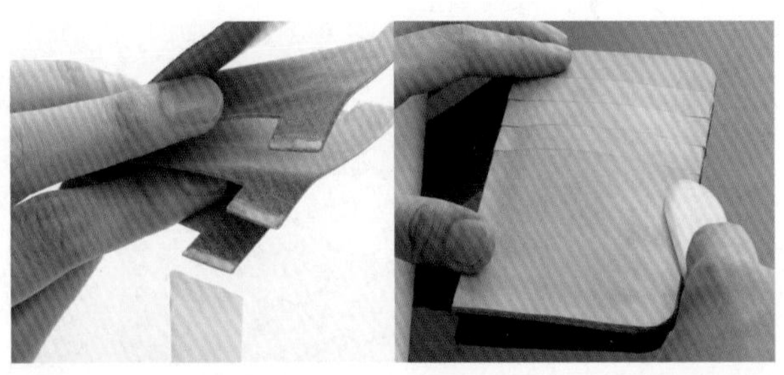

04 在T形配件上方两端涂上强力胶，与外侧的插卡袋一起粘贴至主皮革上。

插卡袋贴合完毕后，用磨砂棒修整边缘。

05

06 先缝制钱包内侧的左半边。衔接部分用圆钻，其余部分用菱錾打孔。

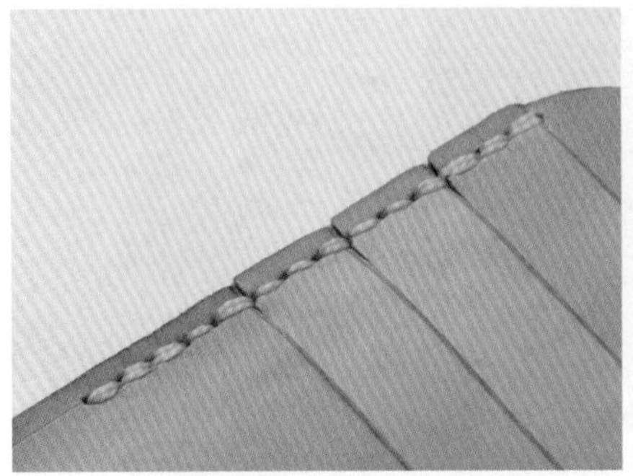

进行缝制。衔接部分缝两次以加固。

07

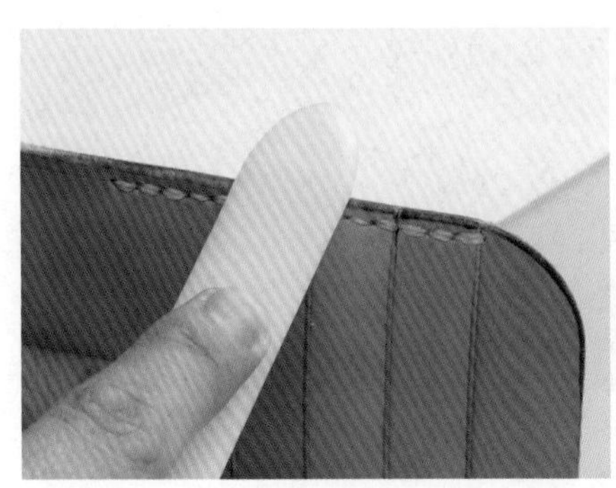

用通常的方法修整内侧皮边。

08

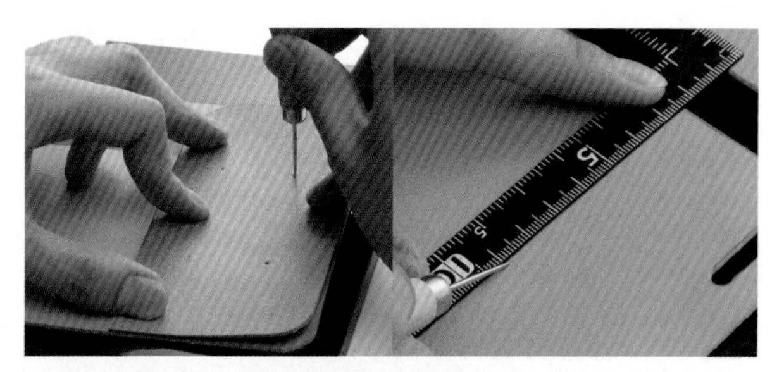

09 确认零钱袋和插卡袋的安装位置，用圆钻在4个基准点打孔并用线连起来组成一个四边形。

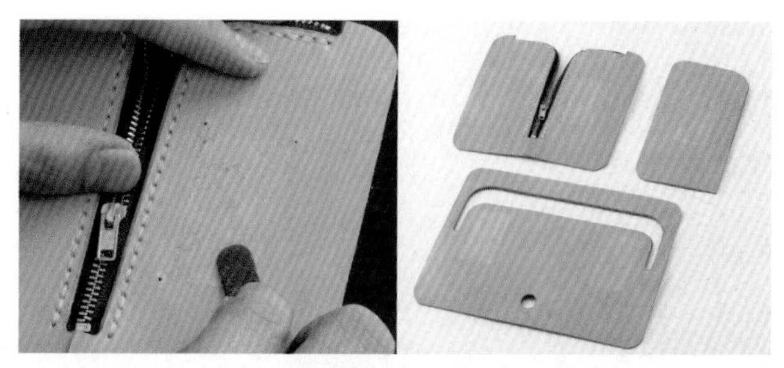

10 用磨砂棒打磨四边形内部。这个四边形内也是涂强力胶的位置。

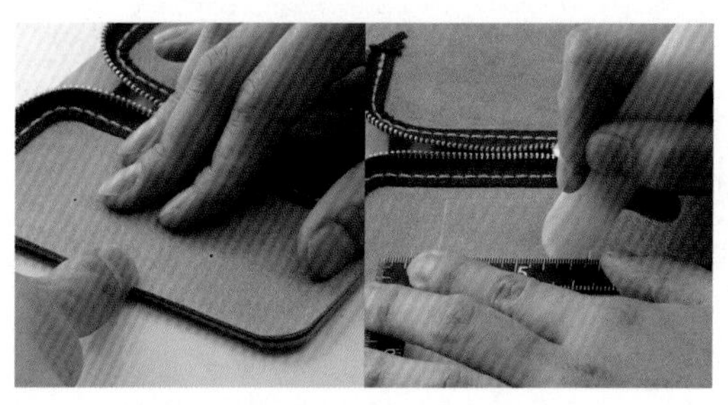

11 用强力胶将零钱袋贴至中间部分主皮革，并以09中打孔位置为基准点划出缝线。

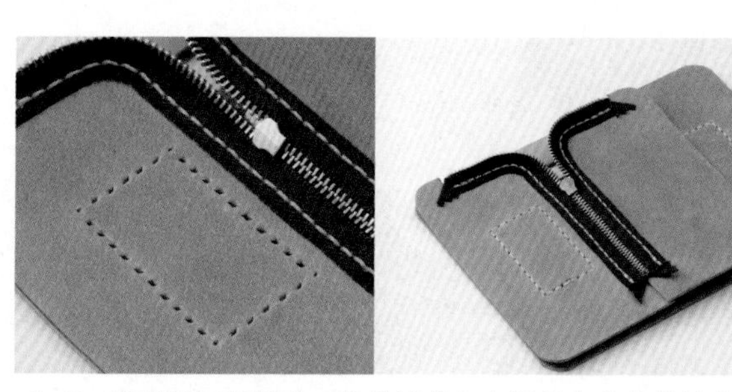

12 用菱錾打出缝孔，将零钱袋和中间部分主皮革缝合。插卡袋的内侧部分也以同样方法缝合。

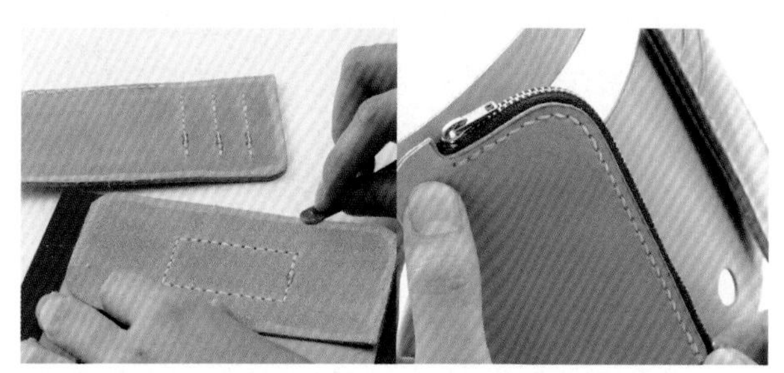

13 用磨砂棒打磨插卡袋和零钱袋的缝边，涂上强力胶并贴合。

贴合零钱袋和插卡袋后，用磨砂棒打磨修整皮边。

14

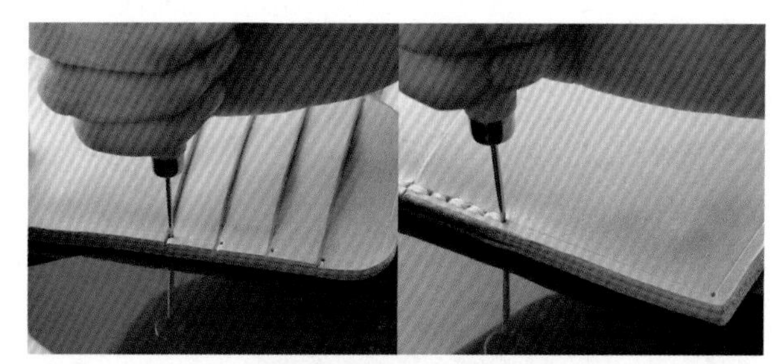

15 划出缝线，用圆钻打出缝孔的基准孔。插卡袋的衔接和转角部分是首先缝合部分的收针处。

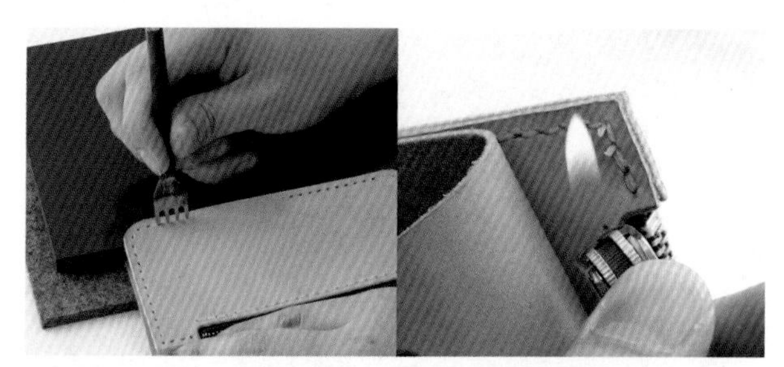

16 完成插卡袋的缝制后，在零钱袋上也打出缝孔进行缝制。缝线从内侧穿出，烫一下以固定线头。

▶ 主体部分制作

01 在床面中心划线，用磨砂棒打磨中央部分宽约1厘米（中线左右各5毫米）。

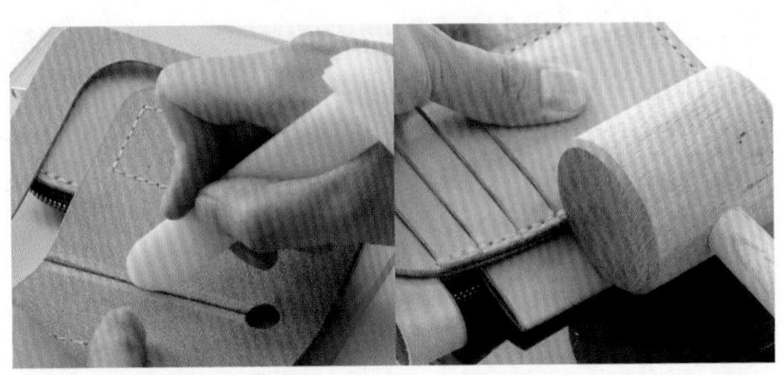

02 给带板磨边器沾上水并在中间划线，对折后用木槌侧面敲打形成折痕。

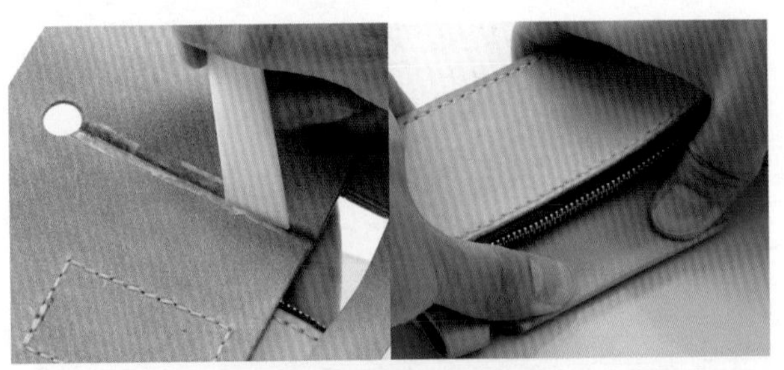

03 在中线左右5毫米范围内涂上强力胶，按照上右图贴合。

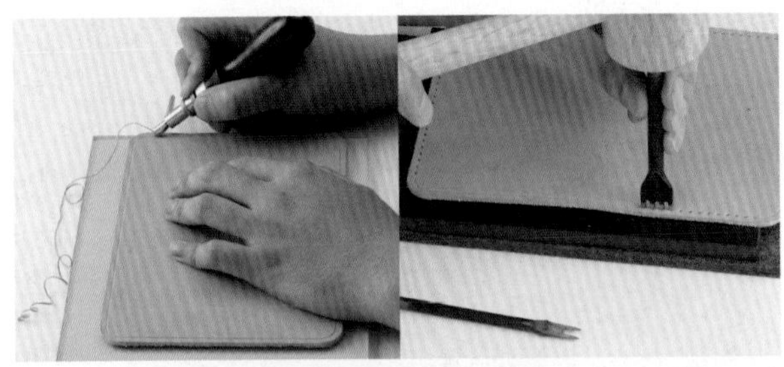

04 在等待强力胶干透时，用边线器在外侧划出缝线，并用菱錾打出缝孔。

第一个孔打在外面

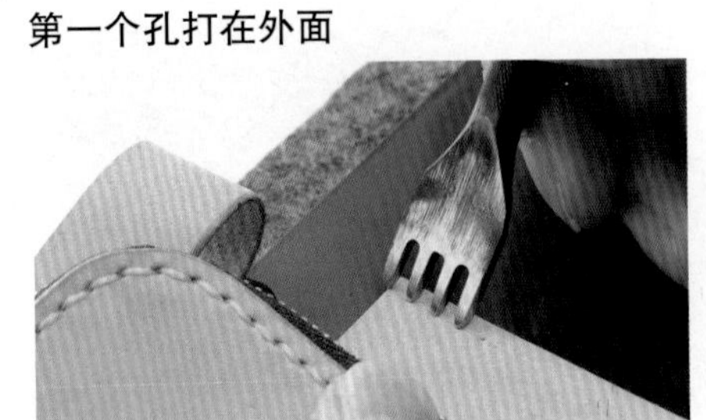

强力胶干后，打孔。第一个和最后一个孔打在皮革外面，所以将菱錾的第一眼放在皮革外侧进行打孔。

05

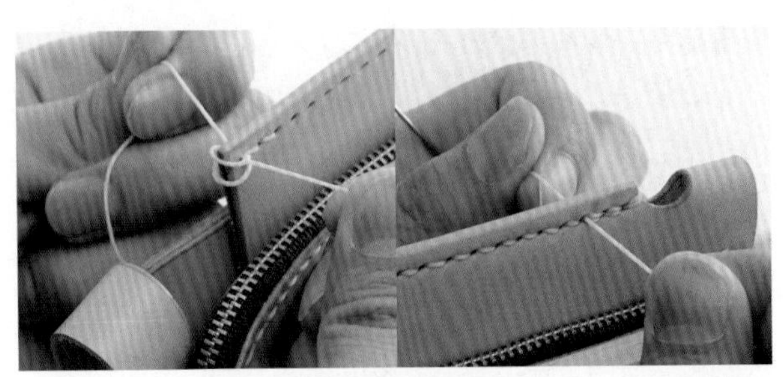

06 如图，在第一个孔穿过两股线，最后一个孔也同样，进行倒针脚缝制后将线打结。

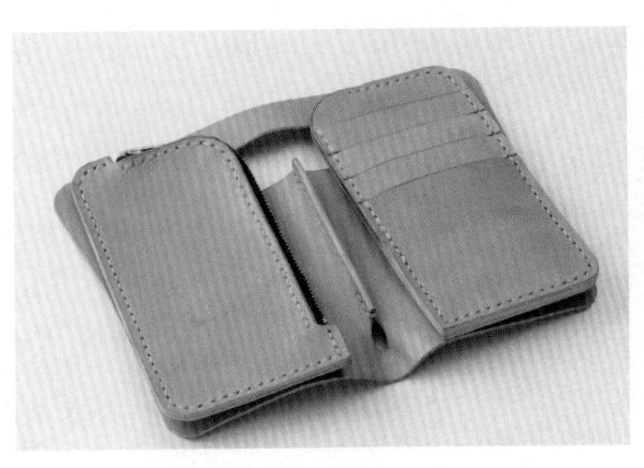

完成正中间部分缝制后的状态如图。这部分的缝制可以让钱包在打开时，放纸币处也自动张开。

07

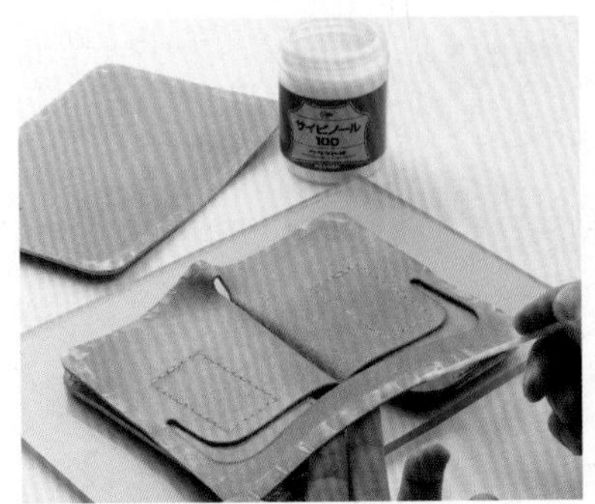

贴合外侧部分和中间部分。在两个配件的床面距边缘5毫米处涂上强力胶。

08

弯曲部分的贴合

09 对齐后进行贴合。由于是在弯曲状态下贴合，所以要注意一边按压一边贴合。

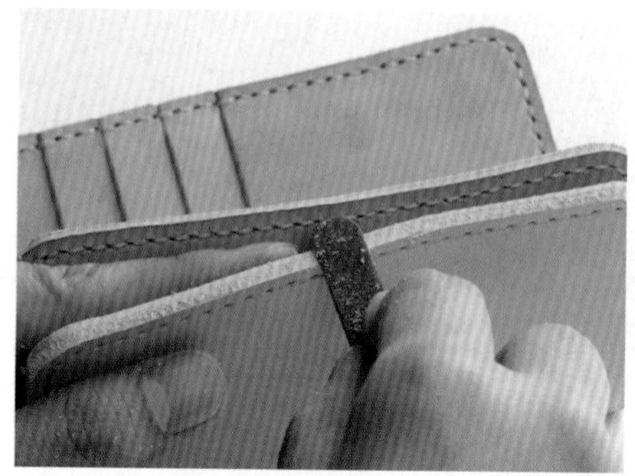

强力胶干后，用磨砂棒打磨边缘。

10

划线，打孔会从外侧进行，所以这是作为打孔的草稿线。

11

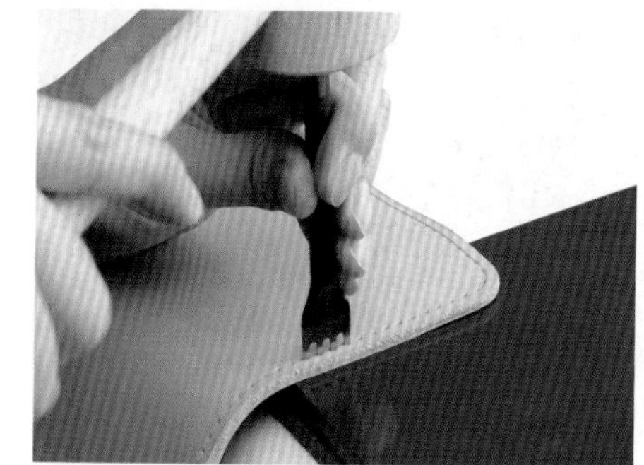

用菱錾在事先打完孔的外侧配件上再打一次孔，并在中间配件打孔。

12

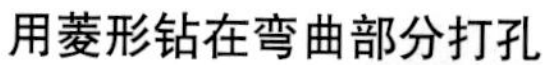

用菱形钻在弯曲部分打孔

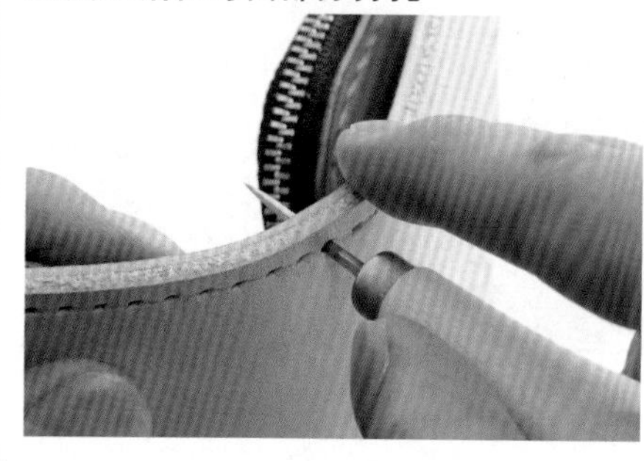

用菱形钻在弯曲贴合的正中间部分打孔。11中划出的线可以作为参照。

13

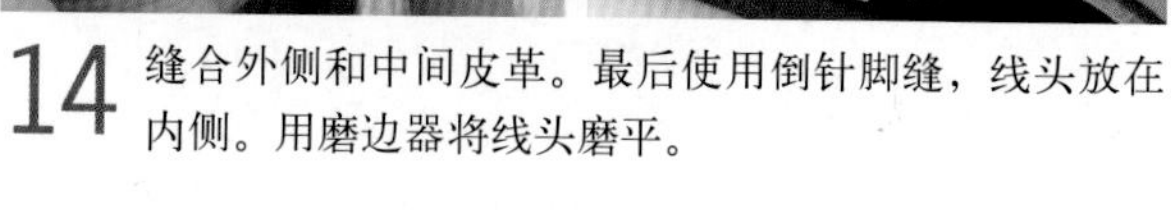

14 缝合外侧和中间皮革。最后使用倒针脚缝，线头放在内侧。用磨边器将线头磨平。

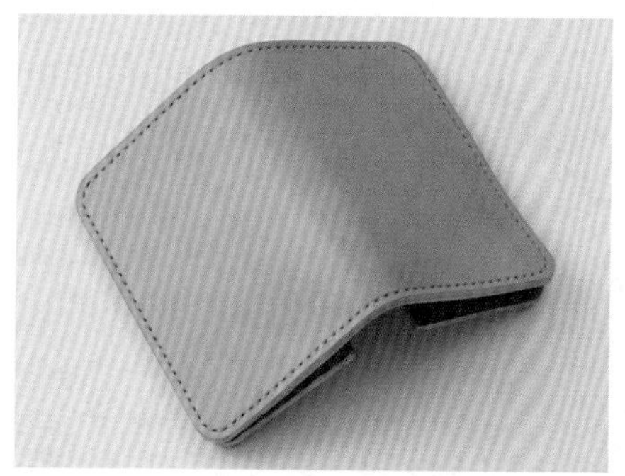

缝合完成外侧和中间皮革后，钱包就成形了。

15

修整皮边，先使用削边器。

16

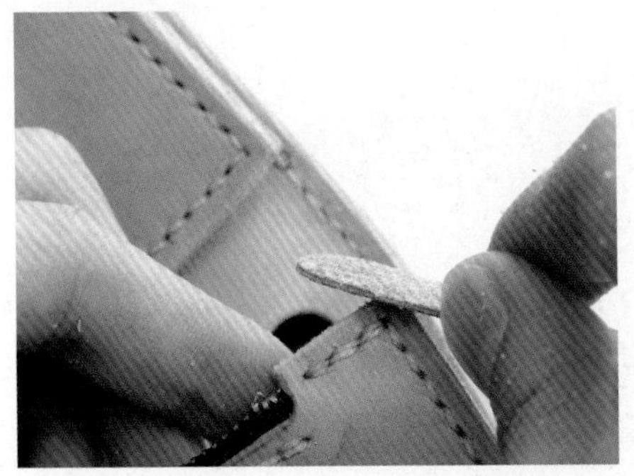

再用磨砂棒修整皮边，转角处磨出圆弧形。

17

用棉签在皮边涂上床面处理剂，注意不要涂到边缘以外。

18

用带板磨边器打磨。

19

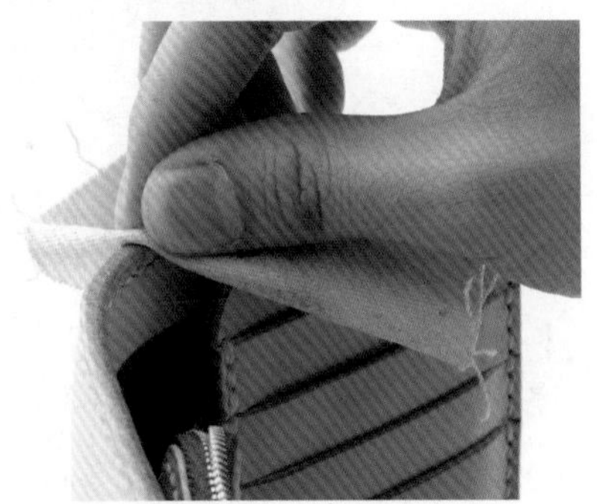

最后用帆布打磨。

20

21 在距边缘 10 毫米处用 10 号圆冲打孔，安装带环时尚头。在带环时尚头的螺丝部分涂上强力胶。

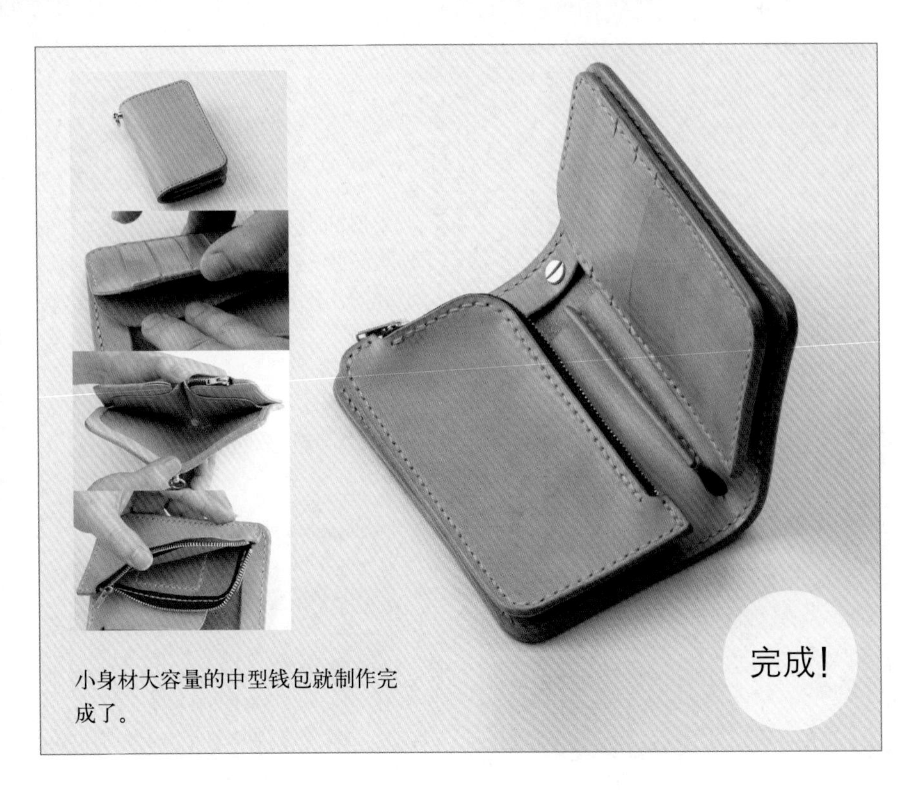

完成！

小身材大容量的中型钱包就制作完成了。

家居拖鞋

拖鞋由4个部分组成，通过外缝法缝合鞋帮和鞋底制作而成。外观简洁，鞋底填充了中间层（起缓冲作用的鞋垫），让鞋子穿起来更舒适，作为室内鞋非常实用。这款拖鞋对磨炼皮革手工技艺也很有帮助。

【制作要点】

为了让鞋子不走形，推荐使用较有弹性的皮革，比如经过揉搓加工的或较软的植鞣革。这个单品将使用交叉缝法进行制作，除此以外也可以使用缝纫机或手缝。请挑选自己喜欢的颜色进行搭配制作。

制作者　星惠

▶纸型在卷末插页中（反面）

需要准备的工具

Threedyne（橡胶胶水的一种）
暂时固定用的天然橡胶型胶水，可以保持制作完成后皮革柔软度，并减少皮条穿过缝孔时阻力。

＊此外，还需要准备“交叉缝制”需要的工具。

使用皮革

- ○ 鞋帮：皱纹皮革　卡其色、黄色
- ○ 鞋跟：染色牛皮　蓝色
- ○ 中底：起绒猪革
- ○ 本底：碎裂纹革　2毫米厚
- ○ 中间层：毛毡　6毫米厚

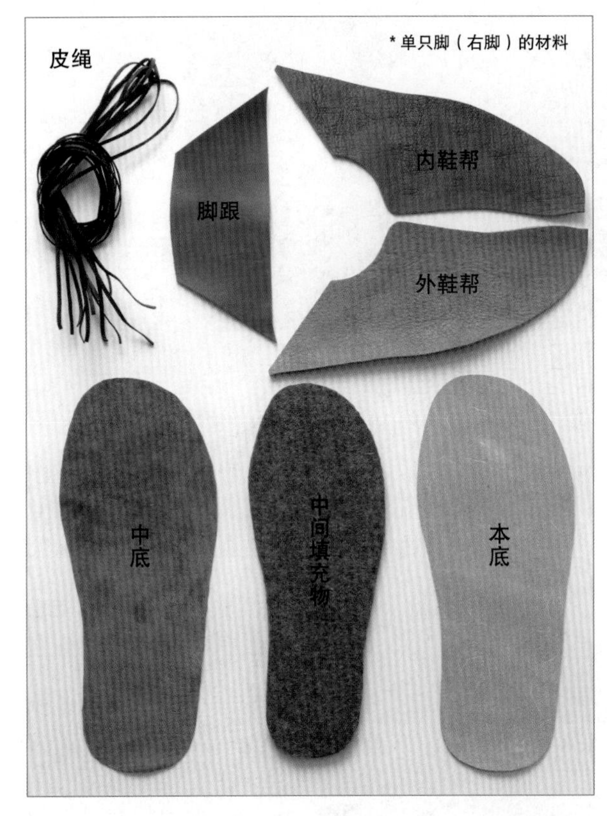

纸型上画有脚跟、鞋帮和底的形状，并分为男女两种尺寸。皮绳使用长度为 90 厘米，宽度为 3 毫米的牛皮。女式鞋共需要 16 根，男式鞋需要 20 根左右。

01

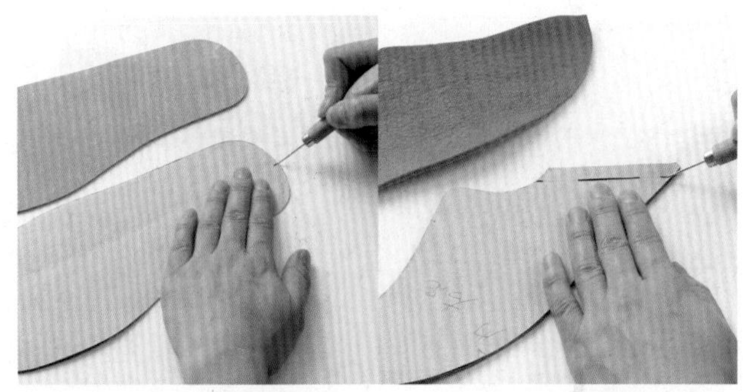

02 将纸型上标明的基准点和各标示在皮革上标出，这一步对之后的操作很重要。

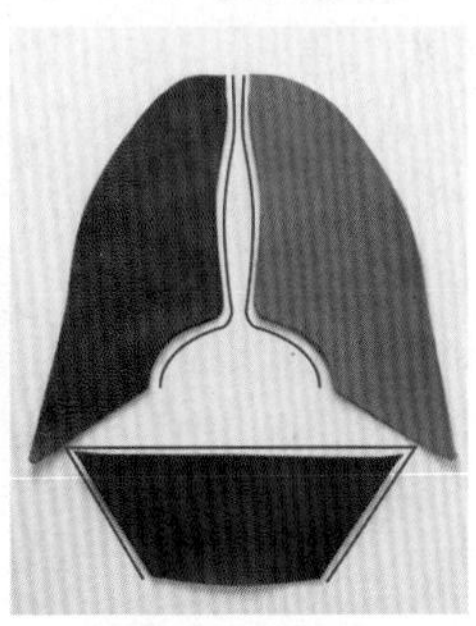

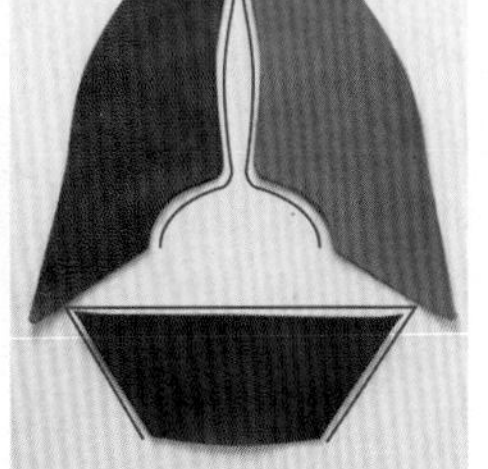

03 试着组装，对之后无法打磨的皮边进行修整。

从顶端至缝制基准点贴合（边缘 3 毫米范围内）。顶端一定要对齐。

04

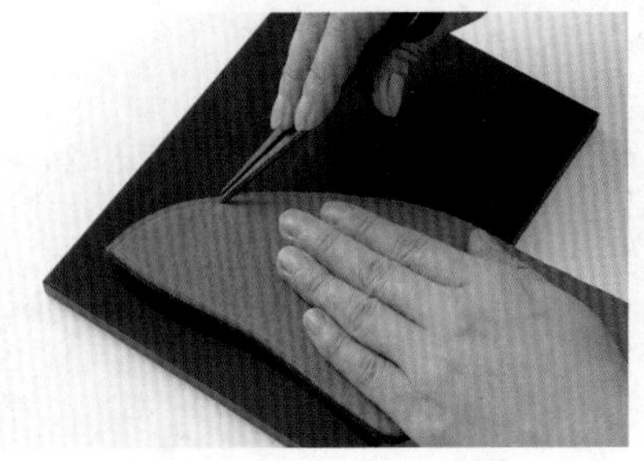

在刚完成贴合的边缘和将与鞋底缝合的边缘上划出缝线（圆规间距 3 毫米）。

05

POINT!

06 先在脚尖转角处打一个孔，再在缝线上打出其他的缝孔。

▶ 十字缝制（参见 154 页）

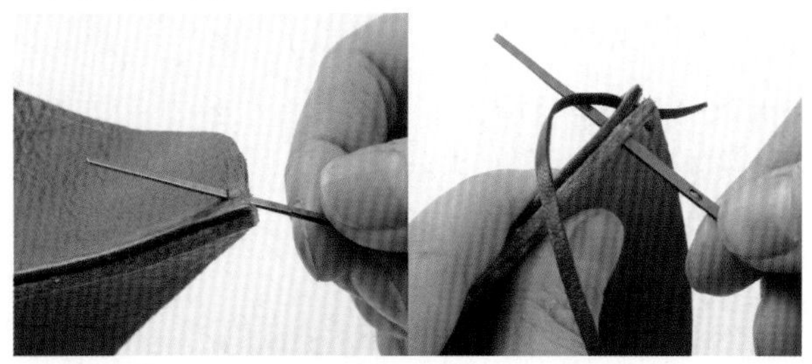

07 在脚尖的左右侧各有 1 个孔，从一侧的孔中穿入缝针，再从另一侧的第一个孔中穿出。

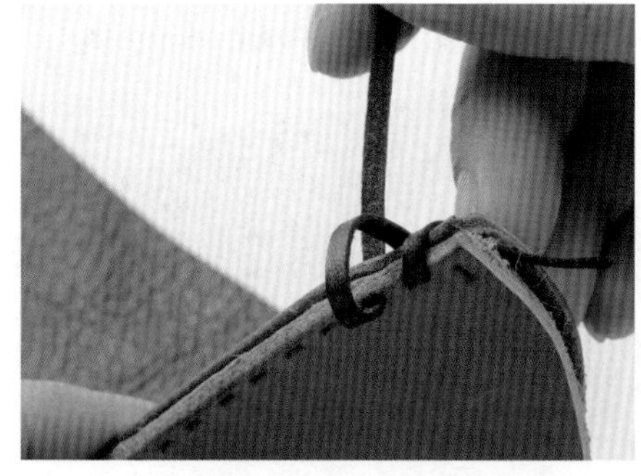

再穿到另一侧，从下一个孔中穿出。重复这个步骤直到最后一个缝孔。

08

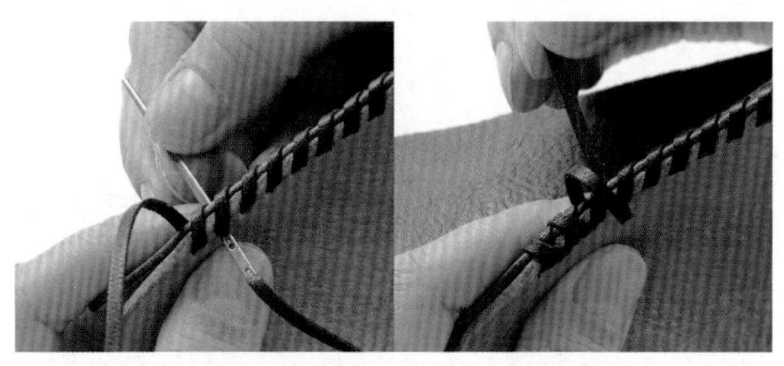

09 这个步骤仅为“卷缝”。接下来再从最后一个孔往回缝，这样就形成了十字，即为十字缝法。可以用皮革钻撑大缝孔。

所有孔都缝制完成后，将针从外侧穿入另一侧脚尖的缝孔中。

10

皮绳的两头都在内侧，所以将其剪至 1 厘米左右，用胶水贴牢。

11

12 接着将两片鞋帮展开。用木槌柄按压中间部分将其展开并固定。

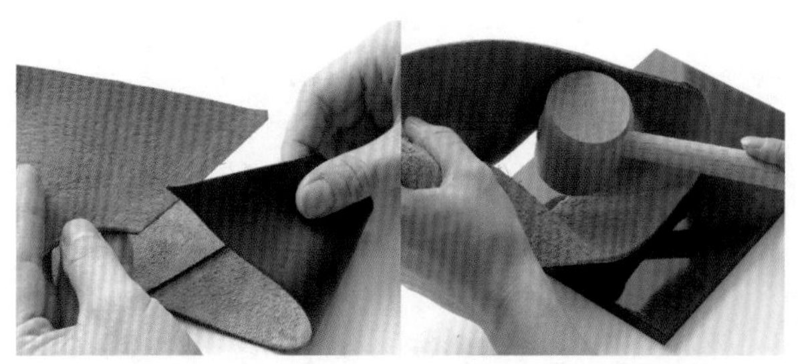

13 接下来要组装脚跟部分。将脚跟部分与鞋帮部分重合并粘贴，按照纸型标明的线进行贴合并用木槌按压。

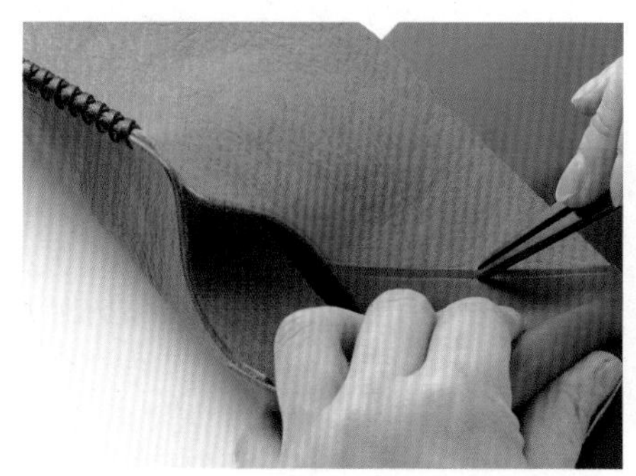

在脚跟部分边缘 3 毫米处划线，一直划到其与底部缝合处。

14

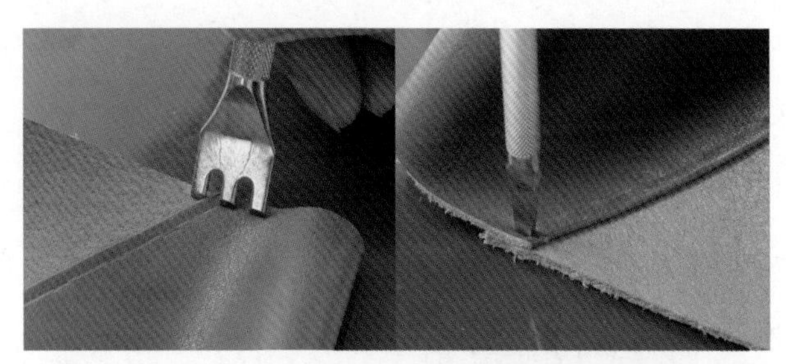

15 脚跟与底部重叠处有高低差，打孔前先确认打孔位置，注意不要切到边缘（上左图）。接着在鞋帮与脚跟重叠处打一个孔（上右图）。

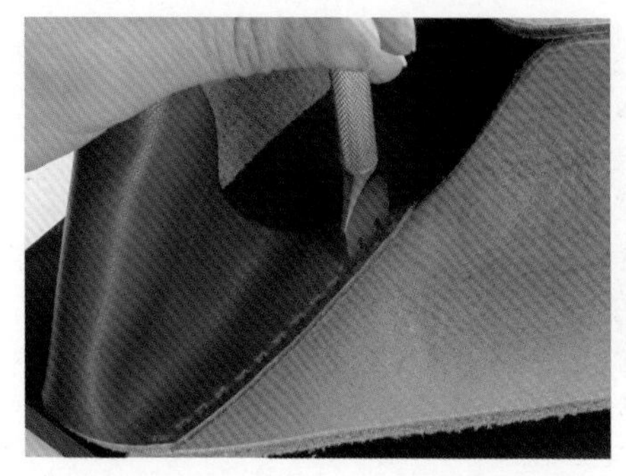

以步骤15中打的孔为基准，等间距打出缝孔。

16

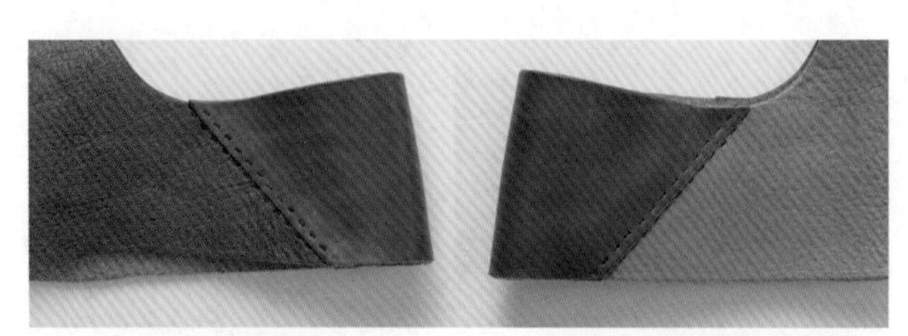

17 图为脚跟和鞋帮的结合处，在鞋帮一侧也打出缝孔。这一步骤的位置关系有些难以理解，请参照右边的示意图。缝孔应为内外两侧对称状。

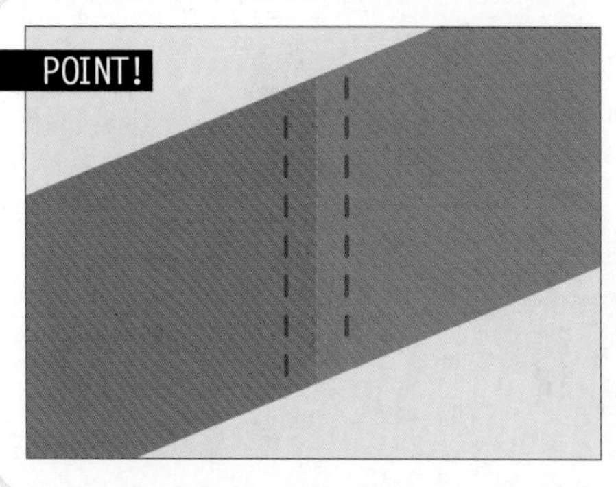

垂直观察缝线时，左右两侧的缝孔在同样高度，但实际上都是倾斜的，两侧各错开一个孔。

▶ 十字缝制 2（参见 154 页）

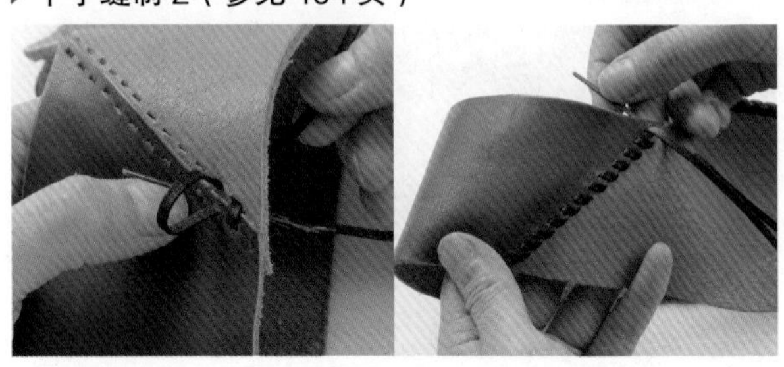

18 缝制时不使用底部最下面的缝孔。将针从皮革重叠部分的内侧最下面一个缝孔穿入，斜着向上缝制。

左边为皮绳穿孔的示意图。外侧的缝线不断斜着向上行进。缝制时注意鞋帮的内外左右对称。

缝到最后一个孔后，跨过上方皮边，穿入鞋帮侧边缘开始数起第2个孔。

19

这样穿入后，在外侧就会形成十字形，内侧则为 2 根线重叠在一个孔内。

20 从最后一个孔穿出皮绳，剪掉多余部分后用强力胶固定。第一个孔不进行十字缝制。

另一边也缝制完成后（由于左右要对称，缝制时请注意），鞋帮部分的制作就完成了。

21

在本底和中间填充物的整体涂上胶水并贴合。中间填充物比本底小一圈，注意贴合时放在中央。

22

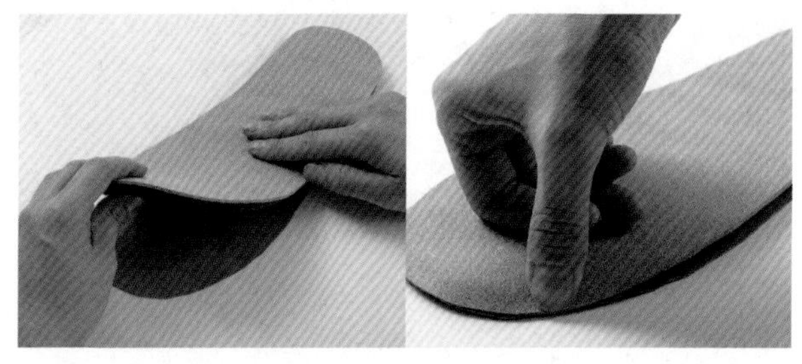

23 接着进行中底的贴合。将中底置于下方，本底侧朝上，用手指按压边缘进行贴合。

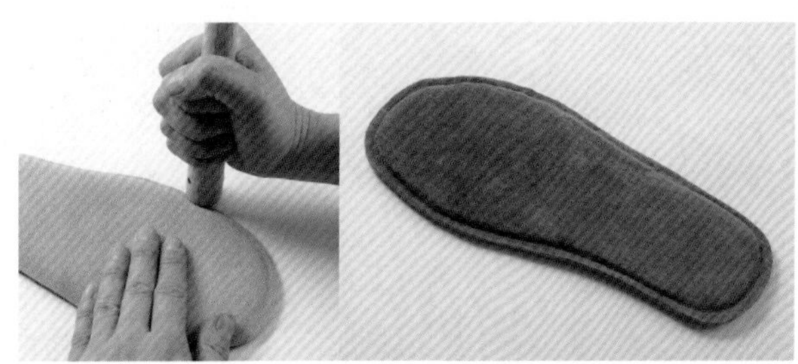

24 接着用木槌柄按压边缘以防止出现缝隙。出现中间填充物的形状后，鞋底的制作就完成了。

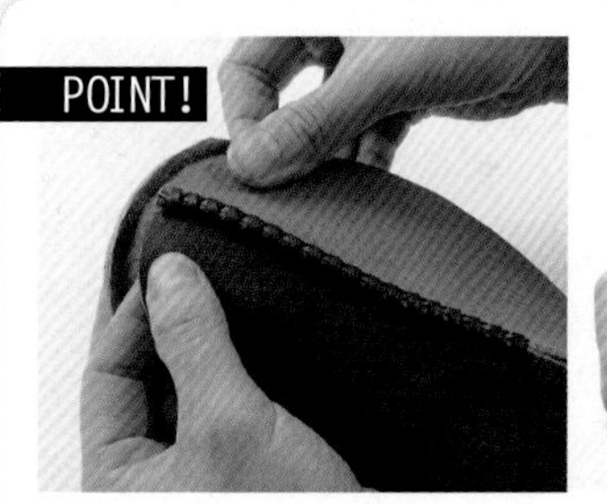

25 贴合鞋底和鞋帮边缘。将按照纸型标出的标记对齐并贴合。

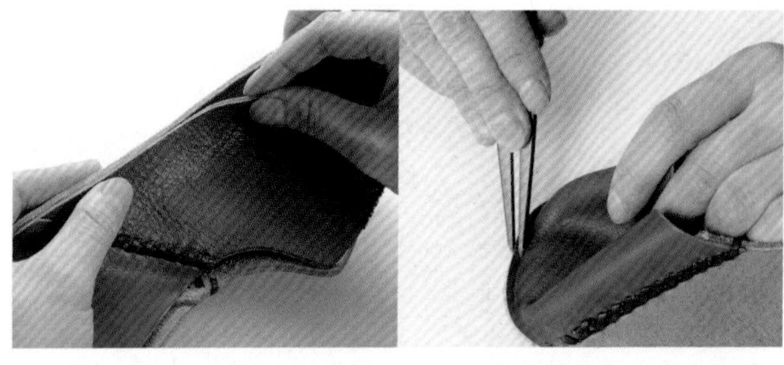

26 以这两个标记点为基准，均匀地进行贴合。注意要把皮边完全对齐，不要出现褶皱。按压后，再在距边缘3毫米处划出一圈缝线。

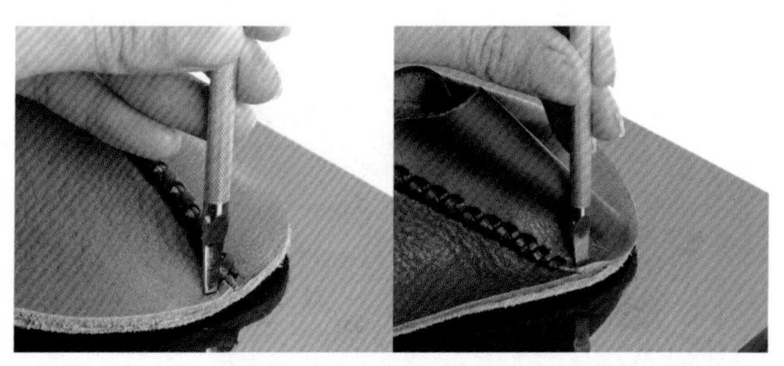

27 将鞋帮上的缝孔打穿至鞋底（注意不要损伤到皮绳）。

以这 3 个点为基准在周围等间距打出缝孔。打孔时一定要注意，这些缝孔并不在一条直线上。

28

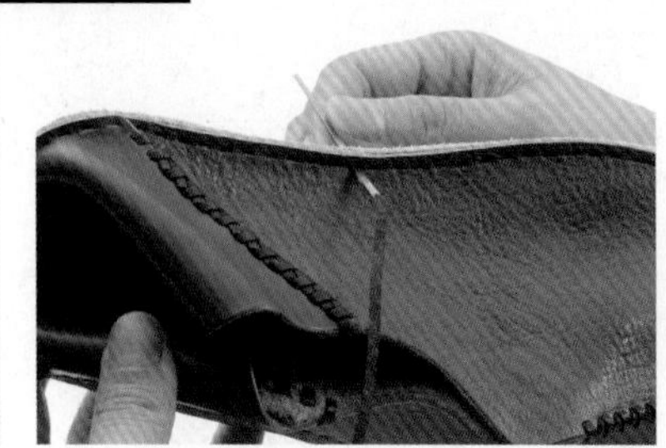

为了不让缝制起始点和终止点的线头过于明显，可以从内侧的中间部分开始缝制。

29

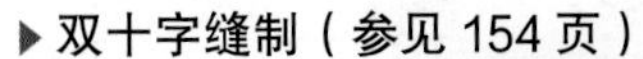

▶ 双十字缝制（参见 154 页）

用双十字缝法将起始点和终止点连接起来，缝制整个一圈。（方法参照 154 页）

30

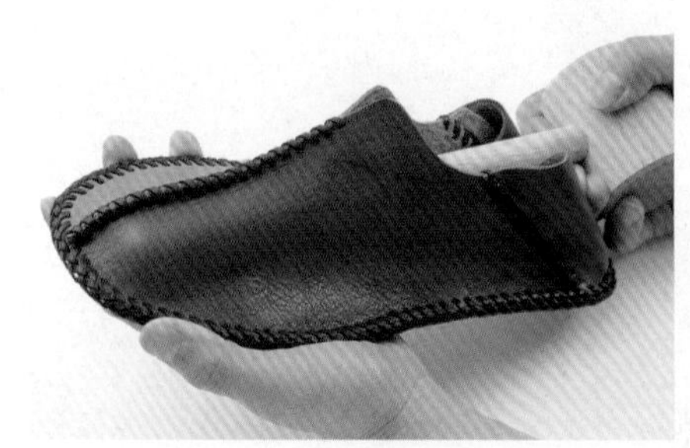

最后用木槌柄将鞋子内部撑起，营造出立体感。

31

在最后成形的步骤中，撑起鞋子使其饱满立体是很关键的一步。

内缝式钱包

我们将要制作的是内缝式两折钱包。通过在主体部分放入海绵，营造出一种圆润饱满的感觉。看起来小巧，收纳袋的数量却不少，且带有袋盖，是一款非常适合女性的实用单品。

【制作要点】

虽然手缝也可以制作这件单品，但是要完美隐藏针脚最好还是使用缝纫机。为了打造出圆润的质感，推荐选择比较柔软的皮革。用缝纫机缝制之前，可以先用榔头敲打按压贴合部分让缝制更加便利，并能巧妙隐藏针脚，从而制作出高质量的钱包。

制作者　星惠

▶纸型在卷末插页（正面）

需要准备的工具

橡胶胶水
（见96页）

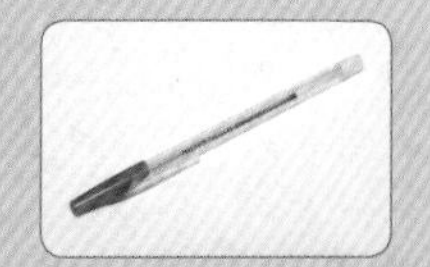

水银笔
（见96页）

锤子
在推开针脚、在皮革上制作折痕时使用，与木槌相比，锤子的敲击力度更强。

使用皮革

- ○ 染色无铬牛皮
- ○ 防水棉（内侧衬料）
- ○ 带胶水海绵　3毫米厚（海绵）

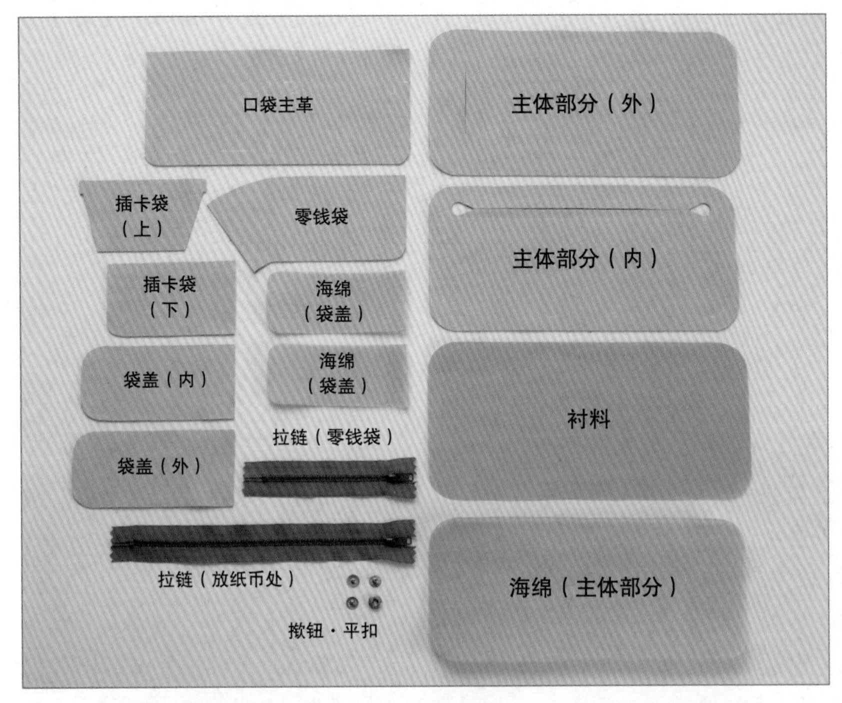

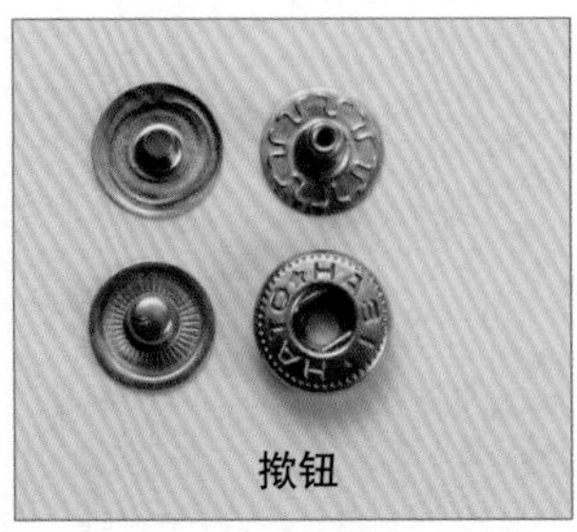

剪裁出各部件，用水银笔将所有记号描到皮革上。袋盖用海绵需要2张3毫米厚的，将其叠起来使厚度成为6毫米。零钱袋用拉链长度为7.5厘米，放纸币处的拉链长度为20厘米。揿钮使用中号，并用中号揿钮代替扣面。根据皮革厚度准备垫在揿钮和皮革之间的垫圈（使用30号圆冲切出的圆形皮革）。

01

02 主体部分（内）的开口做法为，用35号圆冲在左右各打出一个孔，用裁皮刀裁开连接中间的直线，内侧则用裁皮刀斜着切。

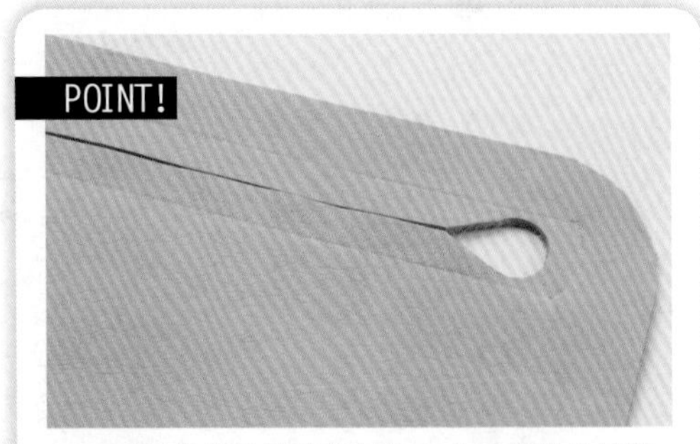

开口周围的拉链缝线在制作完成后将露在外侧，所以这里不用水银笔，而用圆钻描线。

▶ **制作插卡袋**

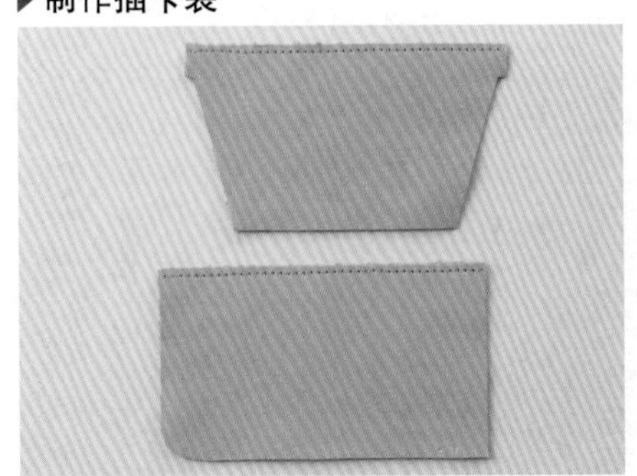

为加固插卡袋，要先将两块皮革的上方缝好。可以不用倒钩针缝。

03

左图中划斜线的部分是口袋的缝边（请以纸型上的标记为准）。在这些地方涂上橡胶胶水。

04

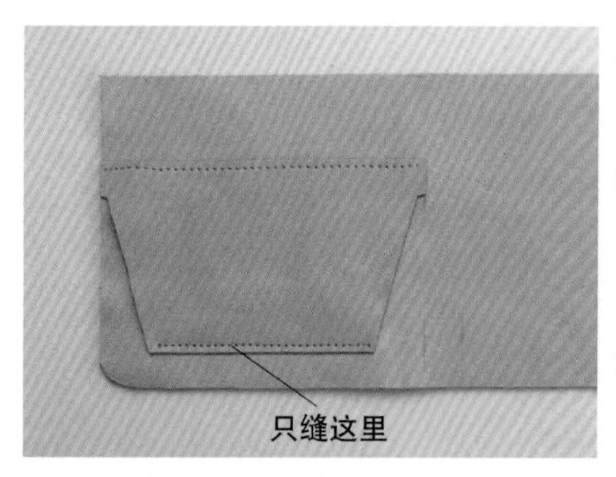

05 先将插卡袋（上）的部分按照标记贴到口袋主革上，并只缝合底边部分。贴合时注意将水银笔的痕迹覆盖掉。

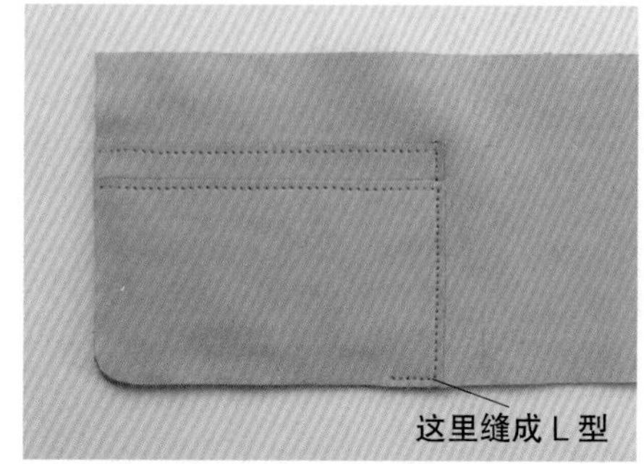

06 将插卡袋（下）的部分按照标记贴到口袋主革上，并将内侧边从上往下缝合。下方转角处底边也缝合 1 厘米的长度。

▶ 制作零钱袋

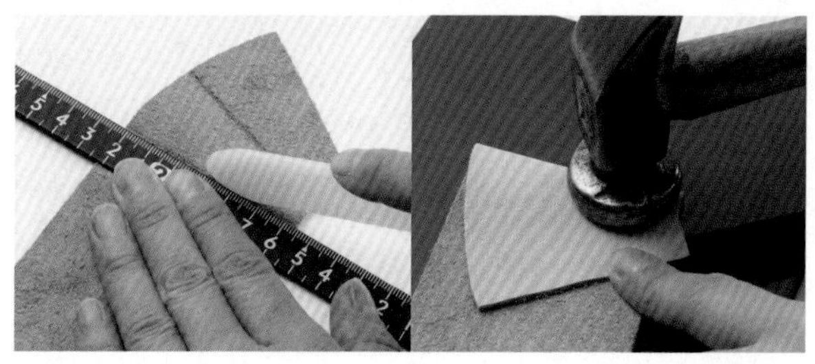

07 用板在床面描出一条直线来制作零钱袋皮革的折痕，翻折后用锤子敲击使折痕定型。

08 缝制外侧折痕，让其无法打开。这样就完成了内裆的制作。

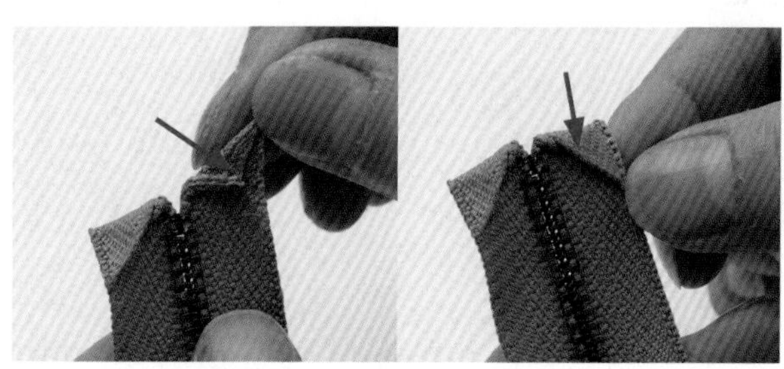

09 将拉链条顶端多余的部分如图折叠，使其长度不超过拉链。

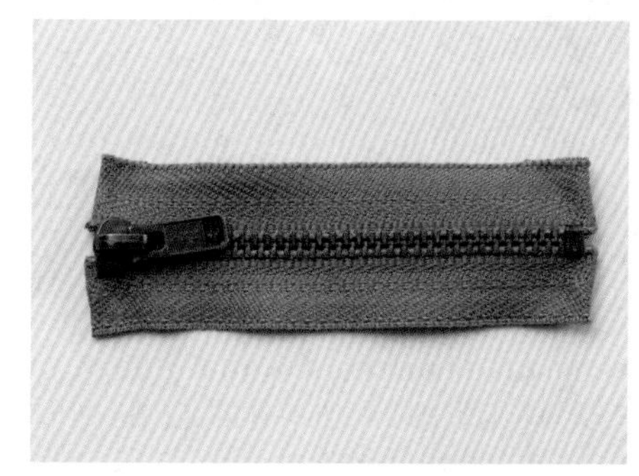

10 从外侧看处理过的拉链条应为如图状态。长度为 7.5 厘米。

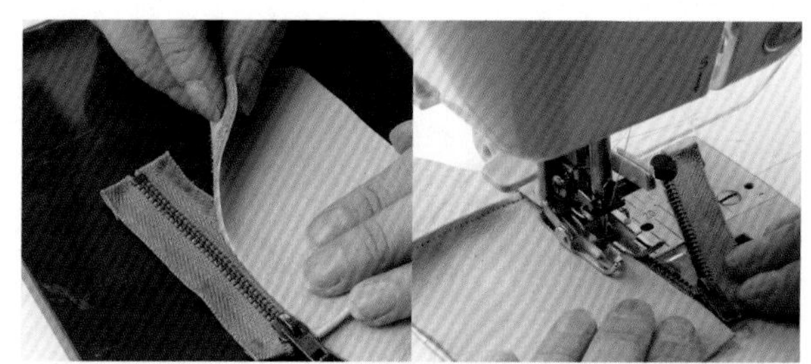

11 在零钱袋的上方和拉链条的缎带处涂上橡胶胶水并贴合、缝制，注意不要碰到金属配件部分，缝纫机的使用参见 160 页。请以纸型上的拉链安装位置为准。

12 图为组装完拉链和零钱袋的状态。如果习惯向左拉拉链，安装时可将拉链头放在右边。

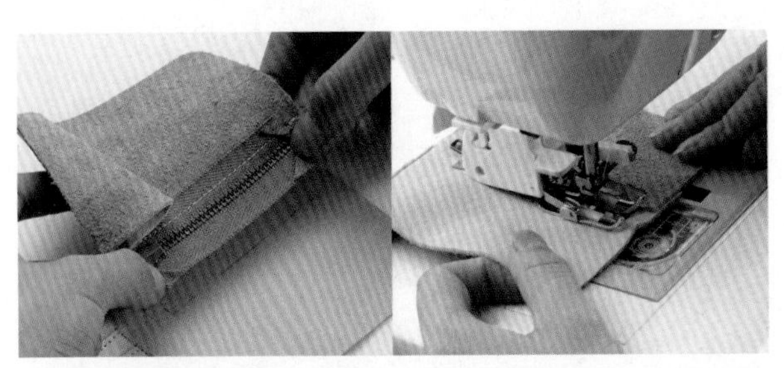

13 将拉链条的另一边贴至口袋主革上并缝合。请在确认好纸型上标明的安装位置后，将零钱袋和口袋主革的边缘完全对齐并贴合。

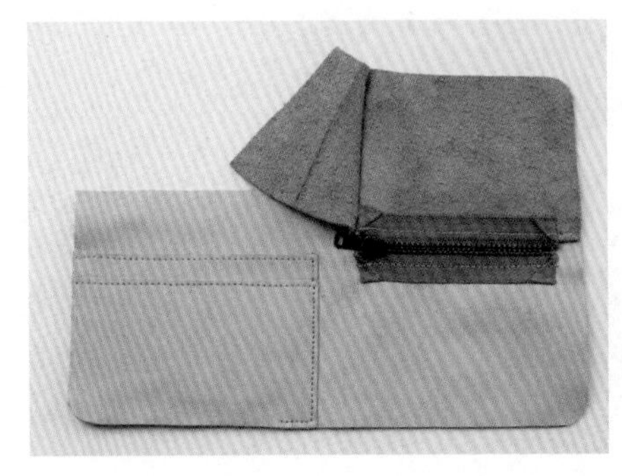

拉链条缝合完成后状态如图。

14

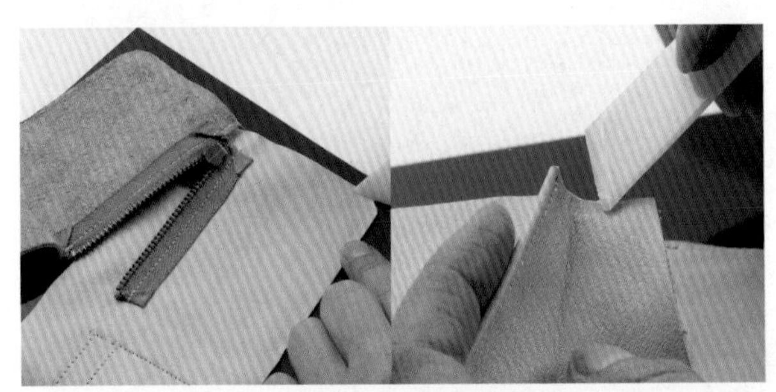

15 根据零钱袋的粘贴位置在两侧和下边涂上橡胶胶水贴合，形成袋状。在内裆的内侧也涂上橡胶胶水。

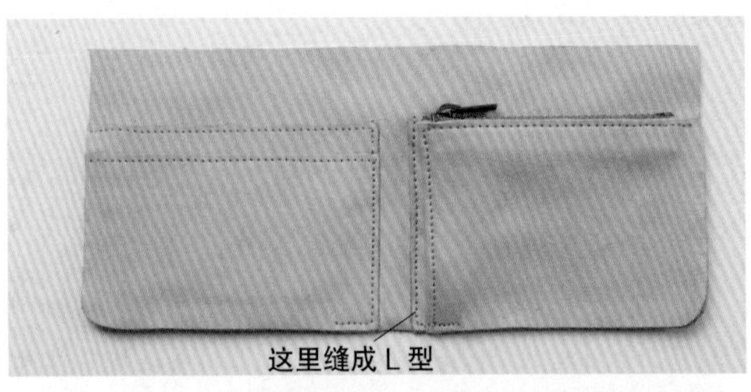

16 与缝制插卡袋的步骤一样，从上往下缝制内侧边缘，下边也缝制 1 厘米左右。缝制时可以将内裆折叠起来。

▶ 润饰口袋主革

17 按照口袋主革折边位置（1.5 厘米宽，纸型上有标明）找出涂胶水范围（3 厘米宽），涂上橡胶胶水并翻折贴合。

缝制翻折后的边缘。

18

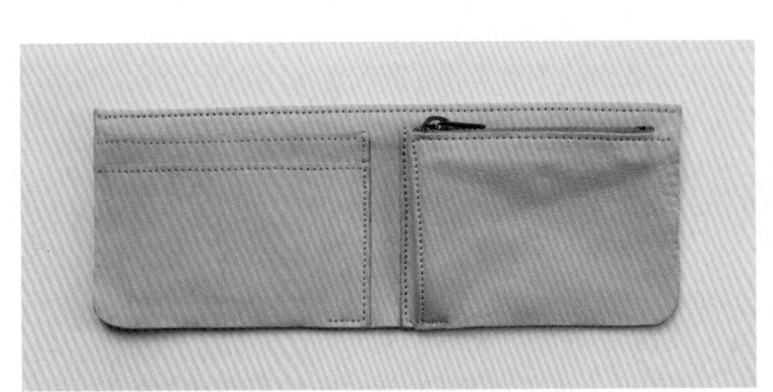

到这一步为止就完成了插卡袋和零钱袋的制作。用锤子敲打缝合处并微调整体形状。

19

▶ 在主体部分（内）安装拉链

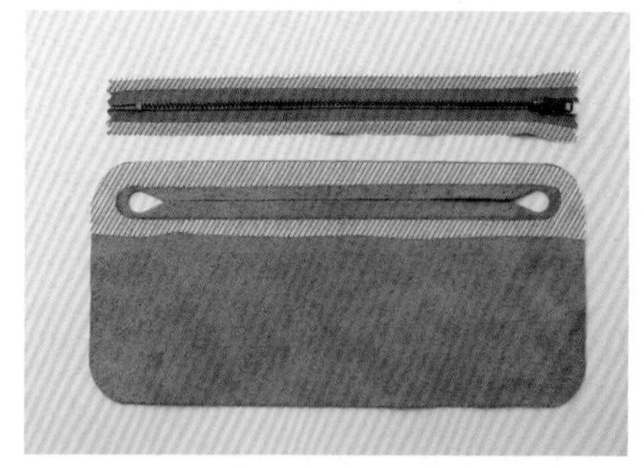

在主体部分（内）贴上拉链条。在图中标斜线的部分涂上橡胶胶水，注意不要涂到缝线内侧。

20

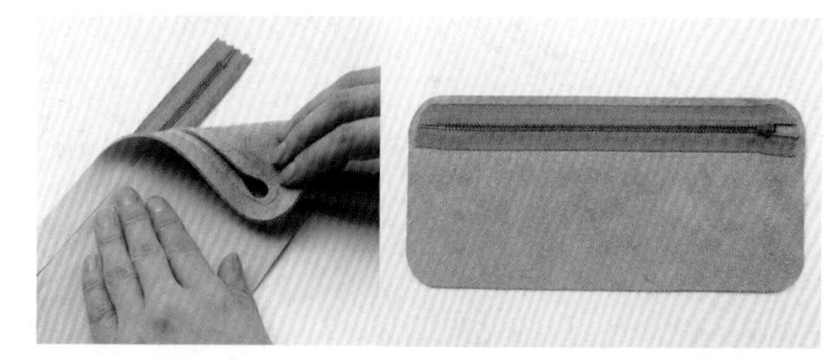

21 将拉链与开口中线对齐并贴合。将拉链条的缎带长于皮革的部分剪掉。

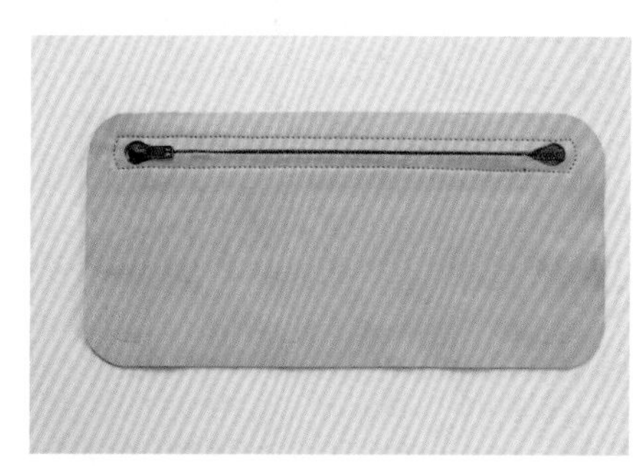

从外侧缝上拉链条。用缝纫机缝制时拉链头可能会形成阻碍，可以将拉链头空置，空出位置以方便缝制。

22

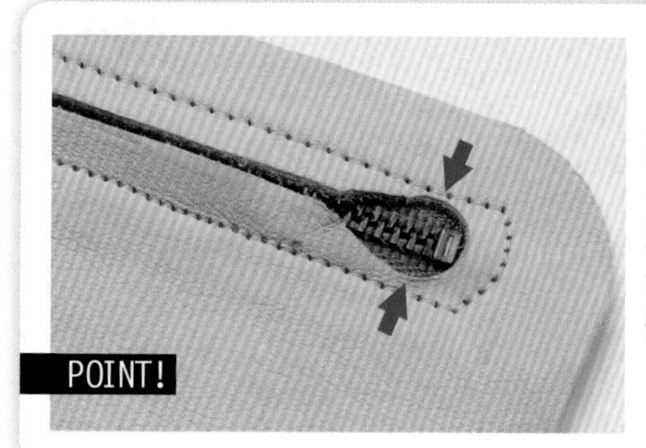

POINT!

开口两侧的孔与缝线距离很近，缝制时注意不要缝到这部分里面。

23

▶ 口袋的组装和主体部分（内）的润饰

24 按照纸型上标出的粘贴位置，将口袋主革以袋状贴到主体部分（贴合时必须弯折主体中间部分），侧边和下边缝成L型（左右两边相同）。

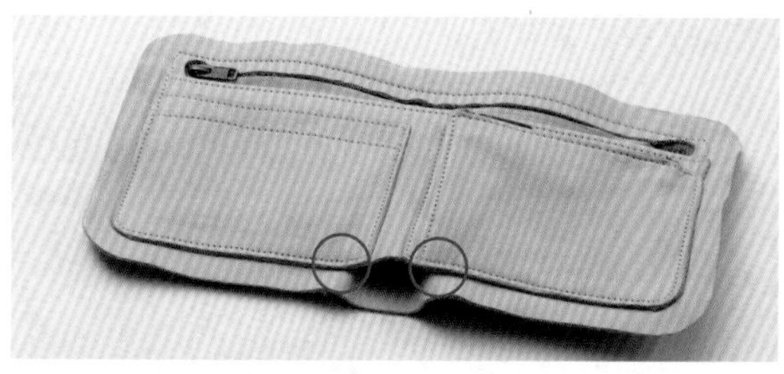

25 注意下边中央部分不要缝合（左右分开缝制）。图中画圈部分为在步骤06和16中缝制的针脚上又缝了一针。

▶ 制作袋盖

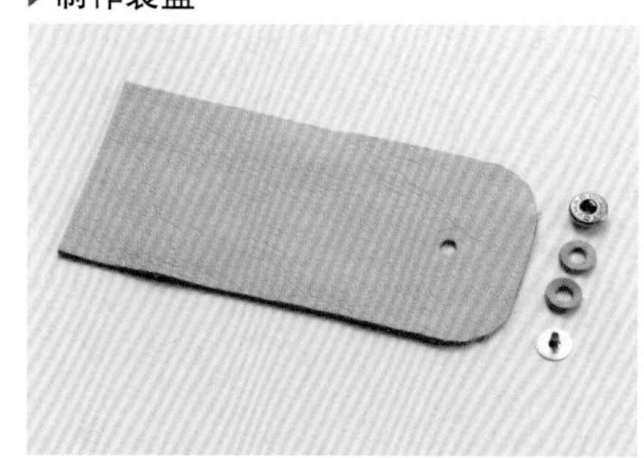

根据位置标记，使用15号圆冲在袋盖（内）上打出安装揿钮的孔。垫圈需要准备2个左右。

26

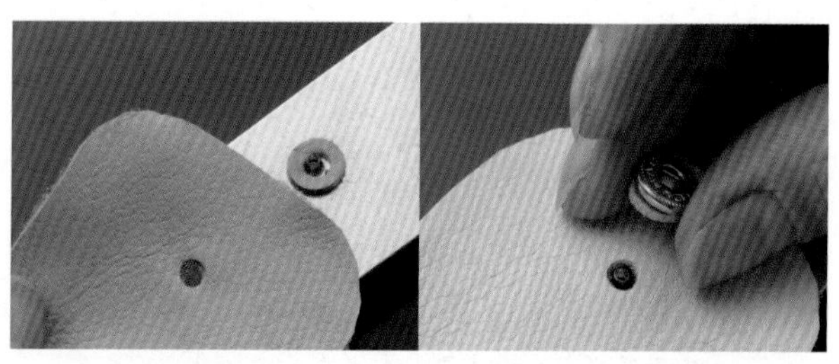

27 在揿钮上放一个垫圈，将袋盖（内）正面朝上对齐揿钮，再在上面放上一个垫圈和母扣，用锤子敲打安装。为防止垫圈损伤，请选用比较结实的皮革做垫圈。

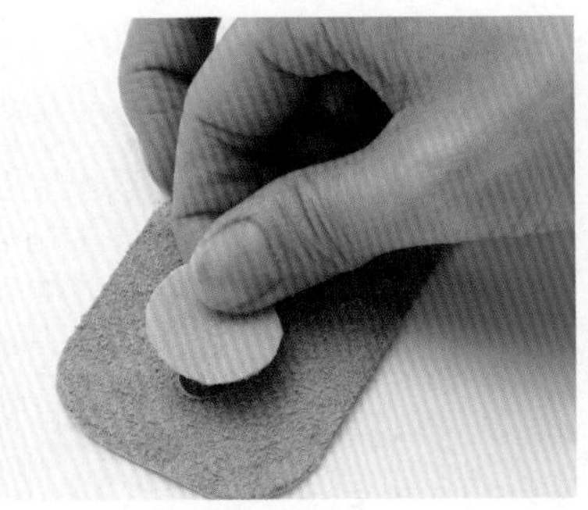

完成后为了避免皮面出现凹凸不平，在揿钮侧（床面）用橡胶胶水贴上一块圆形皮革（只在金属零件部分涂橡胶胶水）。

28

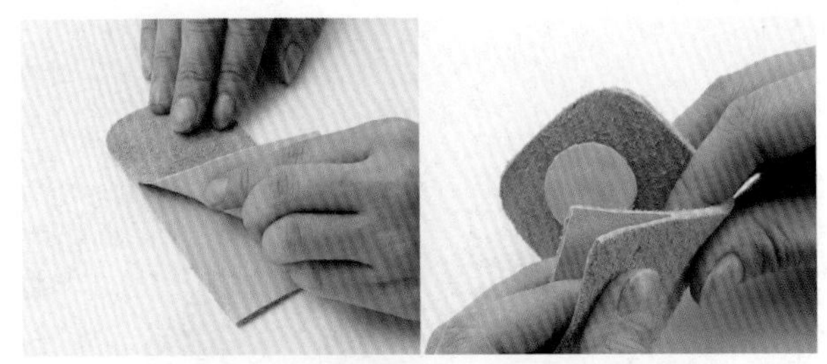

29 在内外两片袋盖边缘3毫米范围内涂上橡胶胶水，以袋状贴合，可以边弯曲皮革边贴合。

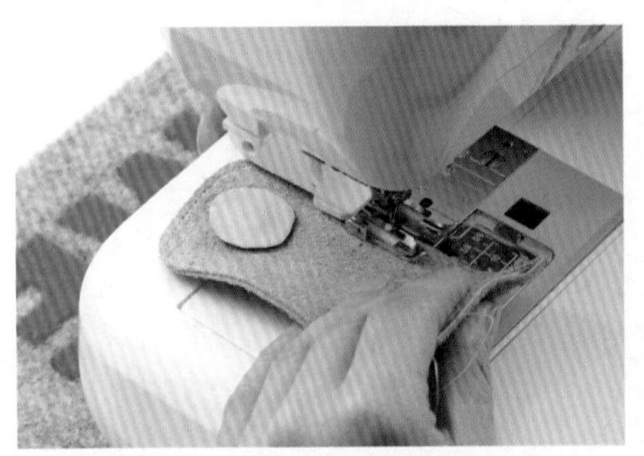

用缝纫机将3条边缝合，底侧不缝合，让袋盖保持口袋状态。

30

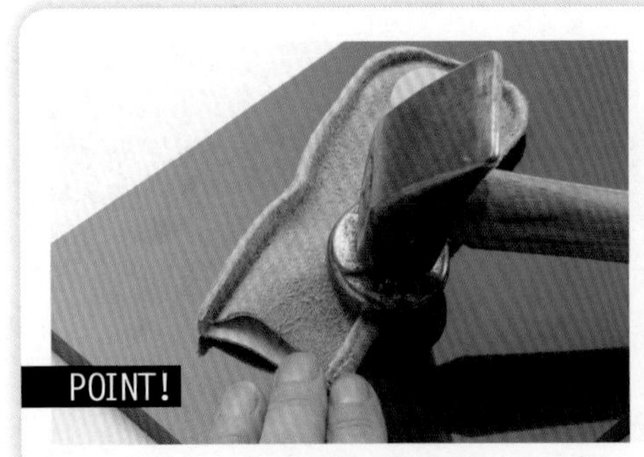

由于边缘容易翻起来，所以将缝边向内侧弯折，并用榔头敲打定型。

31

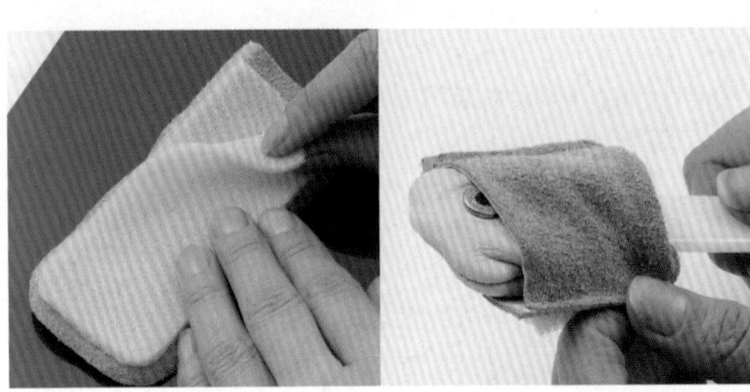

32 在外侧贴上2片海绵，用板将袋盖整个翻到正面。

翻折后，皮革正面来到外侧，用榔头敲打定型。

33

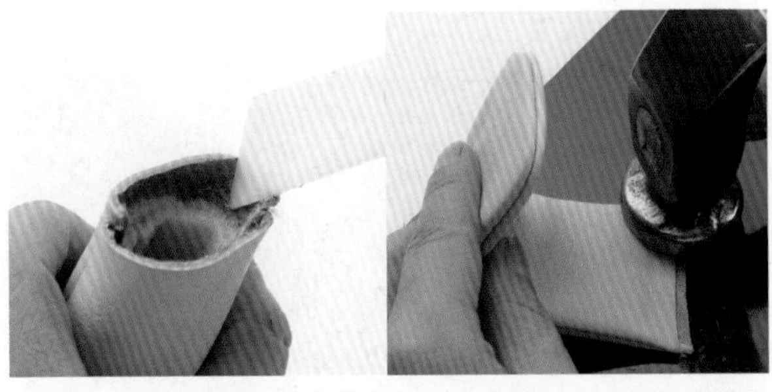

34 在前面步骤中没有缝合的底边内侧涂上橡胶胶水并贴合、按压。这样袋口就被封闭了。

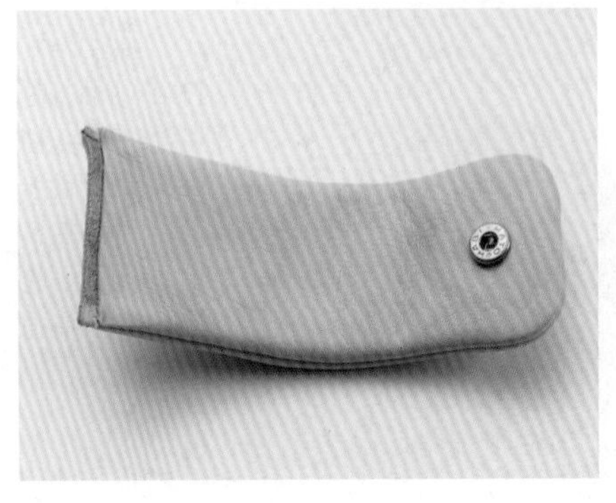

图为袋盖完成的状态。这里特意修改过配件的长度。较短的一边是袋盖内侧。

35

▶主体部分（外）的最后润饰

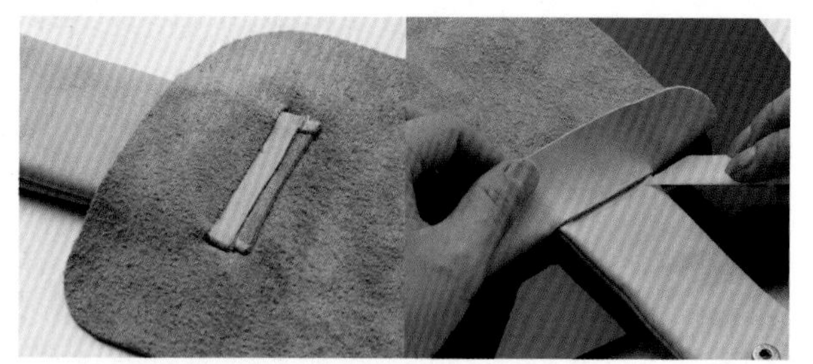

36 确认过朝向之后，将袋盖从主体部分（外）的开口插入，按照纸型上标明的缝边进行粘贴。先粘贴外侧，再粘贴内侧更为方便（上右图）。

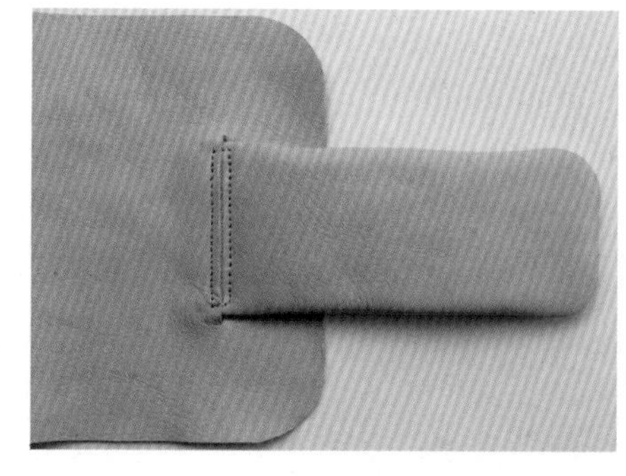

以切口为中心线缝制成长方形以固定袋盖。用榔头敲打针脚处使其平整。

37

用8号圆冲在主体部分（外）标出的大孔位置打孔，装上子扣揿钮。在子扣和皮革之间适当放入垫圈。

38

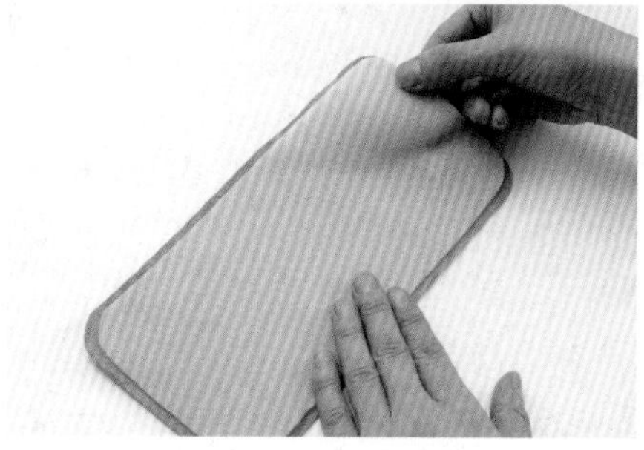

在内侧的中央贴上海绵（主体部分）。海绵尺寸比皮革小一圈。

39

40 在大出海绵的皮革外圈范围以及衬里相应的范围涂上橡胶胶水并贴合，海绵部分不贴合。

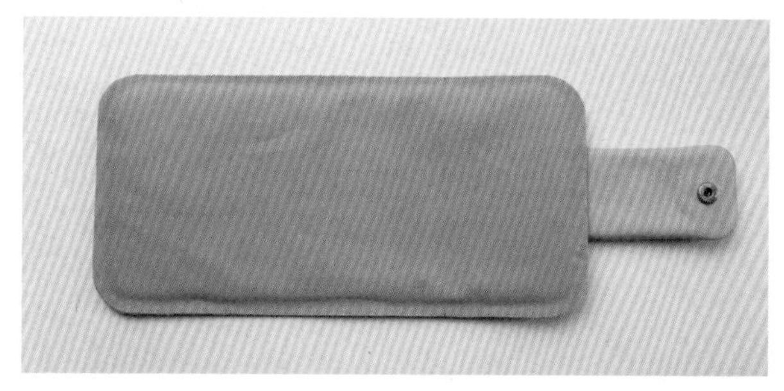

41 在皮革与衬里之间夹入海绵后，就完成主体部分（外）的制作了。接下去要将其与主体部分（内）组装在一起。

▶整体的组装

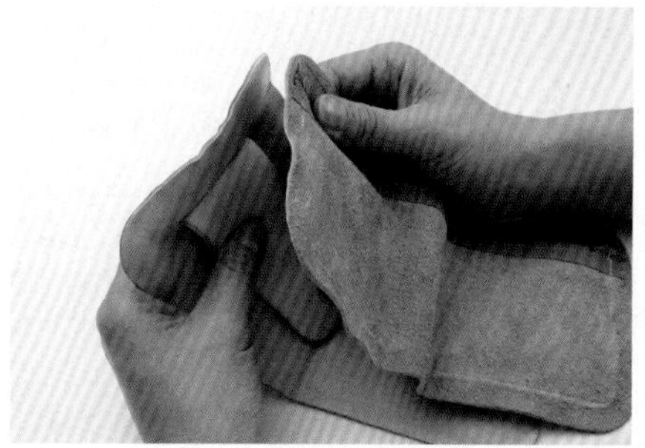

在内外主体部分的边缘都涂上橡胶胶水，如图所示在外侧贴合。为防止贴到袋盖，将其按在中间。

42

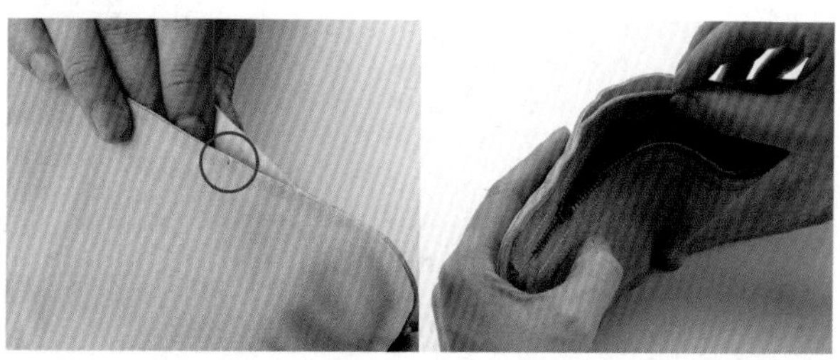

43 由于主体部分（内）较短，直接贴合会造成错位，所以要以纸型上的标记为基准，先贴合外侧，中间部分则边弯折边贴合。

确认无缝贴合后，在边缘缝合。不妨从不显眼的转角处开始缝制。

44

完成上一步后主体部分就形成了袋状。接下去要把它整个翻过来，所以要保持拉链处于打开状态。

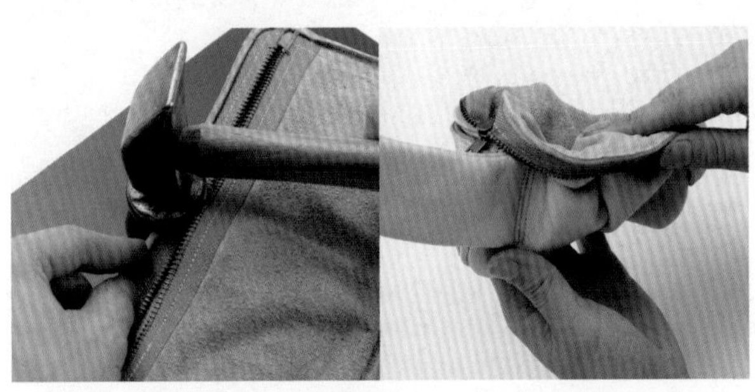

45 与步骤31同样，将缝边向内折叠并用榔头敲打定型，接着从拉链口将整体翻过来。

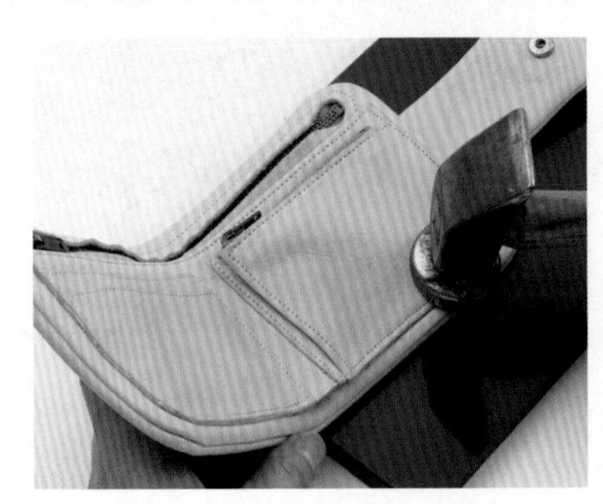

确认边缘也完全翻过来后，用榔头敲打定型。

46

这样就完成圆润饱满的折叠钱包的制作了。需要注意，贴合时如果没有弯曲，完成后会出现褶皱。

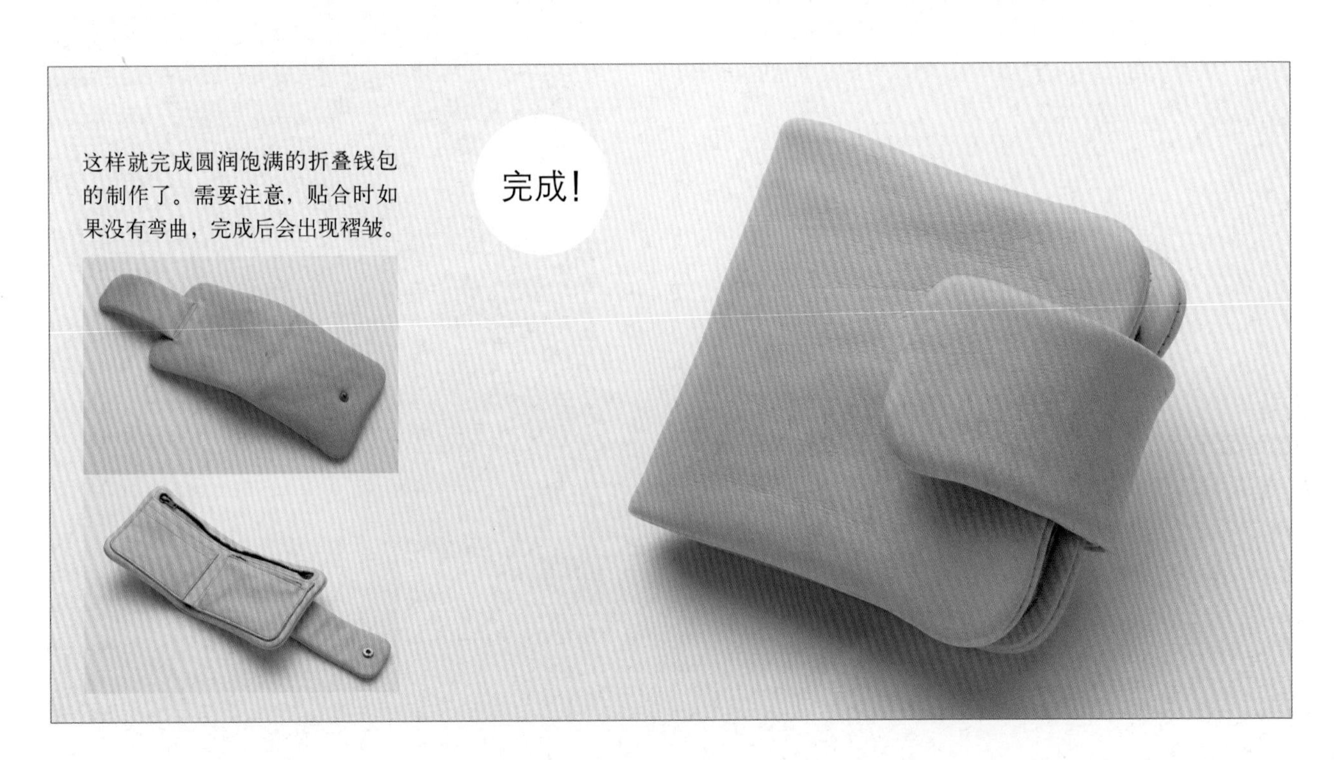

手工艺品公司将皮革手工正式引进日本，可以说在这里可以找到皮革手工所需要的一切。宽敞的店铺，网罗了皮革、金属配件等各类材料，而且从常见工具到专业工具也是应有尽有。店内工作人员也非常热情，他们积累的丰富的经验可以帮助您挑选合适的商品。

宽敞的店内，琳琅满目的商品被归类摆放在不同的货架上。找不到想要的商品时，可以询问店员，他们会引导并解答您的疑惑。

SHOP DATA

手工艺品公司　荻窪店

① 这里有植鞣革、铬鞣革等多个种类的切割皮革，您可以在此挑选喜欢的皮革。
② 工具种类十分齐全。
③ 网罗了各种不同厚度、不同种类的皮革。
④ 压箔革等特殊皮革也有出售。
⑤ 在商店仓库中备有更多皮革存货。如果没有找到想要的皮革还可以进行调货。

这里还开设手工皮革教室——“手工艺品学园”。师资力量雄厚，课程丰富，还有一对一指导，课程囊括从初学课程到以专业工匠为目标的课程。授课方式，授课时间您可以根据需要进行挑选。

这里为每位学生量身打造适合的课程，您可以按照自己的节奏来学习皮革手工技术。

~ 制作者介绍 ~

制作喜欢的单品，充实你的作品展示柜吧！

本书中制作的“名片夹”是风格比较硬朗的一件单品。制作难点在于它的缝边使用了齿较大的菱錾，并搭配了较粗的缝线。而它的最大特点则是使用了骑行族单品中最具有代表性的马鞍革，使用过程中渐渐变成米黄色的皮革单品正是男性硬朗风格的体现。制作这件单品也只需使用基础的手缝技巧，装饰也很简洁。还可以活用自己喜欢的金属零件及康乔扣等，配合装饰技法呈现出自己独有的风格。比如可以用烫印的方法刻上字母，操作简单又能彰显个性。从 90 年代开始，美式休闲风以及骑行族风格已开始为人所熟知。

手提包的制作不需要抄制等比较困难的工序，使用的皮革也不是很厚。只要掌握口袋处和衬里的制作方法，就可以拓宽皮革手工制作的范围。

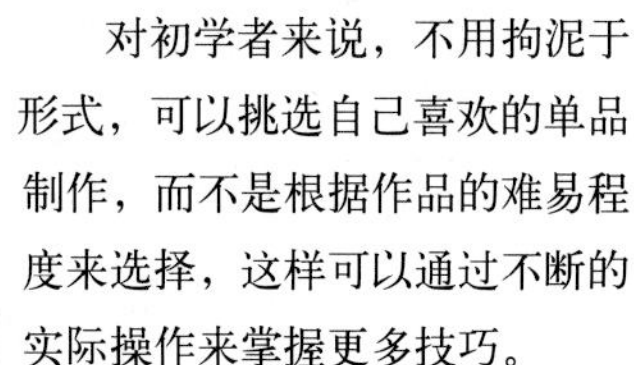

对初学者来说，不用拘泥于形式，可以挑选自己喜欢的单品制作，而不是根据作品的难易程度来选择，这样可以通过不断的实际操作来掌握更多技巧。

小林一敬 先生

专业皮革工匠。他偏爱硬朗风格，运用细致精巧的皮革手工艺生动还原出了体现男性风格的硬朗作品。在本书中，他详细介绍了许多单品的手缝及缝纫机制作方法。

找出自己的喜好

女性使用的单品中，较多使用了较软的皮革。这些皮革与马鞍革等较硬的皮革相比，其皮质和使用方法都完全不同。所以我认为在开始制作前应该先熟悉一下材料，这样可以让制作过程更加顺畅。物品的构造和制作方法根据使用者性别不同将会截然相反。本书中制作的“中型钱包”就是从女性的喜好出发，根据女性倾向于将钱包放入手提包中使用这一情况加上了袋盖部分。此外，在制作方法上分为倾向于凸显手工原创感的手缝制作法，和体现作品精巧细致的机缝制作法这两派，大多数女性则倾向于后者。不论使用怎样的制作方法，手工制作的乐趣就在于可以自己选择材料和做法。所以希望大家可以找到自己喜欢的材料并享受制作的过程。

对“颜色选择”有一个建议。皮革和缝线的颜色可以根据自己的喜好来选择，如果选择了相同颜色又觉得有些不协调的话，可以为缝线选择同色系更亮一些的颜色。米色的线适用于所有种类的皮革。在制作皮革手工作品的过程中，对不符合自己风格的单品，也希望大家可以积极地尝试，也许会发掘连自己都不曾意识到的对设计和技巧的潜能。

星惠 小姐

星惠小姐拥有高超的缝纫机使用技术，能捕捉到女性的喜好，从而制作出许多可爱的单品。本书中，她为我们制作了女性使用的小装饰物、钱包，曾为职业制鞋人的她还制作了非常正宗的家居拖鞋。

part-4

装饰方法

掌握染色、雕刻等装饰方法，就可以大大丰富皮革手工作品。本章要介绍的是几种具有代表性的装饰方法。加入原创装饰可以让您更喜爱自己的制作。

染 色

这里要介绍的是用皮革专用染料进行的“染色”，只要有毛刷和染料就可以轻松完成，何不尝试一下呢？自然色的皮革通过染色也可以变化色彩，这里将要介绍的是使用一种颜色进行叠染的方法。图案非常简单，操作也很容易，初学者也可以利用这个方法进行原创设计。这里要进行染色的是右图中的卡套（90 页），敬请参考。

使用工具

○手工染料　○水毛刷
○防拉伸条

01 将自然色的皮革铺在报纸上，将海绵沾上少许水后轻轻涂在皮革上，只要薄薄一层就可以了。

02 将剪好的“防拉伸条”作为遮罩物贴至皮革上（要超出皮革边缘），按压至中间没有空隙。

03 贴完后，再涂上一层水。以 1:5 的比例稀释调制染料。

04 中间不要有间歇，快速地涂上染料，注意要涂均匀。涂染料时要不时改变方向，不要一直以相同朝向涂。

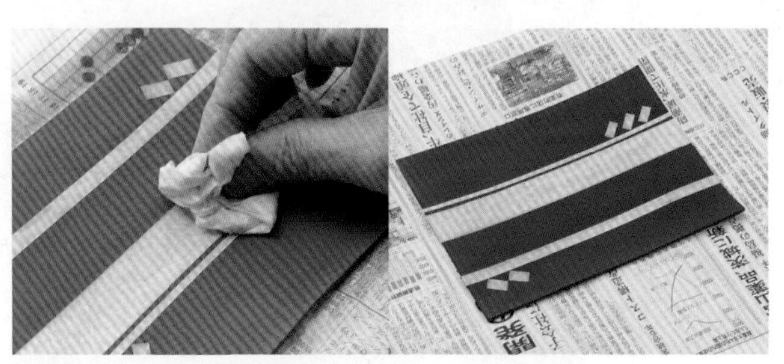

05 将防拉伸条上多余的染料擦掉，换一张报纸垫在下方并等待其完全干燥。如果使用吹风机，会让防拉伸条的胶水凝固，变得难以剥离，所以不建议使用。

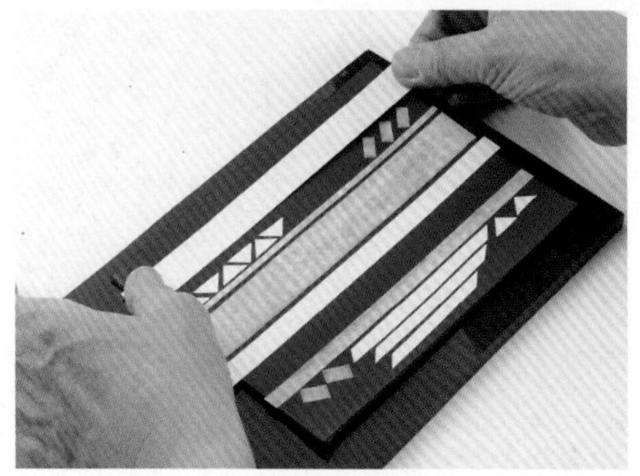

水干燥后，贴上第二层遮罩条。

06

再加入适量染料让颜色变浓。

07

用步骤04的方法涂上第二层染料并晾干。

08

如果有床面也需要染色则涂完正面后再涂床面。

09

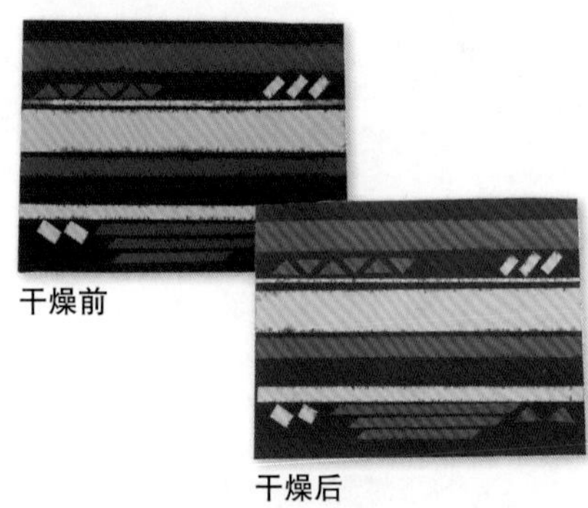
干燥前

干燥后

晾干后颜色会变浅一些。如果担心会掉色，可以再涂上一层保护层。干燥后还可能出现皮革缩小情况，所以可以在染色完成后剪切。

10

▶ 皮绳的染色

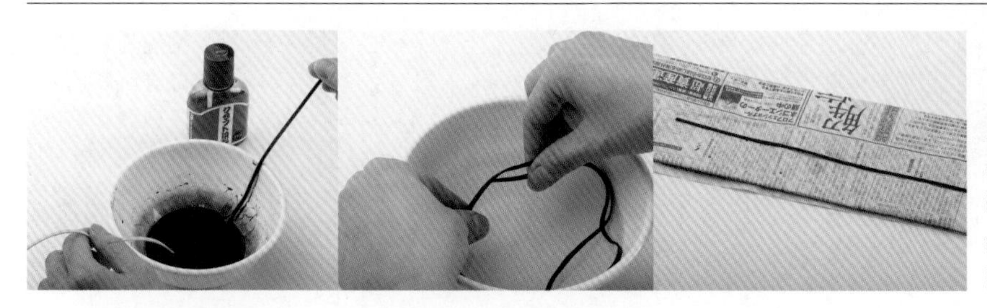

皮绳的染色更简便。取适量手工染料放在小碟子里，将皮绳浸在染料中。然后用水轻轻冲洗，将多余的染料冲掉，再置于报纸上晾干即可完成染色。通过染色可以得到更多种颜色的皮绳。

皮革烫印

虽然“皮革烫印”听上去很复杂，但是其实只要用顶端发热的“电笔”就可以画出各种图案，不论是谁都可以轻松尝试。模仿诸如刺青等纹样设计出自己喜欢的图案可以轻松呈现出独特风格。线条及阴影的画法都有一定的窍门，制作前要先掌握这些技巧。这里要进行烫印的是名片夹（76 页），敬请参考。

制作者　本山知辉

使用工具

○电笔　　○铁笔
○透写纸

01 根据皮革大小绘制图案后盖上透写纸，用自动铅笔描出来，并用虚线标出阴影部分范围。

将图案烫至皮革之前，先用海绵在皮革表面涂上薄薄一层水，让皮革变软。

02

确认好烫印位置后，将透写纸置于皮革上方，并用纸镇压住，再用铁笔描线。注意不要太用力。

03

POINT!

描线至仔细看可以看到即可。如果刻得太深会造成之后难以划线，阴影部分用虚线标出即可。

04 这个单品的图案非常精致，所以使用最细的笔头(0.5B)。温度设定在6~7挡，烫印过程中根据情况进行调节。

烫印时并非先完成一部分，而是以整体来进行。首先烫出所有线条部分。

05

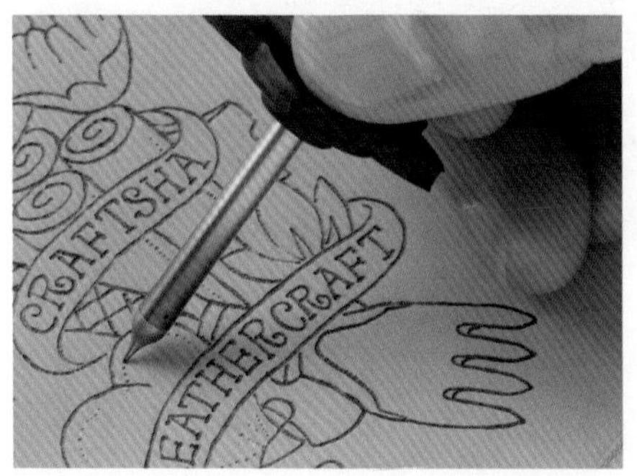

阴影部分用一些小点表示。笔头长时间放在皮革上点会变大，所以要轻轻地点上。

06

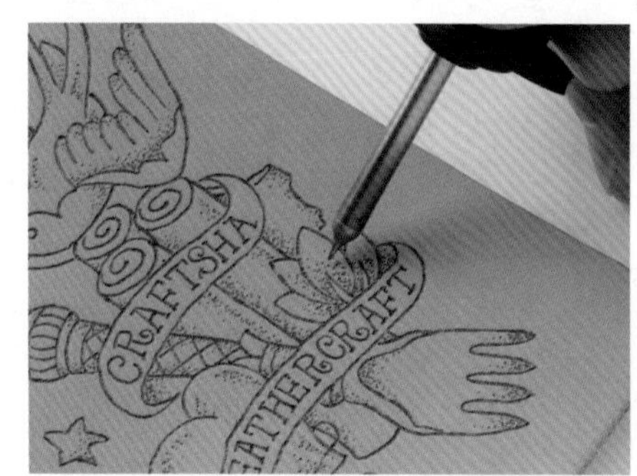

将笔头不断轻触皮革，用大量小点画出阴影部分。由于这部分在完成后无法修正，所以操作时要观察好整体的平衡。

07

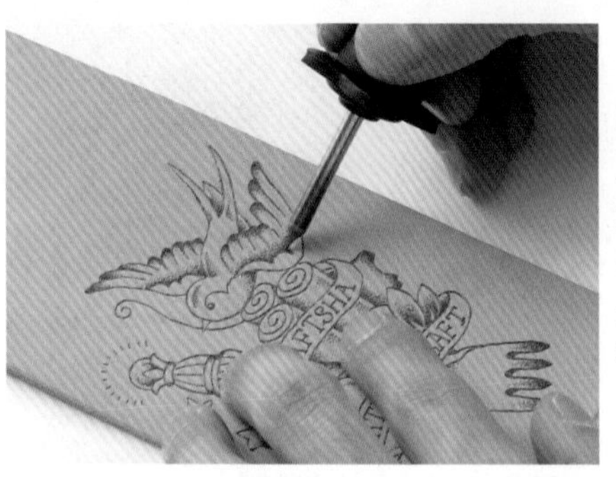

阴影部分画完后，再烫一层以加深颜色。最深的部分可以将笔头在皮革上停留稍久一些。

08

POINT!

如果笔头有黑褐色的废屑出现，可以用比较耐热的帆布等擦掉后继续操作。

图为大致的烫印过程。烫印时是以“线条→阴影部分→阴影的深浅”为顺序逐步完成的。烫印这个技巧熟能生巧，初学者最好先在废皮上进行练习。

缉线 / 镶饰 / 打孔

这里要介绍的是将简洁的图形组合起来营造出可爱风格的镶饰法、用缝纫机缉线的装饰法和用花式圆冲进行的打孔装饰法。这些方法都比较简单，初学者也可以轻松学会。这里在“内缝式钱包”（118 页）上添加了可爱的装饰，敬请参考。

制作者　星惠

使用工具

○缝纫机　　○透写纸
○花式圆冲

▶缉线

01 将透写纸按照要装饰部件的尺寸剪出，并画出大致图案。这里使用了树形的图案。

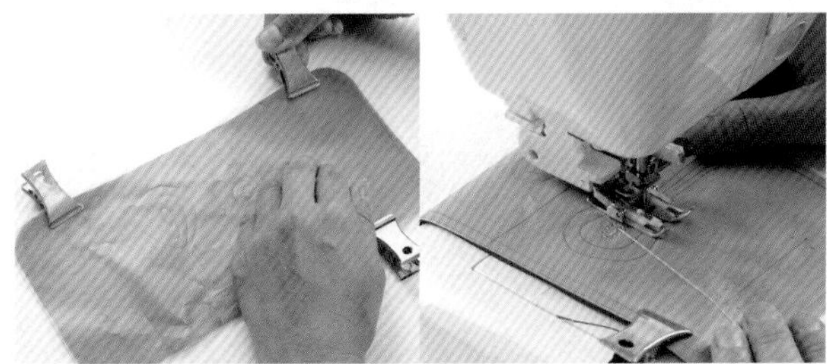

02 用夹子将透写纸固定在皮革上，选择喜欢的颜色的线连透写纸一起缝制。

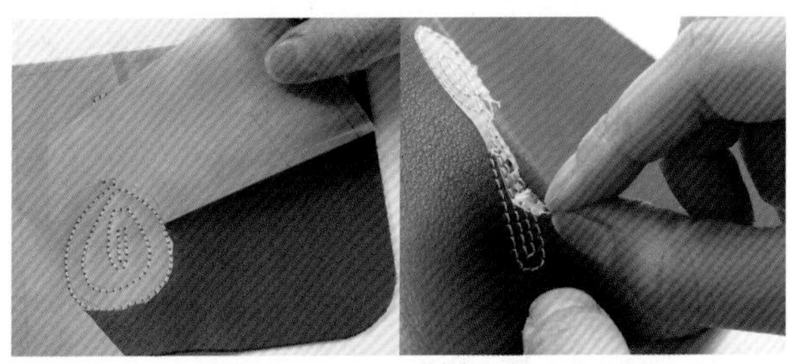

03 缝制完成后，轻轻地将透写纸剥下，太用力会把线拉松。

POINT!

04 用不同颜色的线缝制效果更好。这里共使用了 3 种颜色的线。

▶镶饰

这里要制作的是卡通羊镶饰。剪裁出圆形皮革作为羊的身体，两边带耳朵的椭圆形作为羊头。

05

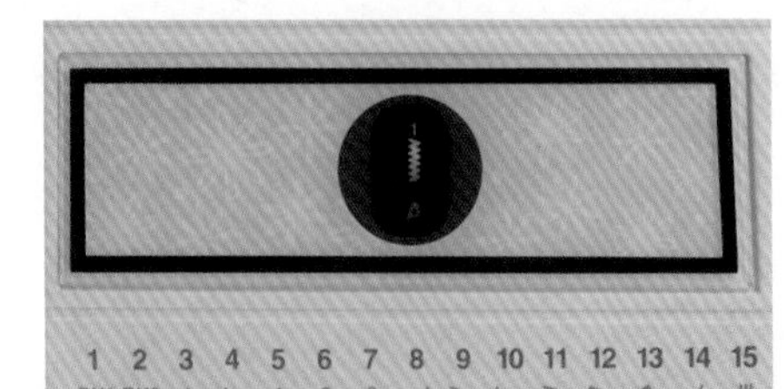

将缝纫机的线性设置为Z字形。针脚宽度根据镶饰的大小自行调整。

06

POINT!

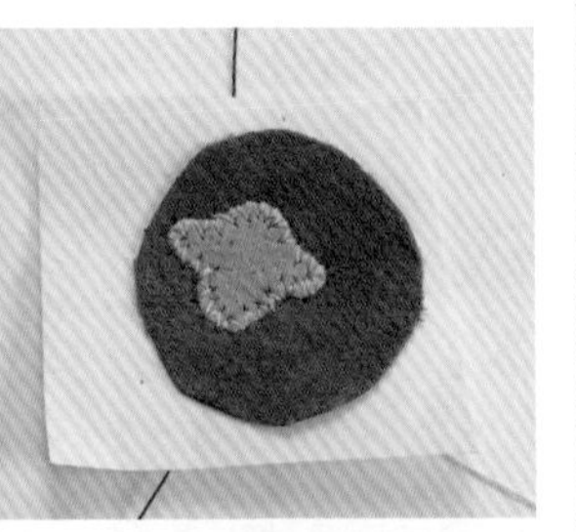

07 将羊头部分以Z字形缝到身体部分上。小部件很容易打滑，可以在下面垫上一张纸，待缝制完成后再撕掉。

接下来要将镶饰部分缝至皮革上。由于不需要贴合，所以将其暂时固定在需要的位置即可。

08

▶打孔

09 这一步只需用花式圆冲打孔即可。花式圆冲有☆（星型）、♡（爱心）、◇（菱形）等种类。

POINT!

在皮革内侧需要贴上垫革进行处理，但是注意不要在孔的部分涂黏着剂。

10

敲打按压垫革直至其变薄，没有凹凸感。

11

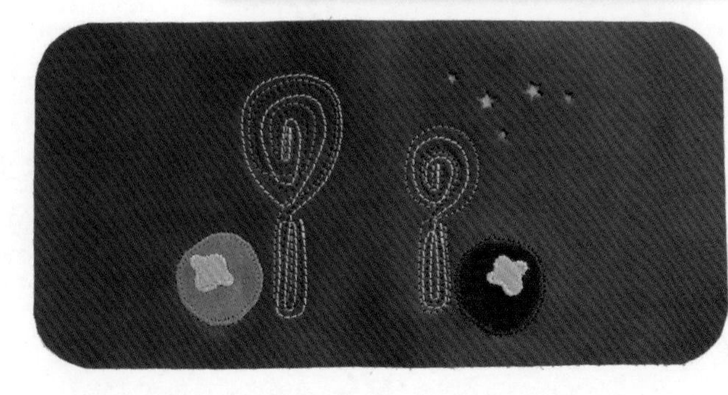

您可以自由决定图案和位置，制作只属于自己的原创设计。

完成!

雕 刻

雕刻可以说是皮革手工的装饰技巧中最难的一种。正如它的字面意思，雕刻即是使用专用工具在皮革表面刻上图案。但是，雕刻并不是一朝一夕就能掌握的技巧，在熟练之前需要大量练习。

制作者 小屋敷清一

▶图案在 176 页

图为在 104 页的中型钱包上进行雕刻后完成的状态。通过装饰，单品的外形发生很大的变化。掌握装饰技巧来丰富你的作品吧！

使用工具

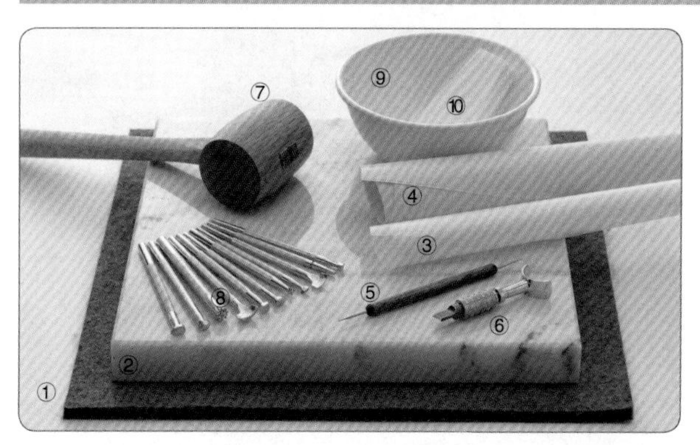

①毛毡 ②大理石 ③透写纸 ④防拉伸条 ⑤铁笔 ⑥旋转雕刻刀 ⑦木槌 ⑧刻印 ⑨碗 ⑩海绵

此外，还需要水和自动铅笔。刻印需要的工具根据图案会有所不同，请根据实际情况进行准备。

雕刻完成后的润饰用的液剂。从左开始是皮革保护剂、仿古染料和手工染料。

用水浸湿整张皮革并在床面贴上防拉伸条。

雕刻的基础工序

这里按基础雕刻工序的顺序介绍，刻印时需要一些技巧，需要不断练习。

▶透写图案

01 在透写纸上描出图案，注意不要漏描。

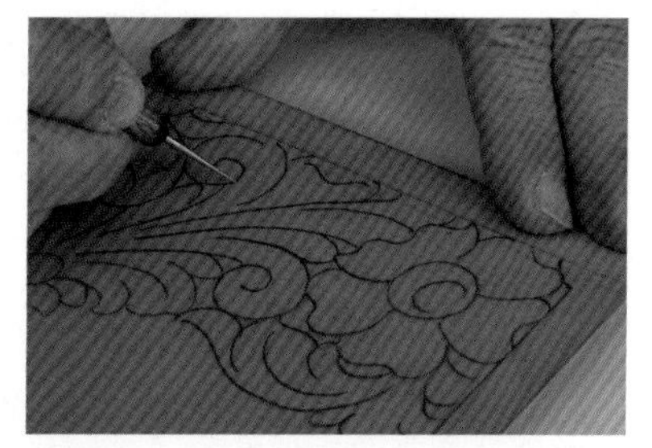

02 将透写纸置于皮革正面，用铁笔从边缘线开始描出图案。

03 描完图案后，将其与图案纸对比确认是否有漏描。

▶雕刻图案

01 先刻边缘线。

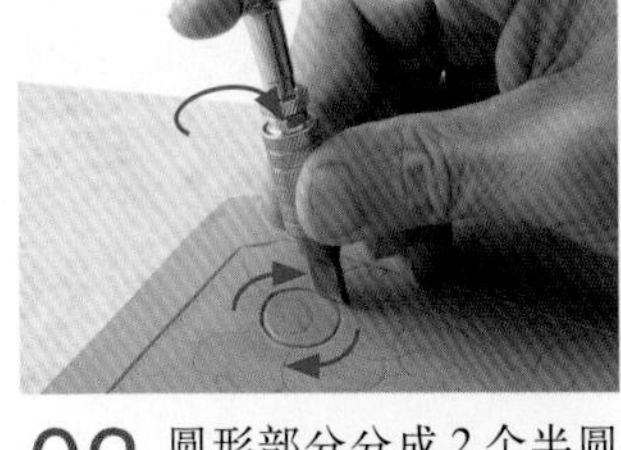

02 圆形部分分成 2 个半圆来刻，将刻刀边转边刻。

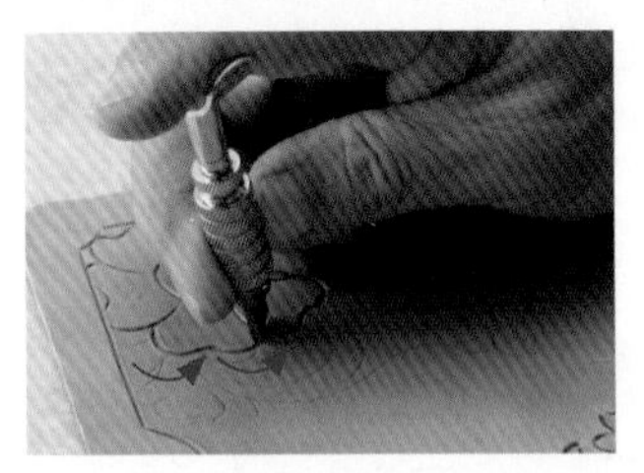

03 花瓣部分将刀刃翻转，用锯齿边刻。

04 刻茎的部分时逐渐减少力道。

▶斜角刻

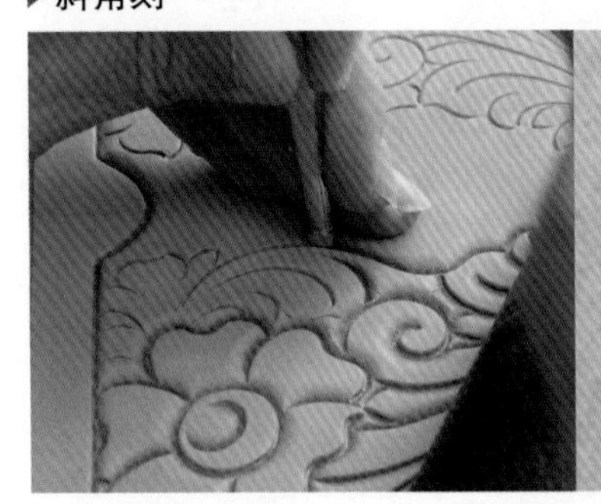

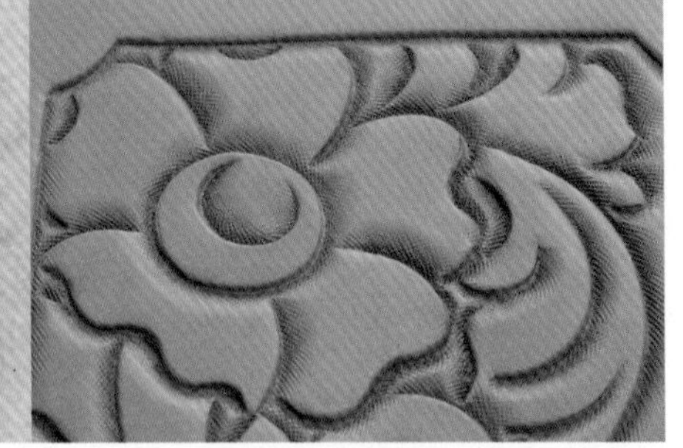

斜角刻即在刻完的线上再修饰出角度的刻印法。它的要点在于线条要流畅，而不是每刻一下都留下痕迹。通过斜角刻，可以显出轮廓部分的阴影，让叶子和花更有立体感。

▶迷彩装饰刻

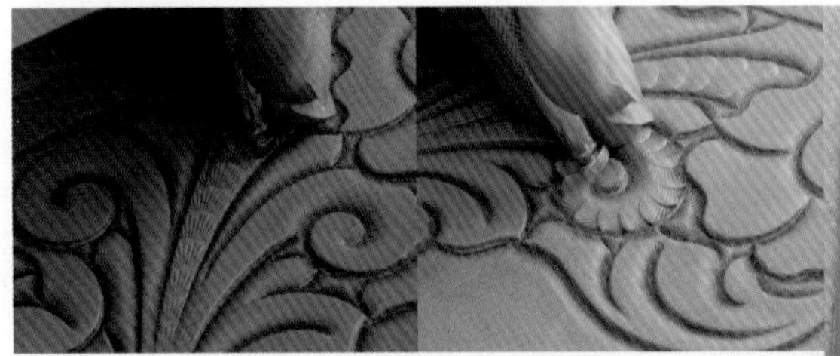

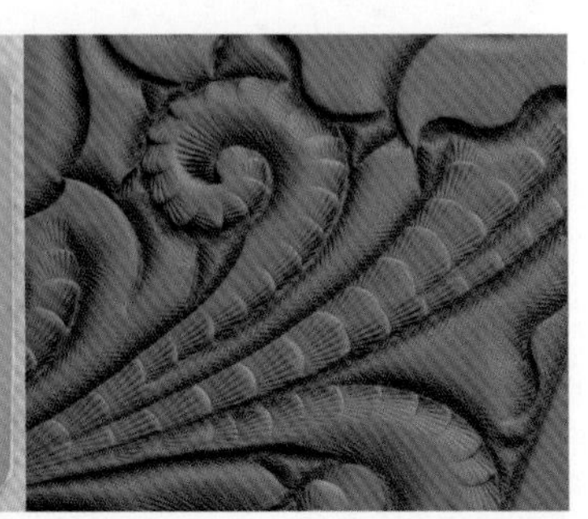

迷彩装饰刻是让茎部看起来更生动逼真的技法。刻时要注意角度。

▶ 影刻 / 着色刻

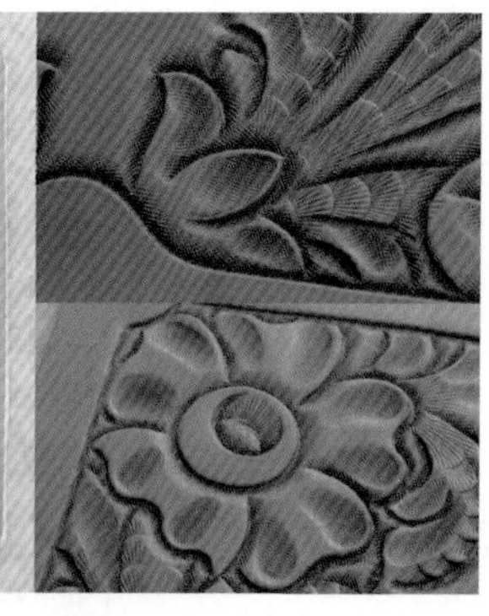

影刻即在花瓣和叶子上雕刻以呈现出影子状的技法。通过影刻形成的阴影可以让图案更有立体感。

▶ V 字刻 / 三角刀刻

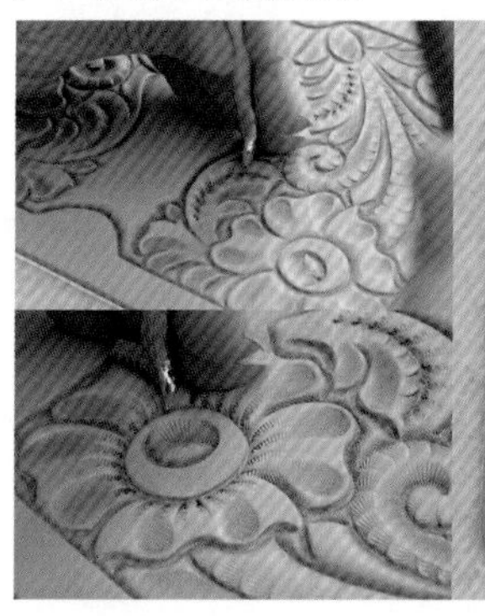

V 字刻和三角刀刻是雕刻花瓣、叶脉等比较细致部分的刻印法。固定的叶脉雕刻法为，一侧用迷彩装饰刻法，另一侧用 V 字刻或三角刀刻。

▶ 种子刻

种子刻是用于花蕊或圆形中央的刻印法。为了不让花蕊部分有重叠，刻印时注意靠边刻。

▶ 单蹄刻

单蹄刻是修饰茎部较细致部分的刻印法。用不同角度刻印可以营造出立体感。

▶ 背景刻法

背景刻法是将图案的背景部分涂黑的刻印法。通过将背景涂黑，可以让图案更显眼。

▶ 垫刻

垫刻多用于图案以外部分的雕刻。如图，刻印在左右两边图案的中间部分。

▶ 完成刻印

用旋转雕刻刀做最后装饰，这部分可以彰显出制作者的个性。但是过度装饰会让图案看上去过于繁琐，所以适当加入即可。

▶ 背景部分的染色

用染料将背景染成黑色，这样可以让图案更加耳目一新。

▶ 皮革保护剂和仿古染料

01 在整个图案涂上皮革保护剂。这是为了防止仿古染料过多渗入皮革而涂的保护膜液剂。

02 用牙刷将仿古染料刷到图案上。

03 用干燥的纱布擦拭并再次涂上皮革保护剂。

在刻印部分留下的仿古染料让整个图案更有立体感。最后涂上的皮革保护剂是用来保护仿古染料层的，不涂的话仿古染料会脱落。

~ 制作者介绍 ~

轻松享受制作过程

皮革可以制作的物品种类很多，装饰性或实用性的。皮革非常结实，作品可以长期使用，在使用过程中还会逐渐显现出其经年变化的特有风味，很少有材料可以做到这一点，这也是皮革特殊魅力所在。

而皮革手工的另一大乐趣，在于小小地改变作品的要素，就能使成品效果有很大的风格转变，例如改变缝线的颜色、粗细，调整针脚间距，甚至是变换皮革的质感。此外，皮革的可塑性很好，容易让制作者想象的形状变为现实。

也就是说，皮革手工可以让制作者同时体验到“制作的乐趣”和“使用的乐趣”。在本书中设计并制作了各种单品的我们也非常享受这个过程。衷心希望阅读本书的读者们也可以感受到我们想传达的乐趣并享受皮革手工制作。

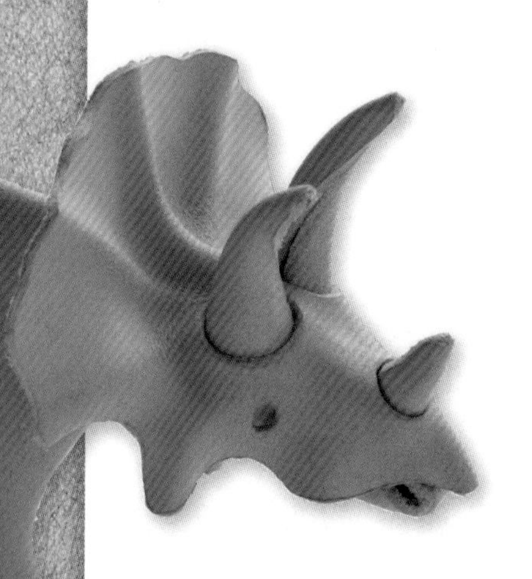

本山知辉 先生

本书中，本山先生介绍了皮革手工的基础做法、设计了烫印的图案、恐龙的立体造型，还有复杂的制作技法。他向读者们传达了皮革手工的制作技巧及多种魅力。

明确目标，耐心练习

提高皮革手工的诀窍就在于耐心。概括来说就是要肯花时间，因为皮革手工绝不可能在短时间内变得非常熟练。即使最初制作的作品质量不尽如人意，也要告诉自己“一开始都是这样的”“总会越来越好的”，并耐心地继续练习。自认为比较手巧的读者也应该以谦虚的态度不断取得进步。

在舍得花时间的同时，在费用方面也不应该过分节省。当然，每个人都有自己的预算，但是制作时如果缺少需要的工具会很不方便，也会让制作过程不尽人意，或是成品效果有所欠缺，或者皮革手工技术的进步放慢等情况。如果想要一直在这条路上有所专研，就应该积极投资并掌握更多制作技巧。

成功是没有捷径可走的，需要不断的尝试和练习。在制作自己喜欢的物品之前，先练习制作比较简单的物品不仅可以高质量完成，还可以凸显自己的个性。为此，在制作前需要具体思考想要制作的作品和所需的制作技巧，而不能笼统地随意决定。作为教授皮革手工的一方，对于制作目标明确的人也可以给出更准确的建议。

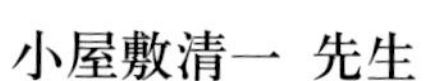

小屋敷清一 先生

小屋敷老师长期在手工艺品学园担任讲师，是一名有着丰富经验的制作者。在本书中，他向我们展示了细致但有力的雕刻技术，采访中谈到的提高能力的诀窍也让人受益匪浅。

part-5

基础技法

本章中将使用浅显易懂的方法集中介绍皮革手工的基础技法。为了能顺利进行制作，需要先掌握这些技法，这样在制作比较复杂的作品时也不会慌张了。第一次进行皮革手工制作的读者请仔细阅读本章。

手工缝制的基础

在皮革手工中，手缝是非常重要的工序。这里要介绍的是最基础的手缝方法。掌握之后就可以进行本书中所有物品的缝制，还可以手缝原本需要缝纫机的单品。改变缝线的颜色或种类，或齿距（齿与齿之间的间隔距离）都会让作品效果不同，您还可以尝试各种颜色组合以找到自己中意的配色。

描线

首先要将纸型描至皮革上。使用植鞣革时，要用圆钻在皮革正面先描出纸型的边缘。这种方法就叫作“描线”。

使用工具

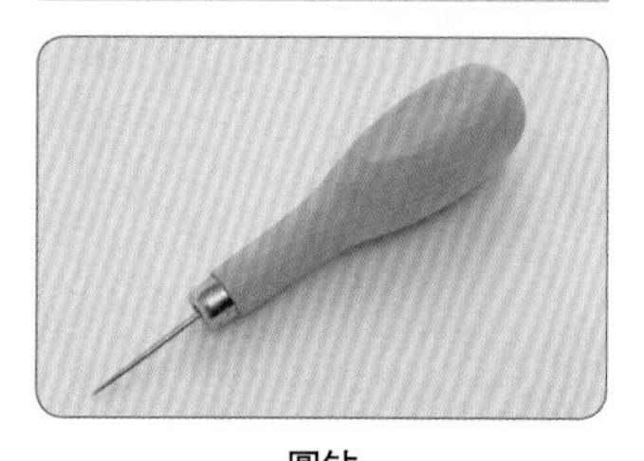

圆钻
用于在皮革表面描线。铬鞣革比较柔软，难以留下记号，也可以使用水银笔。

01 将纸型贴至硬板纸或描在另一张纸上。形状有偏差会导致无法正确制作，所以注意描线时要仔细。

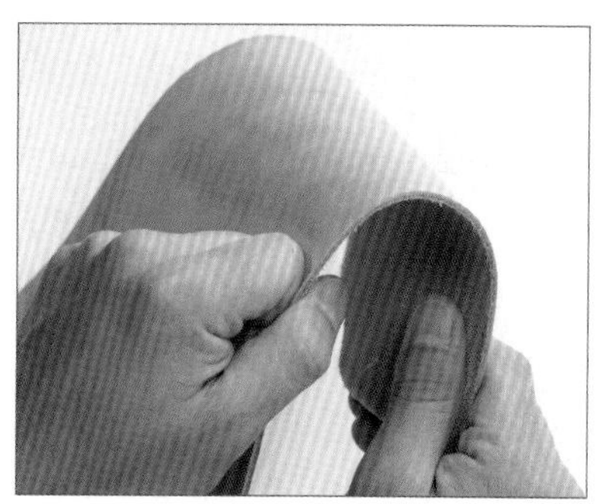

02 确认皮革的纤维方向，以正确制作盖子等需要弯折的配件。

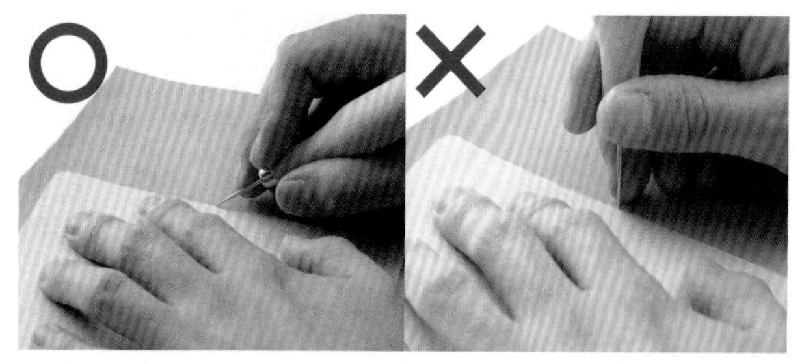

03 用圆钻在皮革正面描出纸型。注意圆钻太过垂直会钩坏皮革。

图中浅白色的线就是用圆钻临摹纸型描出的线。

04

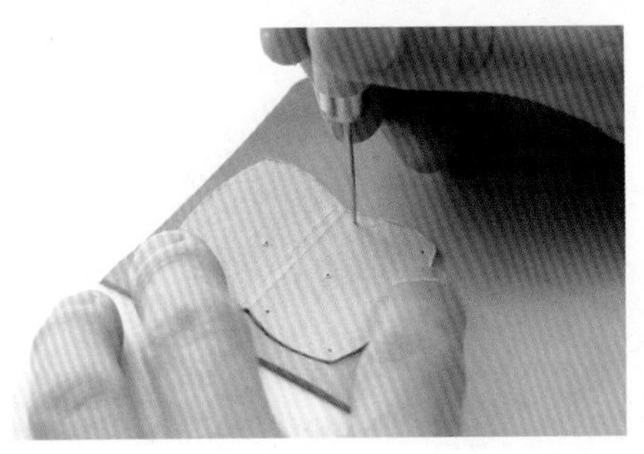

用圆钻以如图方式画出手缝的基准点及打孔位置。

05

图为描刻完成的轮廓线、基准点和打孔位置。

06

裁断

裁断工具主要有刻刀和皮革刀等等，您可以自由选择喜欢的工具。本书中基本使用的是裁皮刀。

使用工具

裁皮刀

裁断时使用的刻刀。

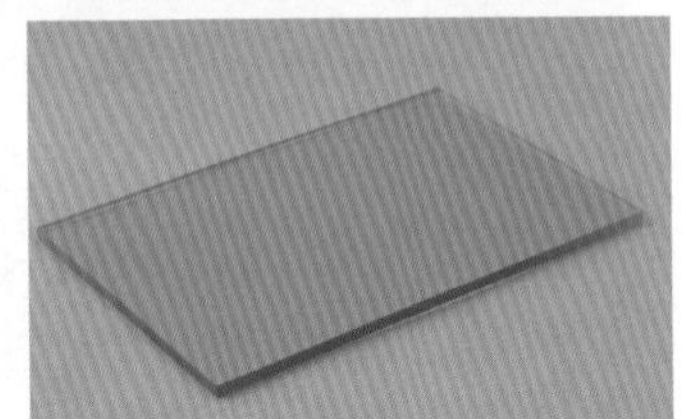

塑料板

垫在皮革下方使用。

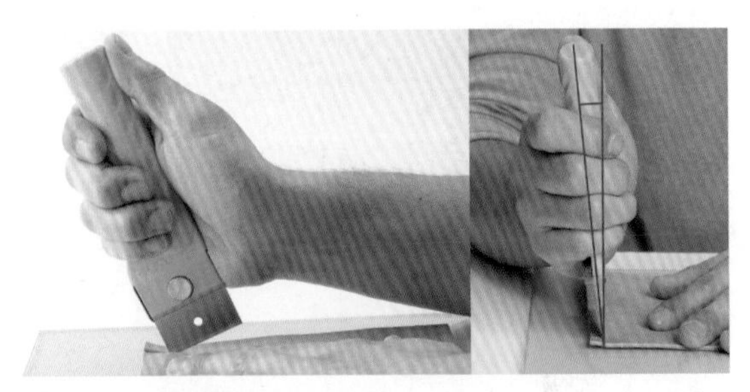

01 图为正确的裁皮刀握刀手势。将刀刃一侧与切口垂直，刀身稍稍向外侧倾斜。

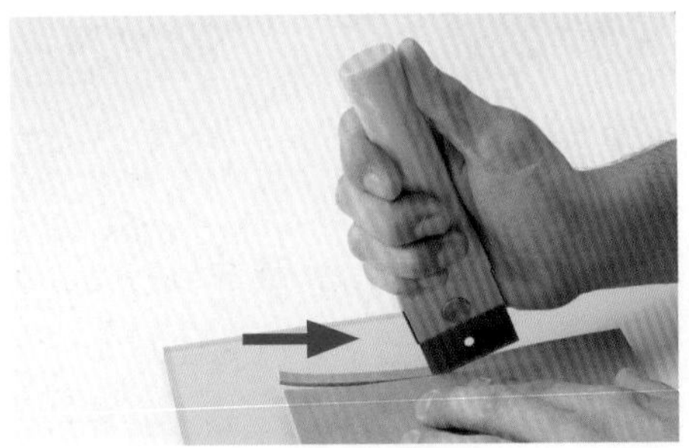

切割直线时，将刀刃尽量贴近皮革可以防止切歪。

02

在剪裁终止处，可以将刀刃像切割一样压切下来。

03

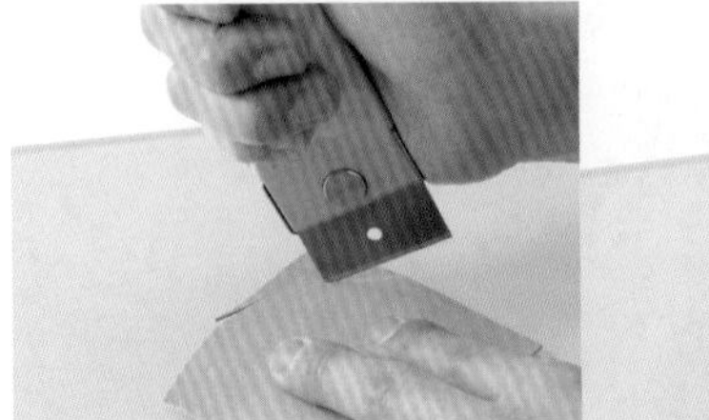

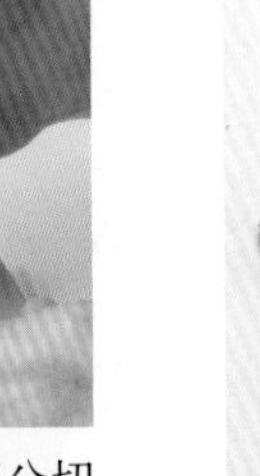

04 刻弧线或圆形时，将刀刃立起来，尽量用转角部分切割。此外，还可以保持裁皮刀不动，转动皮革来切割。

图为切割出的配件。将其与纸型对照，确认是否切割正确。

05

床面处理

不贴衬里，直接使用的植鞣革，床面需要用床面处理剂打磨。

使用工具

床面处理剂
用于打磨床面和皮边的床面处理剂。

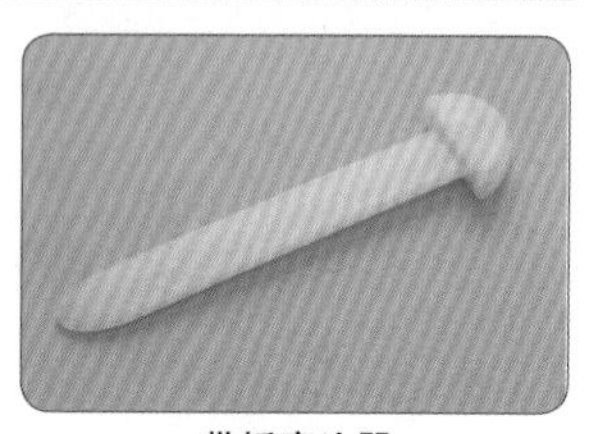

带板磨边器
用于打磨床面和皮边的常用打磨工具。

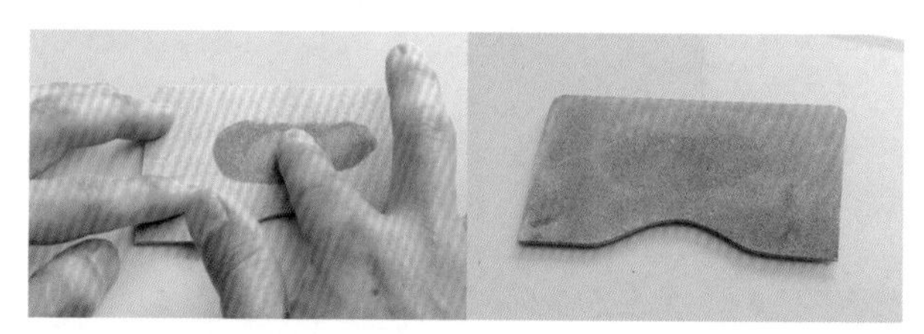

01 用手指蘸取少量床面处理剂，并在床面上涂开。请注意不要沾到皮革正面，否则会留下斑痕。

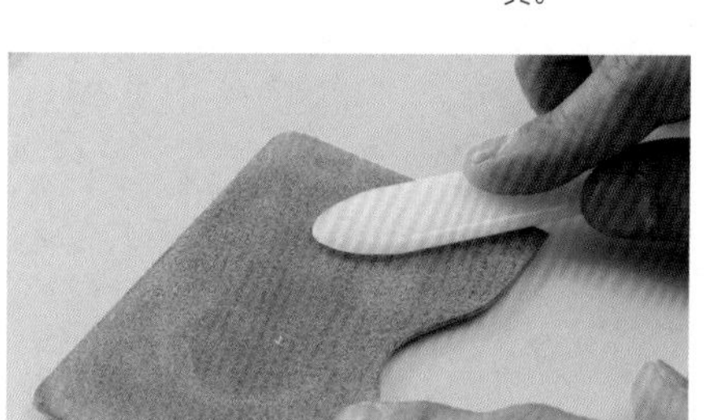

干燥之前用带板磨边器打磨至皮面变得光滑。

02

POINT!

需要打磨的床面范围较大时，用玻璃板会更加方便（皮革手工专用）。

皮边处理

植鞣革的切口，即皮边需要打磨润饰。制作时要分清哪些皮边必须在缝制之前打磨，哪些皮边是缝制完成后才能打磨。较薄的皮革用磨砂棒轻轻摩擦即可。

使用工具

①**削边器**　削落切口边角革的刀具。
②**磨砂棒**　两面都是粗糙的锉面。
③**橡胶板**　作为垫板使用。
④**棉签**　涂抹床面处理剂时使用。

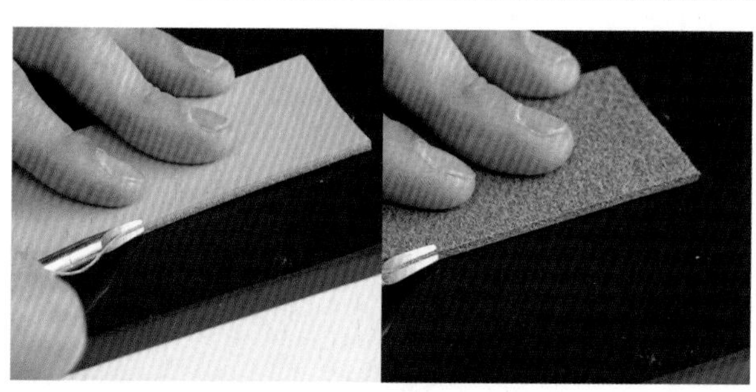

01 用削边器削掉皮革正面和床面的边角革。刀刃宽度有 0.8 毫米、1.0 毫米，根据皮革厚度选用。

用磨砂棒打磨削边留下的痕迹，将皮边磨成圆润状。

02

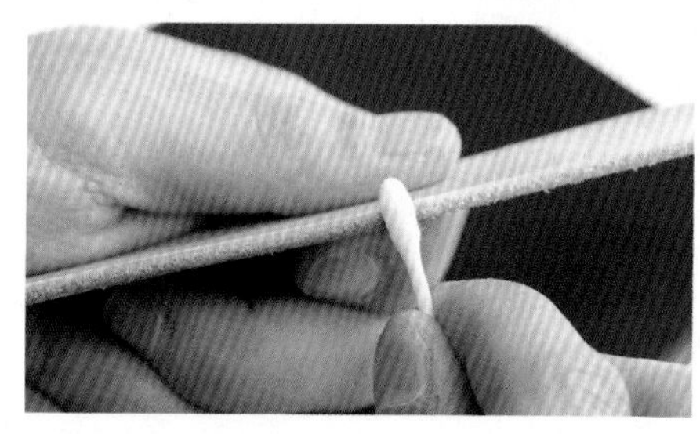

用棉签在皮边涂上床面处理剂。注意不要涂到皮革正面。

03

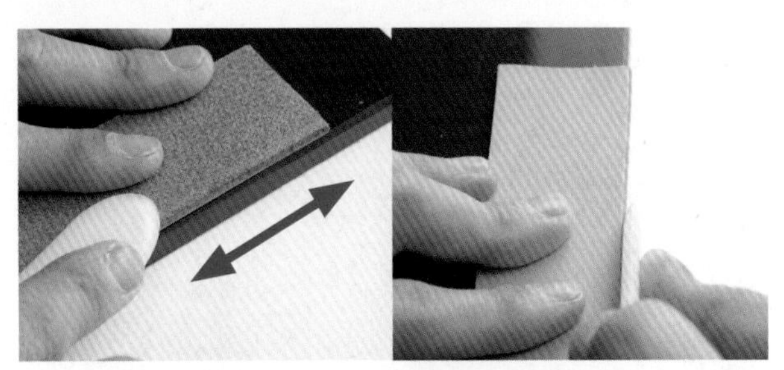

04 图为使用带板磨边器打磨皮边的基本方法。先在床面一侧斜着摩擦，再在正面一侧斜着摩擦。

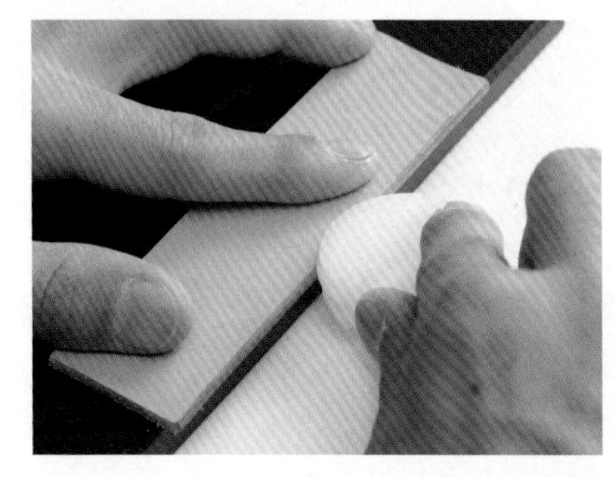

最后用沟部沿皮边方向（横向）打磨。皮革较厚时使用带板磨边器打磨。05

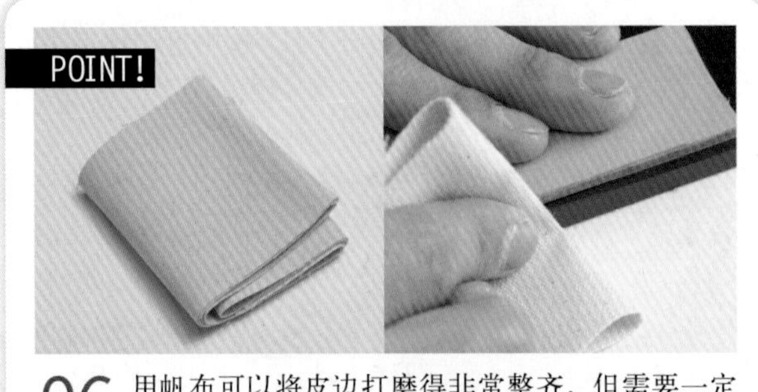

06 用帆布可以将皮边打磨得非常整齐，但需要一定技巧，可将皮革置于橡胶板上，用力摩擦。

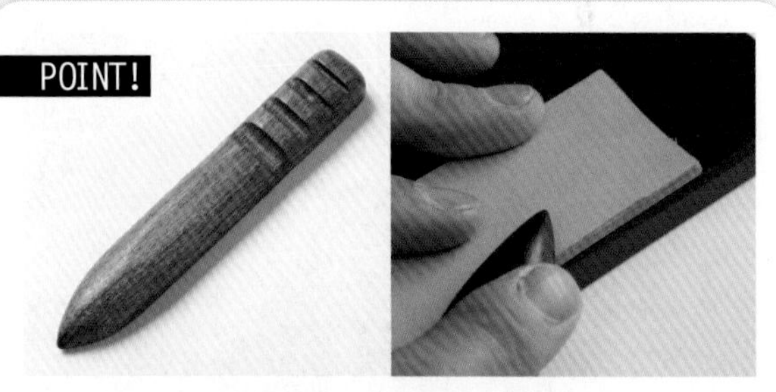

07 木刮刀是木制的打磨工具。操作简单，用顶端和沟部可以有多种打磨方式。

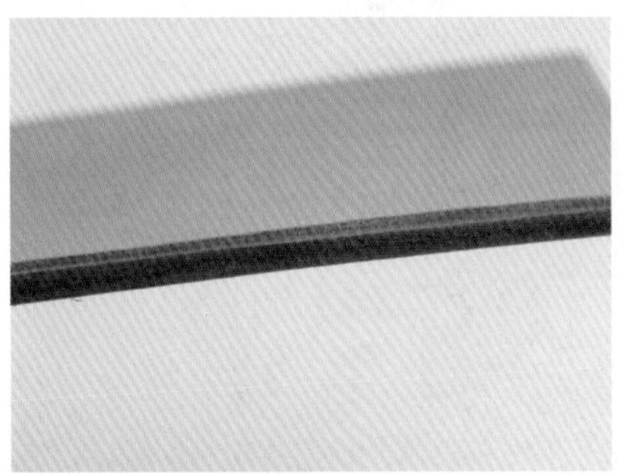

图为完成打磨的皮边。打磨时要磨到没有翘毛并且表面光滑为止。08

在组装配件之前，要考虑好哪些皮边需要先进行打磨。09

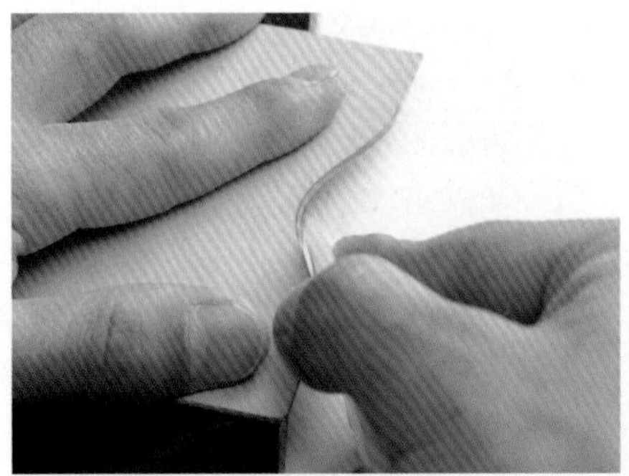

制作这个卡套时，需要先打磨袋口。10

袋口需要先进行打磨的原因是组装后，这些皮边很难被打磨。11

贴 合

贴合各配件需要使用黏合剂。用强力胶可以在干燥之前进行微调，但橡皮胶是无法调整的，所以贴合时一定要慎重。涂抹黏合剂时注意尽量涂得薄一些。

使用工具

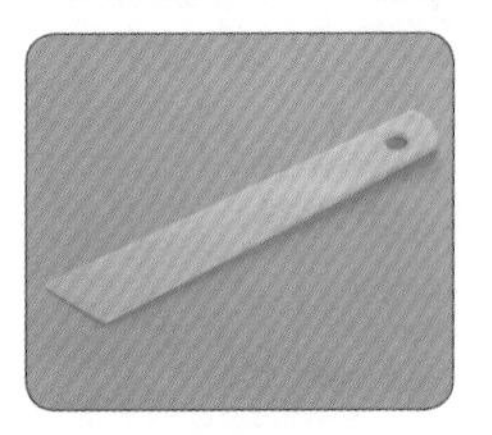

上胶片
涂胶水时需要用到上胶片。有比图中尺寸更大的上胶片，请根据需要选用。

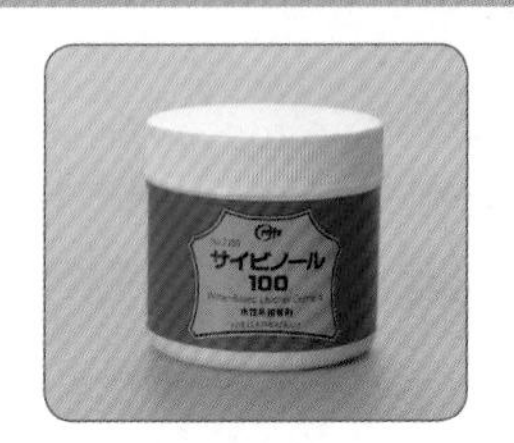

强力胶
本书中最常用的胶水。涂在皮革上，在干燥之前进行贴合。

橡皮胶
合成橡胶型胶水。涂在皮革上，晾干至胶水不太黏时进行贴合并按压。

橡胶胶水
用于暂时固定及贴合衬里，是黏性较弱的天然橡胶型胶水。涂在皮革上，干燥后进行按压。

Three dyne（橡胶胶水的一种）
用于暂时固定及贴合衬里，是黏性较强的天然橡胶型胶水。涂在皮革上，干燥后进行按压。

将各配件组合在一起，用圆钻在贴合部位轻轻地作出标记。

01

以步骤01中的标记为基准，用磨砂棒磨出3毫米宽的缝边。

02

边缘为白色的部分是缝边。皮面经床面处理后，黏着剂会变得容易剥落。

03

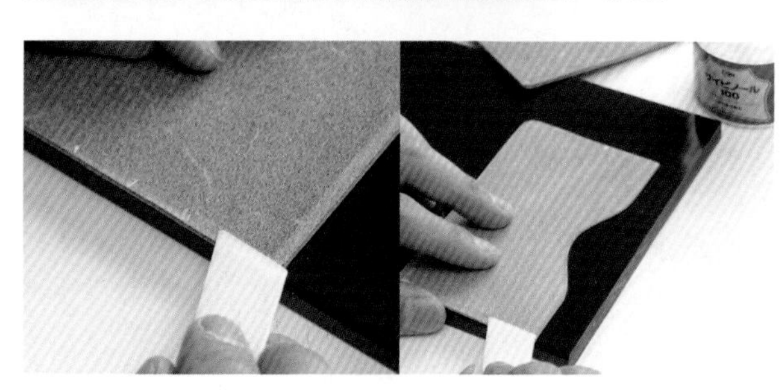

04 在缝边部分两侧3毫米范围涂上黏着剂。强力胶干燥后会失去黏性，所以要用上胶片快速涂开。

将边缘对齐并贴合。

05

确认贴合紧密后用带板磨边器按压。

06

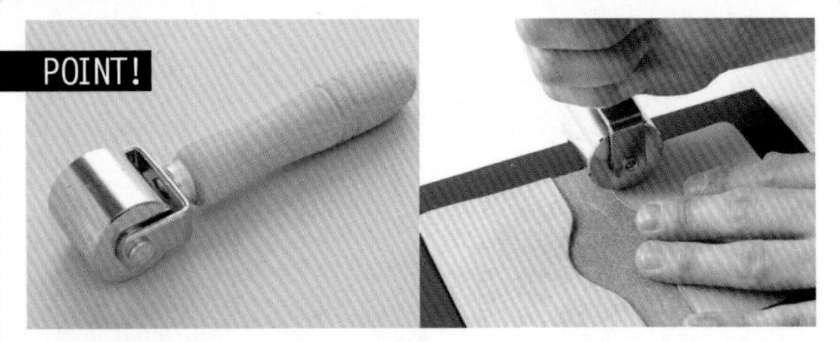

用滚轮可以按压得更紧密。由于滚轮是金属制品，使用时注意不要损伤皮面。

在皮革正面进行贴合时，贴合部分先用磨砂棒打磨。

07

在缝边处涂上强力胶并贴上配件。在贴合前如果不先打磨，会让配件容易剥落。

08

强力胶干燥后，用磨砂棒将贴合后皮边的段差打磨平整。

09

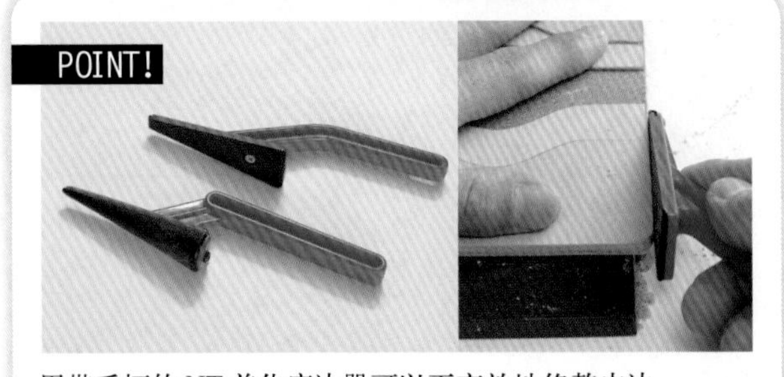

用带手柄的 NT 美化磨边器可以更高效地修整皮边。

需要修整的面积较大或是几张皮革叠在一起形成的较厚皮边时，可以使用豆刨子削边修整。

黏合剂的挑选方法

本书中使用的强力胶是黏性较强的常用胶水，几乎可以用于所有物品制作。但是，在硬化后皮革会变得没有张力，所以在制作使用较软皮革的衬里时，推荐使用橡胶型胶水。此外，在安装金属零件等其他材料时，需要使用粘性较强的橡皮胶。使用缝纫机时，为使缝针能更顺畅地穿过皮革，需要使用橡胶胶水或 Three dyne（橡胶胶水的一种）请读者根据需要挑选最适合的黏合剂。

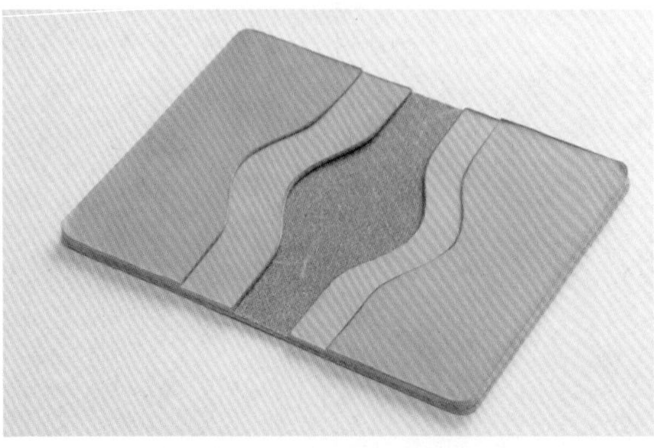

完成边缘的修整后，贴合工序就结束了。

10

打缝孔

手缝时，用菱錾先打出缝孔。通过改变菱錾的齿距（齿与齿之间的间隔距离），可以让针脚呈现出不同效果。

▶ 划线

使用工具

带板磨边器
可以用顶端的沟部划线。

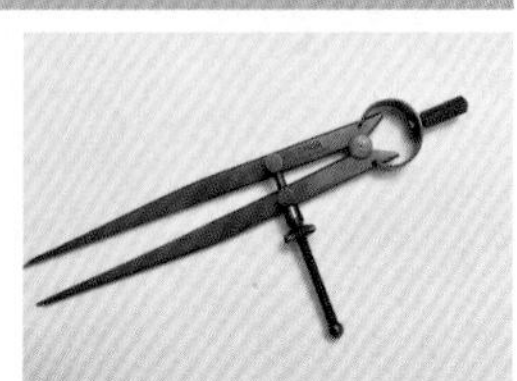

圆规
非必需工具，但是用它可以将线划得更准确。

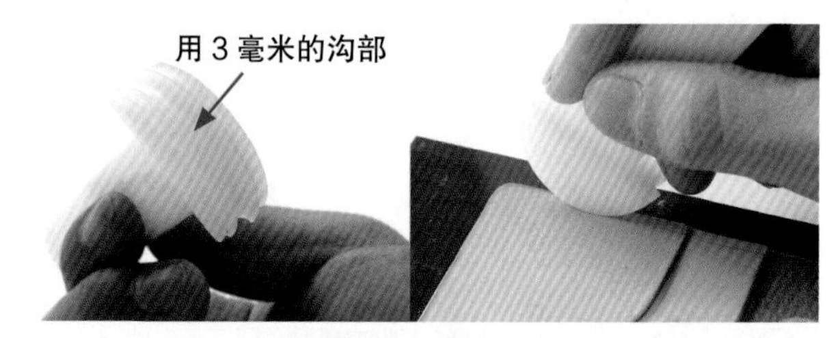

01 用带板磨边器的沟部划出缝线。厚度在 1.5 毫米以下的皮革则要在正反面都划线。

02 厚度超过 1.6 毫米的皮革则要用边线器刻出缝线。如上中图，将边线器的螺丝拧松，对着尺量好宽度后再拧紧。

03 将边线器的角度固定并刻沟（角度不同刻出的深度也会不同，所以要以相同角度刻沟）。

▶ 打孔

使用工具

①**菱錾**　打出菱形缝孔的工具。　②**圆钻**　用于打基准孔。　③**橡胶板**　使用菱錾时垫在皮革下方。　④**毛毡**　垫在橡胶板下方。　⑤**木槌**　用于敲打菱錾打孔。

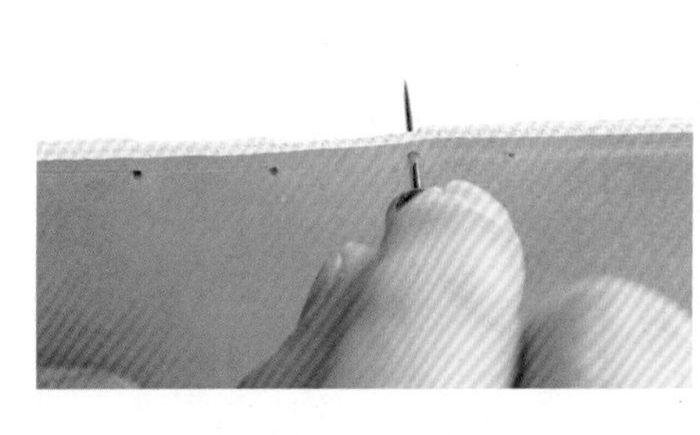

将“手缝起始点及终止点”“转角处”和“段差边缘”为基准点用圆钻打孔，这样可以让孔不显眼。

01

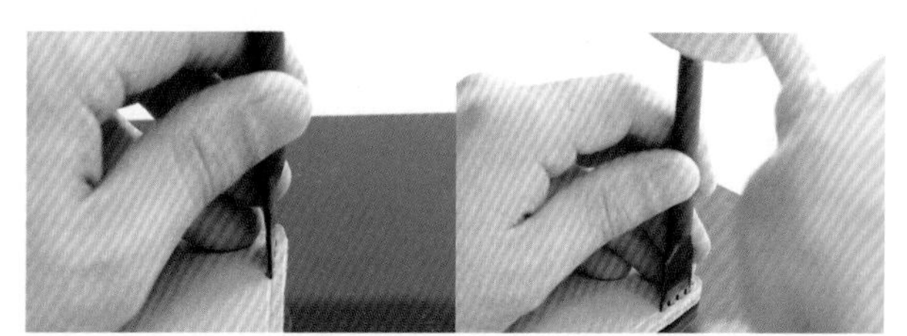

02 将菱錾垂直置于皮革上方，并用木槌敲打。如果菱錾倾斜就无法打出准确的缝孔。

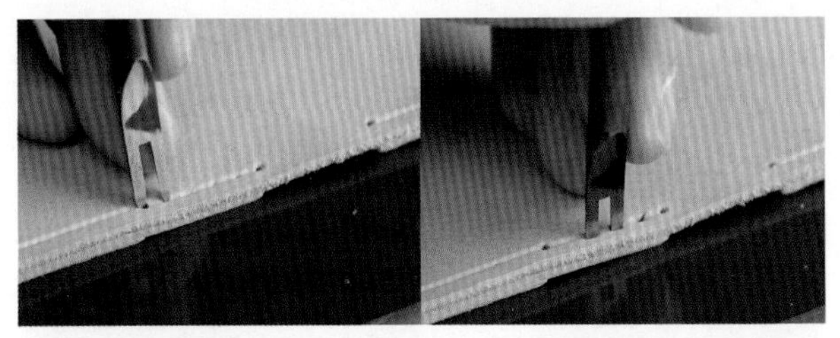

03 两个基准孔之间距离较短时，调整好缝孔之间间距，不要差得太多。

04 在基准孔之间用菱錾打孔。直线部分用 4 齿菱錾，将最旁边的齿插入前面的最后一个孔使间距相等。

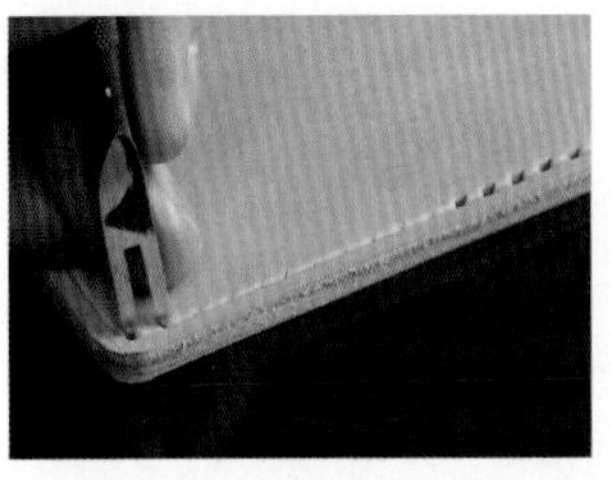

05 在打孔至距下一个基准点还剩约 10 孔处暂停打孔，微调之后再进行等间距打孔。

转角曲线部分用 1 齿或 2 齿的菱錾打孔。

图为完成打孔的状态。打完后确认每个孔是否都打通。

06

缝 合

将缝线穿过缝孔进行缝合。这里是将麻线过蜡后使用，您也可以选先打过蜡的尼龙线。

使用工具

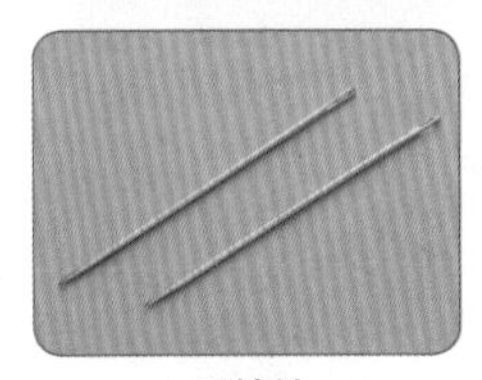

手缝针
有多种长度和粗细可供选择，套装中的针是细圆针。

线
软麻线，需要过蜡后使用。

蜡
用来涂在麻线上的蜡。它可以让线更结实，且不易起毛。

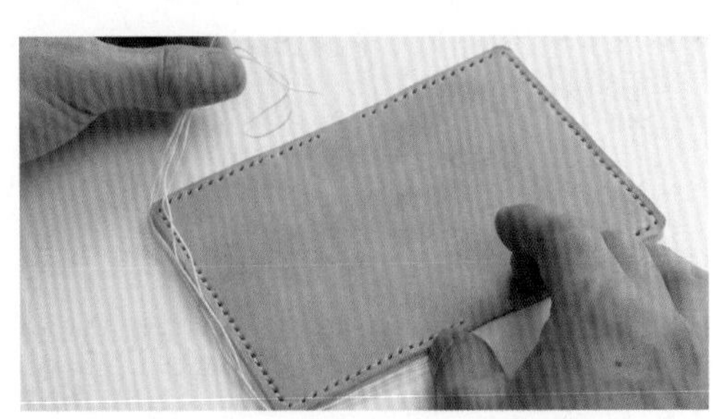

01 根据需要缝制的皮革厚度不同，需要的线长度也不同。通常缝线长度是缝制距离 4~5 倍。

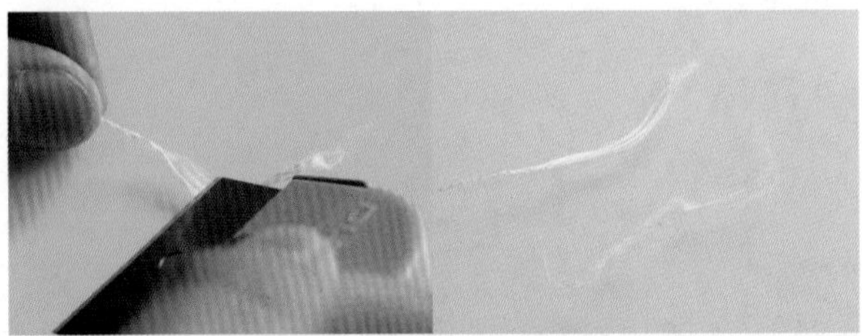

02 用裁皮刀将线的一头裁开，这样可以让线头在过蜡后变细，比较容易穿过针眼。

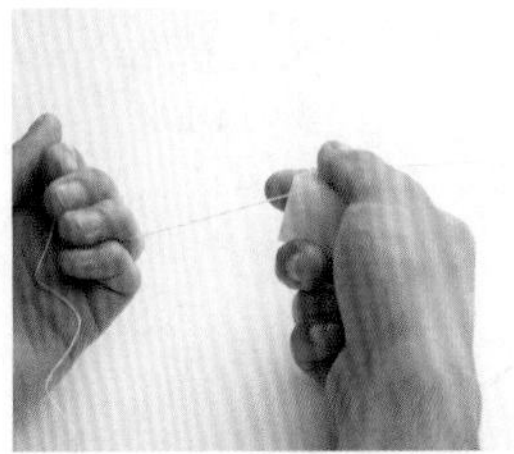

03 将线按在蜡上向一头拉，直至如上右图状态。这个工序叫作“过蜡”。

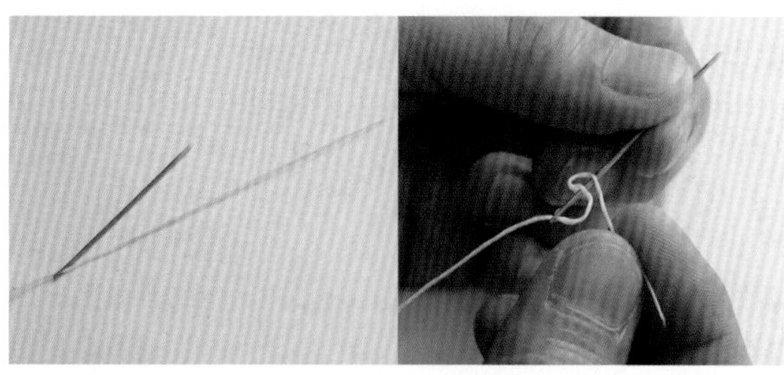

04 将完成过蜡的线穿过针眼，然后如上右图，将缝针插入缝线两次。

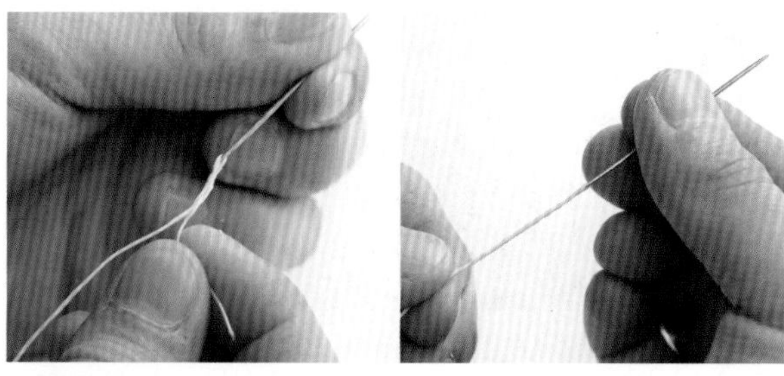

05 将上一步中刺穿的线拉至针的后部（针眼处），与原来的线合并成一股线。

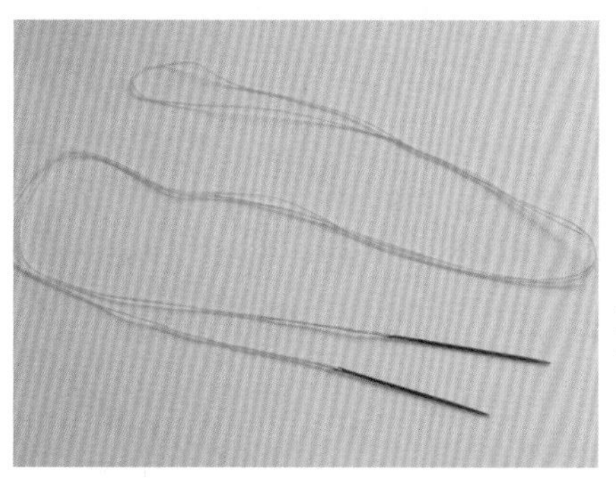

如图，缝线的两头都穿好针。

06

07 一般情况都先回缝再开始缝制，所以将线从起始点开始第三个孔穿出，左右留出相同长度。

08 将皮革内侧朝向左边，并从内侧将针穿出。先朝起始点方向缝。

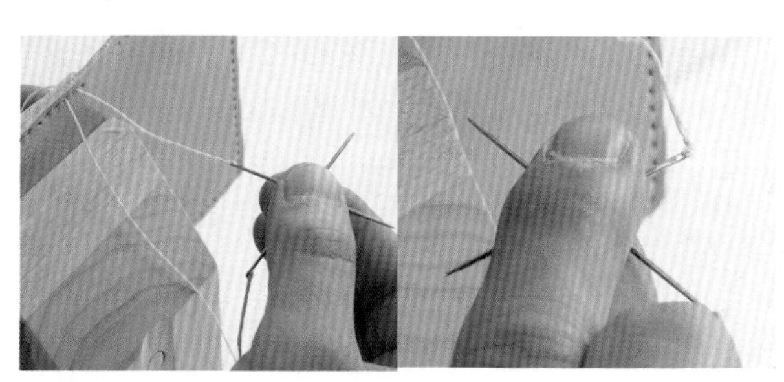

09 将左侧的针与右侧的针重叠并将线拉出，再将两根针转向，右侧的针穿过缝孔。

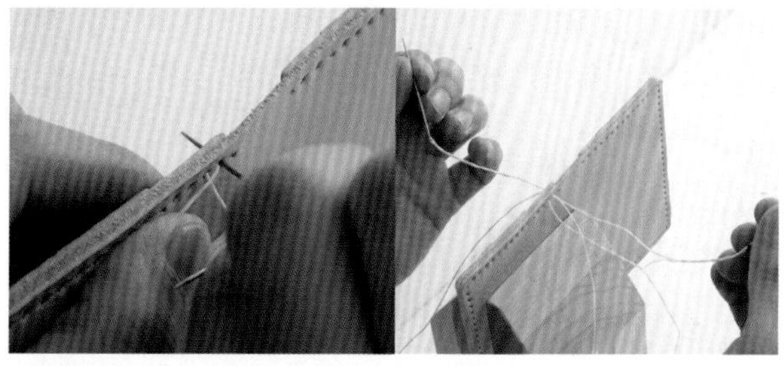

10 将右侧的针穿过上一步左侧针穿过来的孔，然后将线拉紧。

缝回起始点。线的松紧要根据皮革的厚度和硬度来决定，注意用力均匀，不要勒到皮革。

11

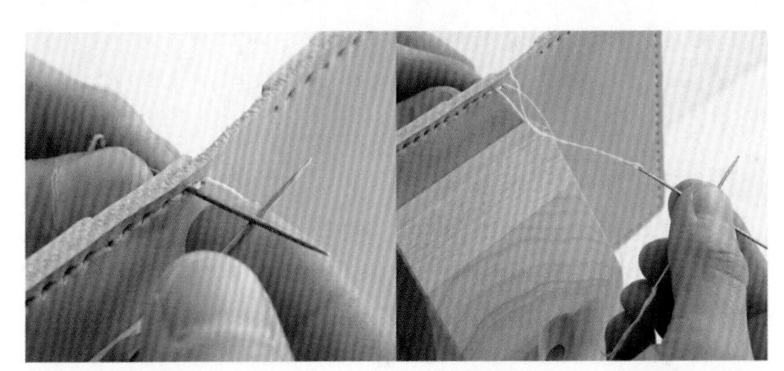

12 接着朝逆向缝制。方法与步骤[08]相同，从内侧（左侧）将针穿至外侧，并放在右侧针的下方一起将线拉出。

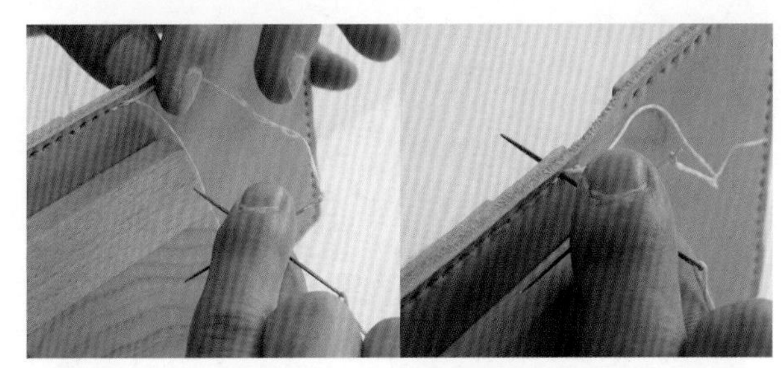

13 将两根针转向，右侧的针穿过同一个缝孔。刺到缝线会让其散开，所以要从线和孔之间的缝隙穿针。

14 回缝的部分会呈如图的两股状。接着重复步骤[12]和[13]进行缝制。

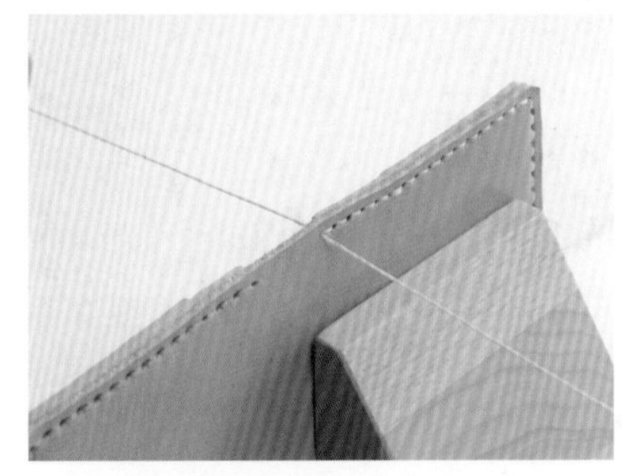

缝到终止点后，再回缝 2 孔。

15

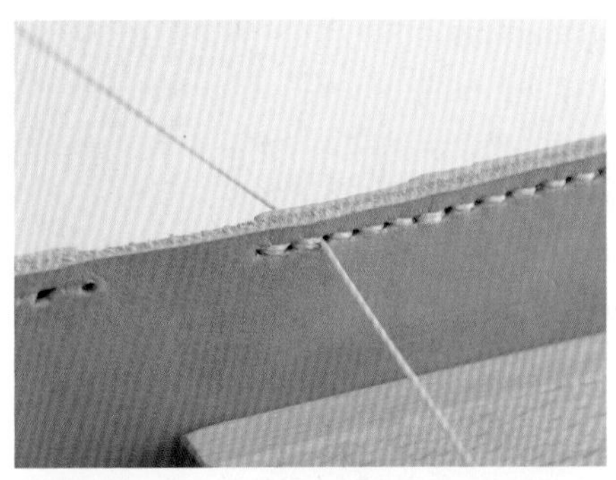

图为从终止点回缝 2 孔的状态。缝制结束时线应在皮革两侧。

16

将皮革两侧多余的线剪断，且尽量剪到头。

17

线头处理完成后应为如图状态。

18

用木槌侧面轻轻敲打针脚处，使其平整。

19

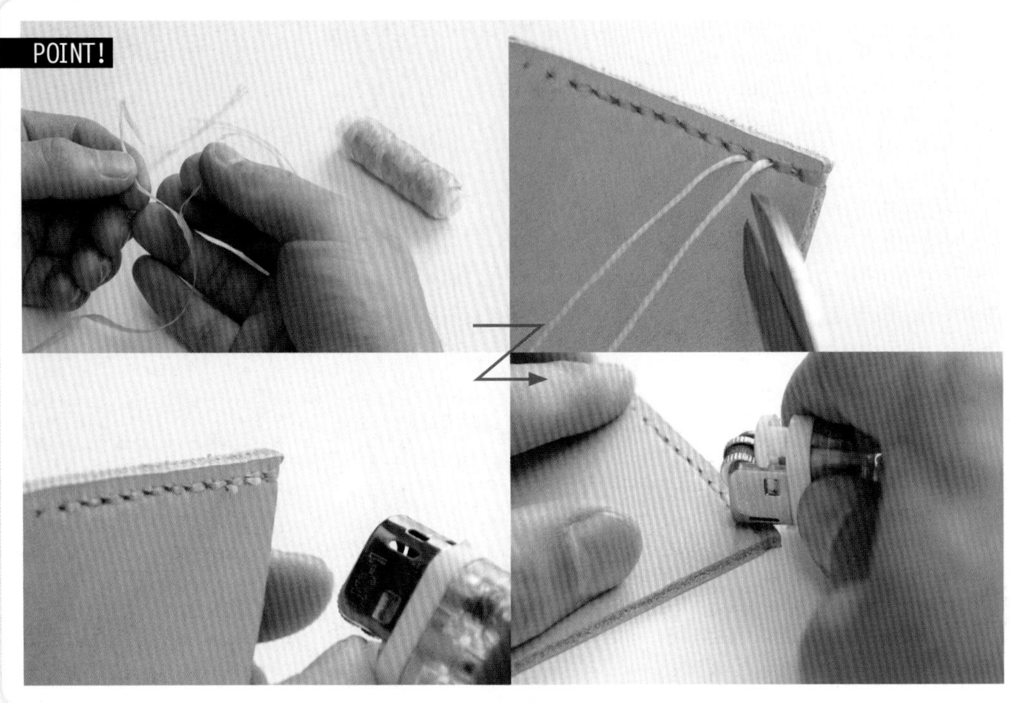

以腱线为代表的化学纤维缝线也经常被使用。化学纤维的线大多生产加工时已上蜡，所以不需要再进行过蜡。腱线可以分为好几股使用，可以根据需要的粗细撕开。尼龙线的线头处理方法为，2 孔回缝 / 倒针脚缝后将线从内侧穿出，留下约 2 毫米并剪掉其余部分，再用打火机烫一下。

皮边处理

修整最后缝合部分的边缘并打磨润饰。方法为用削边器和磨砂棒修整成形，再用床面处理剂。

01 用削边器将缝合部分皮边的边角削去。

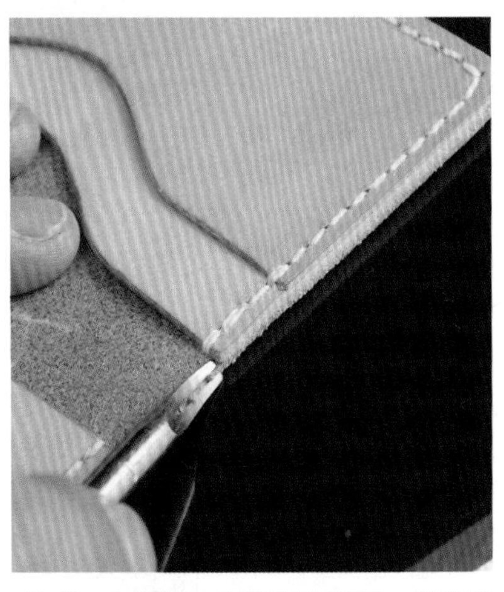

02 内侧的边角革也要削掉。有高低差的部分则整个削去。

03 用磨砂棒将缝合部分的皮边磨平。

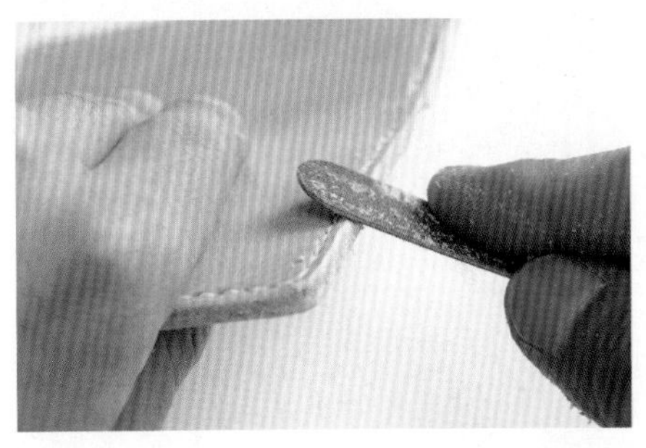

用磨砂棒将完成削边的皮边磨出圆弧状。

04

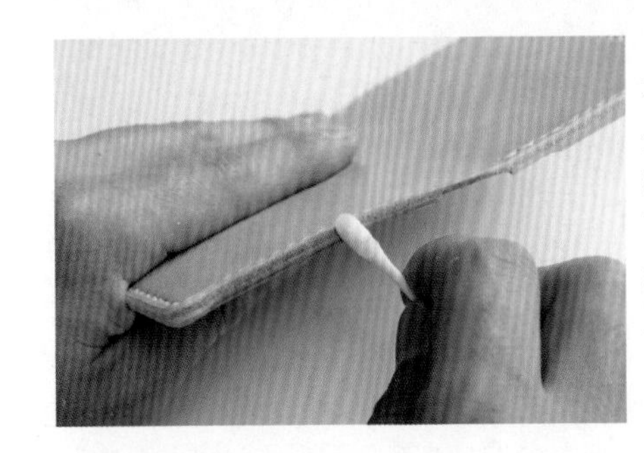

在边缘涂上床面处理剂。如果涂到皮革正面会留下斑痕，两侧都是正面时一定要更小心。

05

皮边需要染色的，注意要在涂床面处理剂之前染色。用棉签等涂抹均匀。

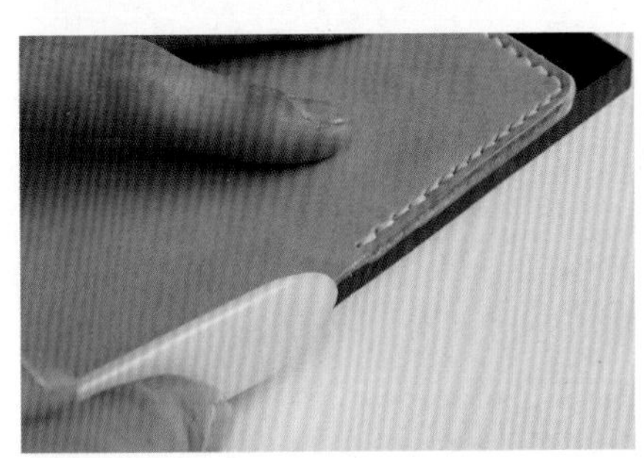

打磨涂过床面处理剂的皮边。按照内侧、外侧再中间的顺序打磨。

06

图为完成皮边打磨后的状态。给合成革的皮边染色时，选用比皮革本体颜色稍深的颜色效果更佳。

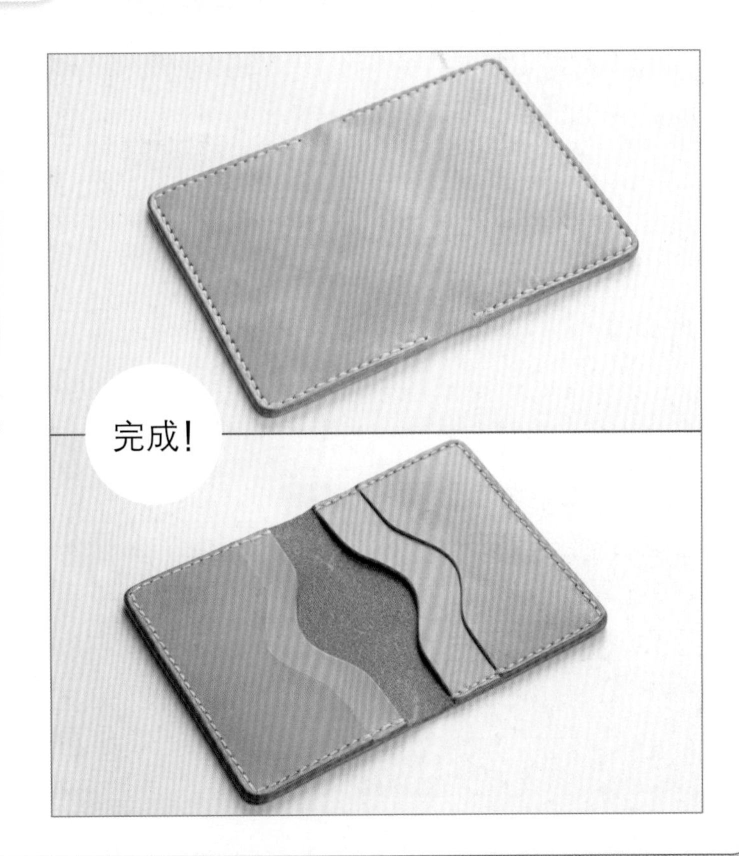

完成!

包 边

“包边”是皮革手工的基础技法，与手缝技法同样是必须掌握的，它还可以作为装饰法运用。通过包边，可以让作品更加美观，呈现出与手缝完全不同的效果。这里要介绍的是基本的操作方法、基础的“卷边缝”法及稍稍复杂的“十字包边”法。注意缝制时分为两种情况，即缝制起止点分开的情况，或连在一起的情况，不同情况下它们的缝制顺序会有所不同。

使用工具

打孔锥或菱錾

用于打穿线的缝孔，根据皮绳尺寸选择齿的大小。

皮绳

使用宽度为 2~3 毫米的牛皮绳。注意选择与皮绳同样宽度的皮革针和打孔锥。

皮革钻

用于撑大缝孔、塞入皮绳等。

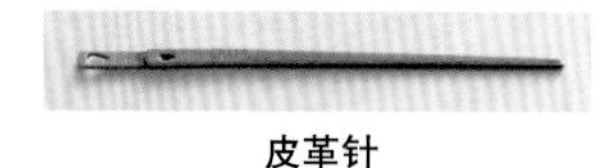

皮革针

皮绳专用针，根据皮绳宽度选择。

木槌

用于打孔及压平针脚。

基本操作

将皮绳安装至皮革针的方法比较特别，此外，包缝距离较长时会出现皮绳长度不够的情况，需要连接皮绳，这些基本操作方法都是必须掌握的。

▶ 皮革针的安装方法

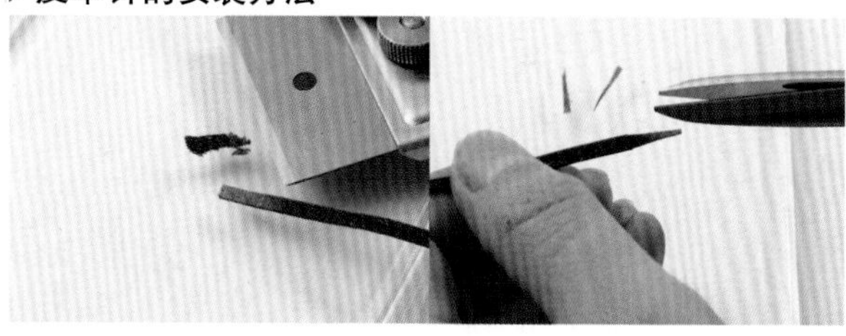

01 将皮绳一头两边斜着削薄约 1.5 厘米，形成如图箭头状。

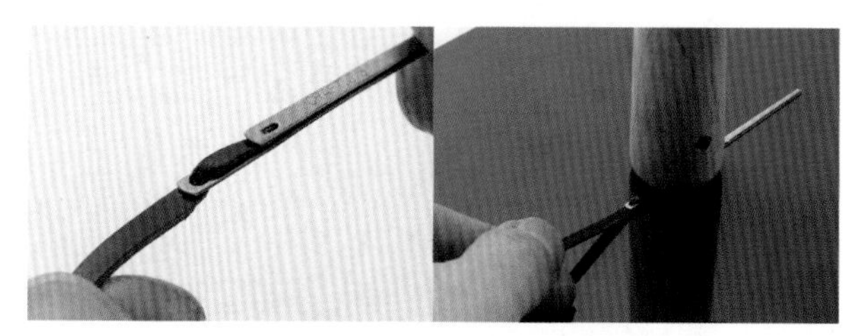

02 从内侧将皮绳穿过针眼，并用针的开叉部分夹住。用开叉部分内侧凸起的部分将皮绳顶住，用木槌的柄轻轻敲打以固定。

▶ 皮绳的连接方法

01 在包边过程中皮绳不够时，将原皮绳正面的前端斜着削掉 1 厘米，并将新皮绳床面的前端斜着削掉 1 厘米。

02 在两个切口涂上黏合剂，将切口对齐后贴合，最后用力按压。

打孔

包边的扁平缝孔要使用专用的打孔锥。打孔的顺序为先划线，再用木槌敲打孔锥来打孔，这个步骤与手缝时一样。

▶打出基准孔

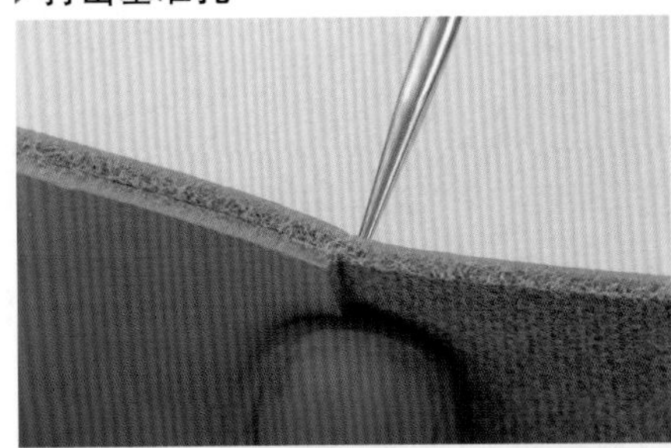

有高低差时，在高低分界处打出基准孔。先观察好内侧的高低差交接处，再用皮革钻在外侧做标记。

01

02 用单齿打孔锥在标记处打孔。注意不要切到内侧皮革。将废皮垫在下方进行操作会更方便。

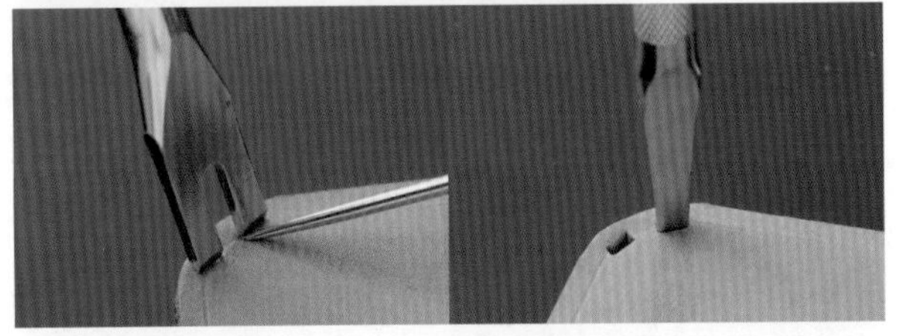

03 接着在转角处打出基准孔。用2齿打孔锥在转角处量取间隔，再用单齿打孔锥打孔。

图为在高低差交接处和转角处打完基准孔的状态。接着在这些孔之间打出间距相等的扁平缝孔。

04

▶以相同间距打孔

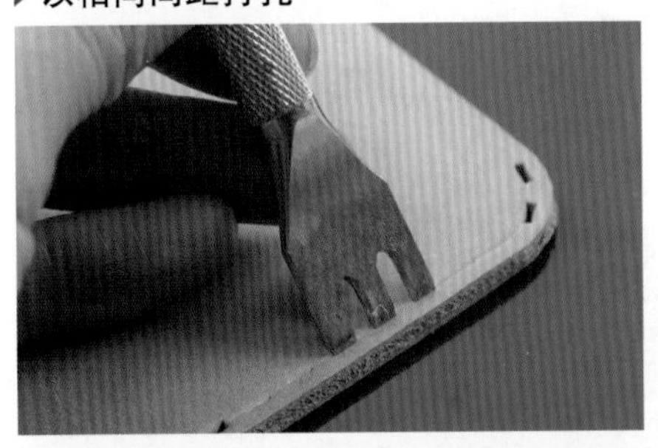

直线部分使用3齿打孔锥打孔。

01

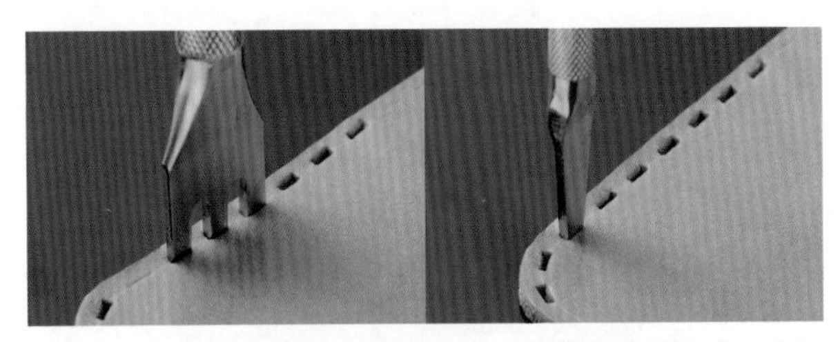

02 接近基准孔时，间距会缩小，适当选用单齿或2齿打孔锥打出间距相等的孔。

POINT!

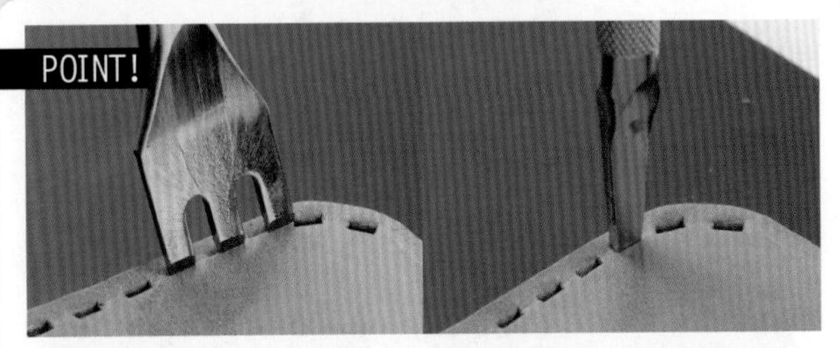

03 根据基准点之间长度不同，会出现如上左图状孔的位置重叠的情况。这时应该在数个孔之前开始用单齿打孔锥使间距尽量相等。

打孔时注意不断调整，尽量让孔之间的间距相等。注意相邻两孔太过接近会导致皮革断裂。

04

卷边缝

卷边缝是包边中最简单的一种，但是要将起始点和终止点处理完美需要一定的技巧。这里要介绍“环形缝法”和起始点、终止点非同一点的方法。皮绳准备缝制距离 3 倍的长度为宜。

▶ 环形缝法（起始点和终止点相同）

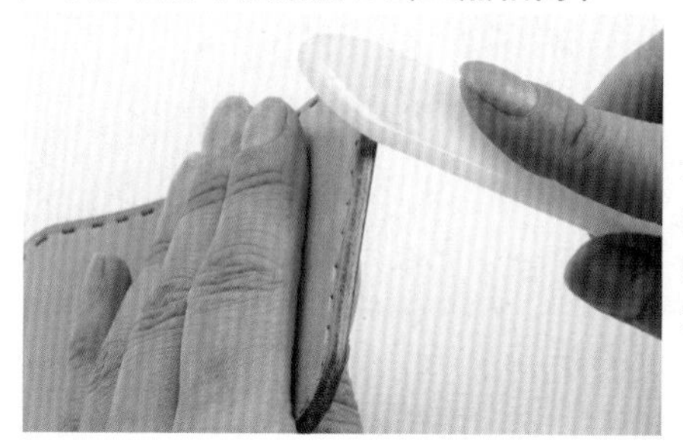

开始缝制之前，先打磨皮边。缝制完成后将无法打磨。

01

POINT!

尽量选择不太显眼的地方开始缝制。用皮革锥在起始孔处撑出缝隙。

02

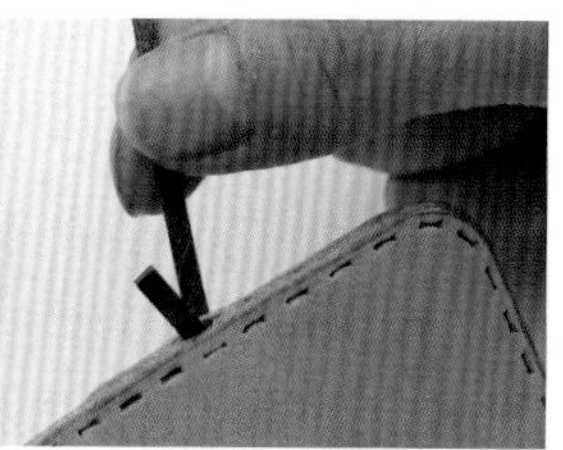

03 将针从两片皮革之间的起始点穿入，将皮绳拉至剩余 1 厘米在外面。

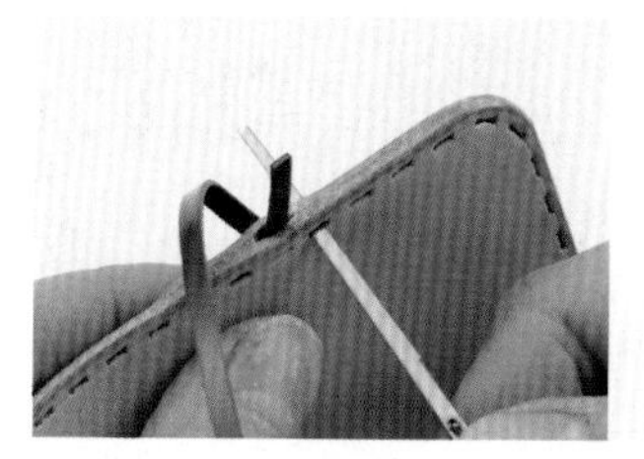

04 从另一侧将针穿入旁边的孔再拉出皮绳，并将皮绳一头包在里面。

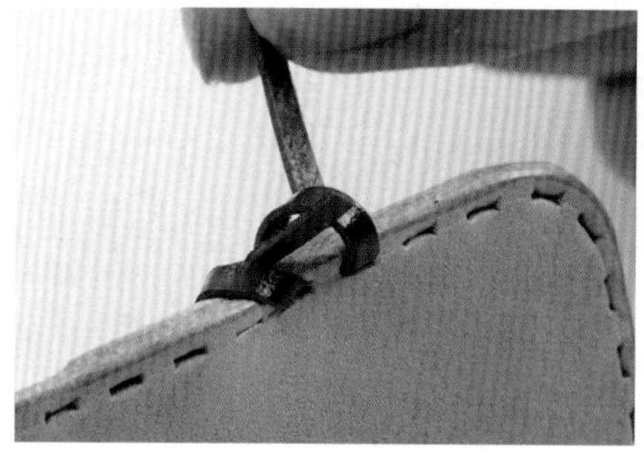

下一个孔也用相同方法卷边。缝制一周后，在终止点之前的一个孔停下来。

05

POINT!

06 将针穿入终止孔（起始孔另一侧），从皮革之间穿出并穿过前一个孔的皮革中间并拉紧。

07 将两处多余的绳头尽量剪短，涂上黏合剂并用皮革钻将其塞入皮革之间。

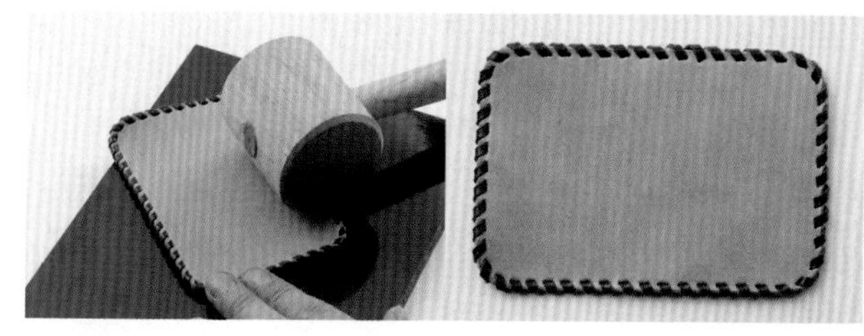

08 最后用木槌将针脚敲打平整。

▶ 起始点（单独为一点时）

用皮革锥在起始孔处撑出缝隙。

01

02 将针穿入缝隙，并穿过缝制方向左侧的孔。将皮绳返回右侧再从同一个孔传过去，后端呈被包裹状。

03 将针穿过旁边的孔后，在拉紧皮绳之前将皮绳后端露出的部分剪掉，在剩余部分涂上黏合剂并塞入皮革之间。

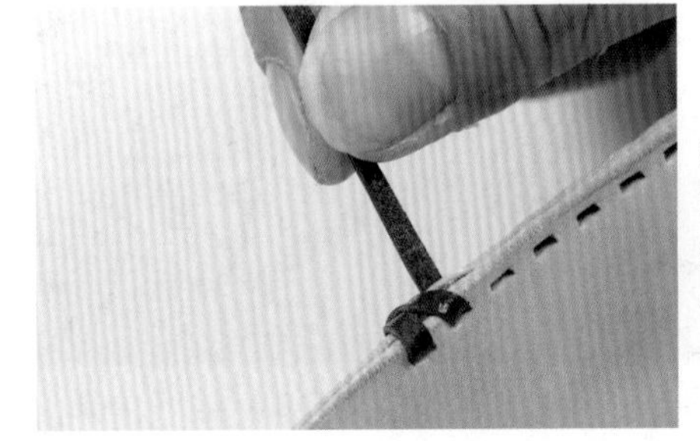

将塞入的部分整理好，拉紧皮绳，将后端部分包住。

04

▶ 终止点（单独为一点时）

缝至终止点之前先暂停一下，用皮革钻撑出缝隙。

01

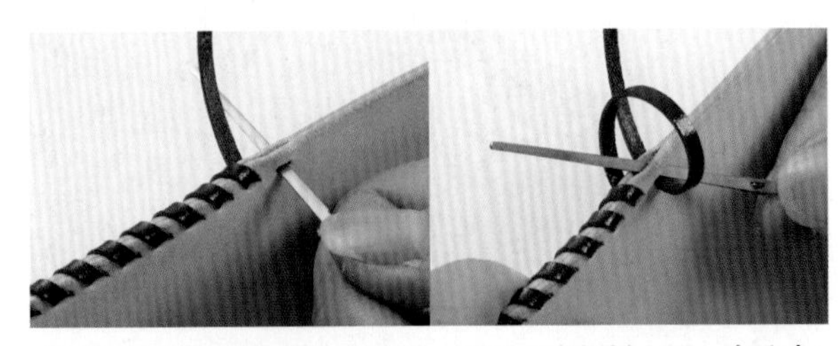

02 先将针贯穿插入终止孔，再返回右侧插入同一个孔内，从皮革之间穿出。

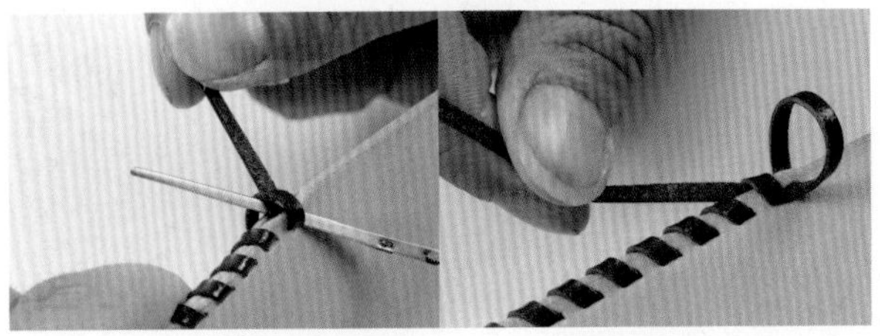

03 将针带着皮绳穿过终止孔后，拔掉皮革针，将皮绳全部拉紧。比较难拉时，可以用皮革钻撑大缝孔。

04 将多余的绳头尽量剪短，在露出的部分涂上黏合剂并塞入皮革之间。

双十字包边缝法

这个工序比较复杂，但呈现出的视觉效果也更好。操作时的要点是缝制要均匀，针脚要整齐。皮绳需要准备缝制距离7倍的长度。

▶ 环形缝制

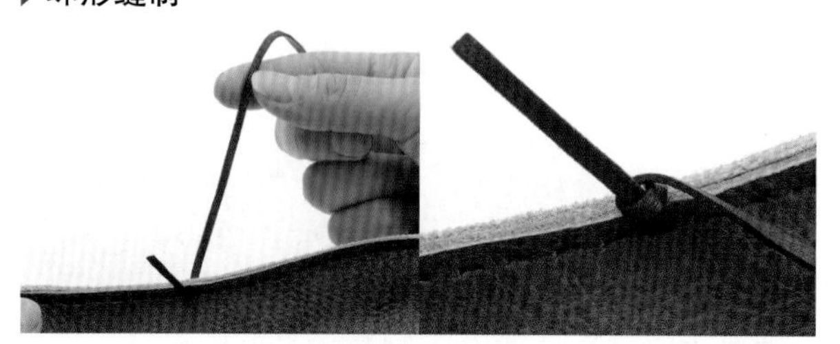

01 将接缝处不显眼的地方作为起始点，把针从右侧穿入。返回右侧时，用皮绳将后端包住。

02 再从右侧将针穿过旁边的孔并拉紧皮绳。

03 针返回右侧后，从步骤01中形成的交叉部分下方穿过并拉紧皮绳。拉紧皮绳时注意控制力道，将交叉部分调整至皮边的中央位置。

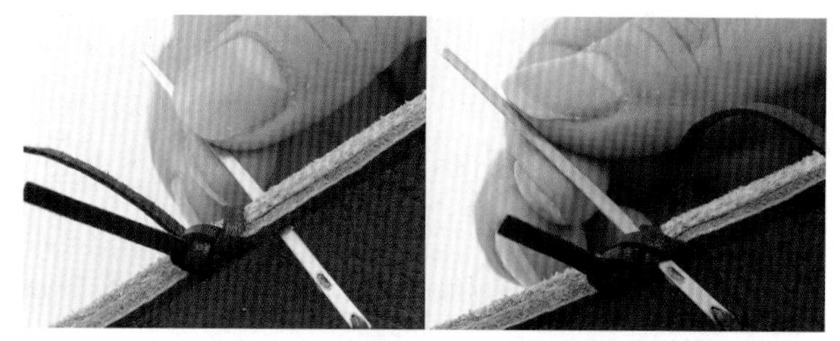

04 将针从旁边的孔穿过后，开始重复之前的操作。拉皮绳时注意控制力道，将皮绳的正面保持在外侧。

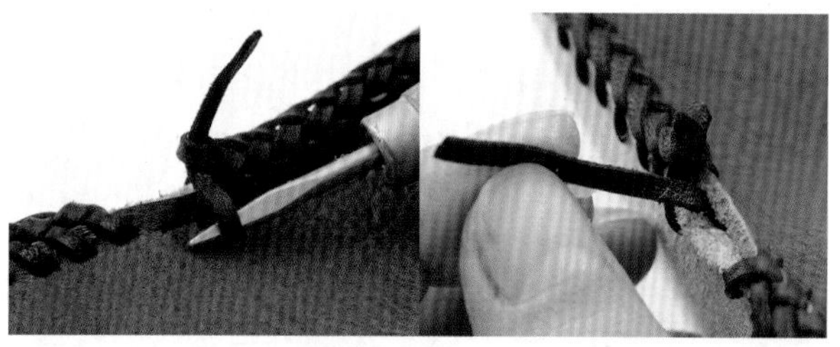

05 缝至还剩一个孔时暂停一下，将步骤01中的皮绳后端从皮革之间拉出来。

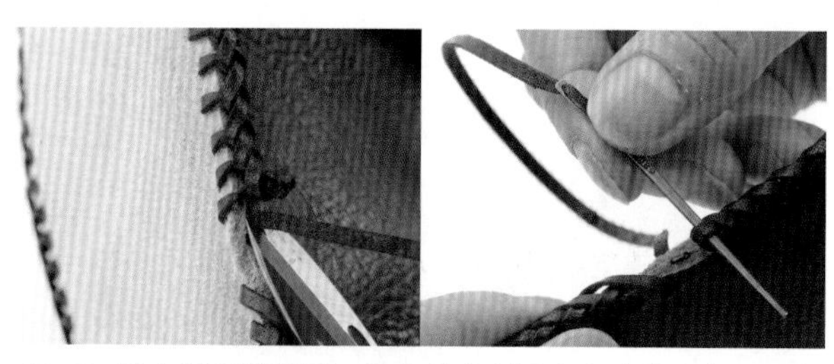

06 将皮绳后端剪短，涂上黏合剂后塞入皮革之间。再将针从步骤05形成的圆圈下方穿过。

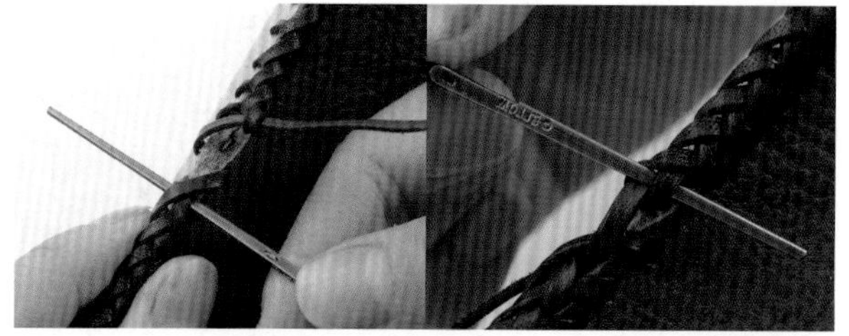

07 将针从右侧穿过靠自己这边下面一个孔的交叉部分下方，再穿过步骤05形成的圆圈上方（与步骤06方向相反）。

08 将针从起始孔的右侧穿入，从皮革之间穿出并拉紧皮绳。将皮绳剪到最短再塞入皮革之间就完成了。

▶起始点（单独为一点时）

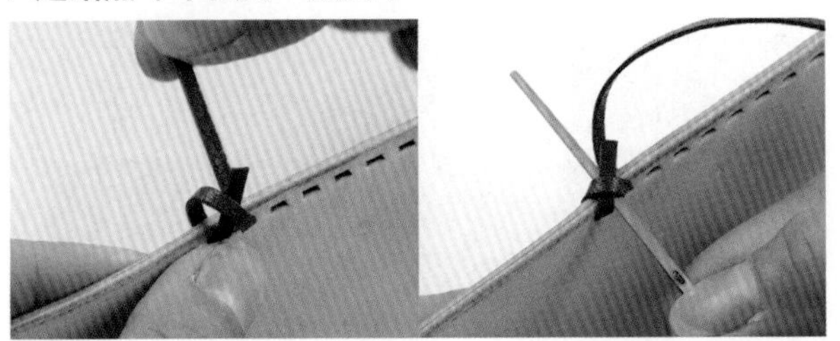

01 将针从右侧穿过起始孔，将皮绳后端包住并拉紧。再将针从右侧穿过交叉部分。

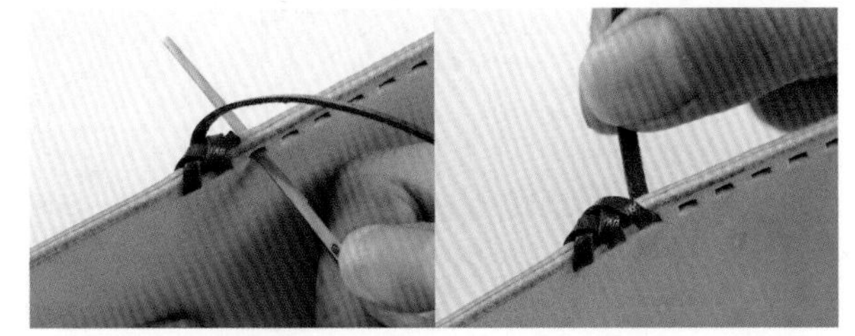

02 针返回右侧后，将其从右侧穿过旁边的孔。这样拉紧后就会形成交叉，然后以相同步骤缝制。

▶终止点（单独为一点时）

01 缝至终止孔，将皮绳穿过最后的交叉部分并拉紧后，将针沿着皮边穿过 3 个针脚。

02 直接拉紧皮绳，剪断，将多余部分塞入针脚里。

▶大弧度部分的处理

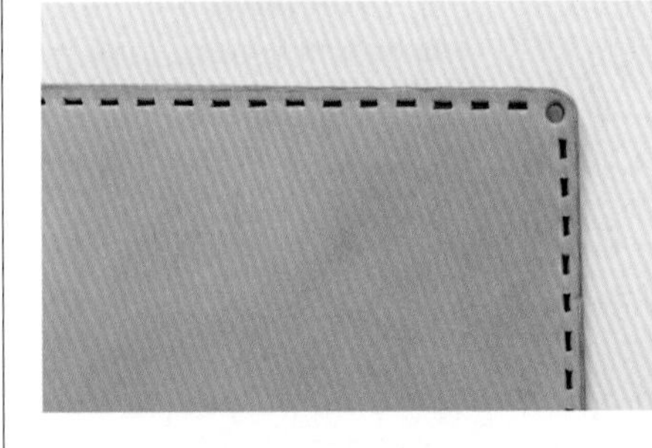

在缝制弧度较大的部分时，需要在针脚间空出缝隙，由于会多次使用同一个孔，所以在转角处打出 7 号圆孔。

01

02 先按照一般的双十字缝法缝制（上左图）。到转角处先不要缝下一个孔，将针从同一个孔中穿过。

03 再从同一个孔中将针穿过，即一共要在这个孔缝 3 次。然后按照一般方法继续缝制。

在转角处缝 3 次可以让它与直线部分的边缘宽度一致。请根据转角处的实际弧度调整缝 2 次或 3 次。

04

缝纫机

使用缝纫机可以大大提高缝制效率，还可以拓宽皮革手工的制作领域。制作铬鞣革的内缝式单品时使用缝纫机也可以顺利制作。但是，由于皮革比布料更厚更结实，所以需要工业用、专用，或是比较强力的家用缝纫机。本书中使用的家用缝纫机“home leather 110”最厚可以缝制4.5毫米的植鞣革。

使用工具

橡胶胶水
用缝纫机进行缝制时，为了让针能顺畅穿过缝孔，使用黏性较弱的橡胶胶水暂时固定。

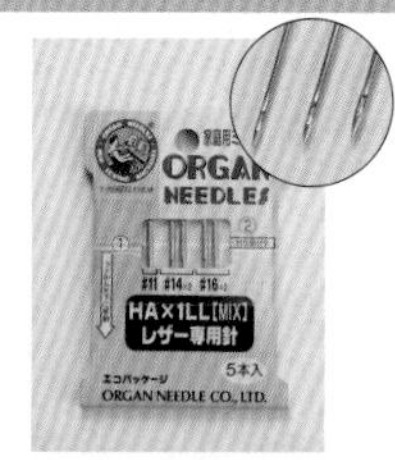

皮革专用缝纫机针
它的针头呈菱形，请根据制作单品和使用的线来选择相应尺寸的针。

捻丝
在缝纫机上使用的皮革用线中，最常用的就是捻丝。家用缝纫机使用20号或30号。

制作手工皮革使用缝纫机的基本方法

缝纫机的使用方法与缝纫布的方法完全一致。此处，精选缝纫皮革时需要特别留心的项目。

▶针脚间距

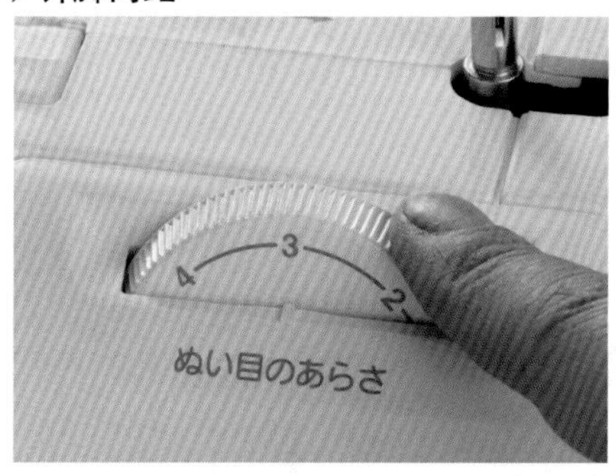

缝制皮革时，将针脚间距调整为2.5~3.5毫米。

▶选择针脚样式

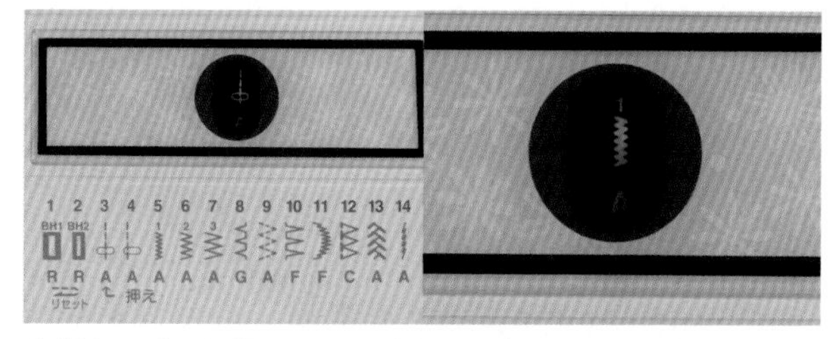

缝制直线时，调整入针位置并找到最佳设置。缝合镶饰时要使用Z形针脚，并根据大小来调整针脚宽度。

▶仔细缝制段差部分

缝制段差部分时，注意不要划断上方皮革的边缘，将针脚位置调整到最接近边缘的位置，并回缝成3次。

▶敲打针脚

皮革有一定厚度，缝制完成后针脚会有些松动。这时要使用木槌敲打，将针脚抚平让其看起来更漂亮。

回缝

用缝纫机缝制时，一般都会在起始点和终止点进行“回缝”。这样可以加固针脚，所以在制作时不要忘记。

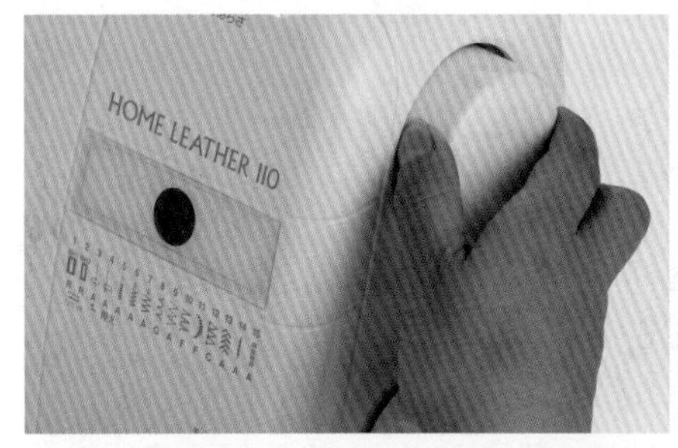

回缝需要手动转动旋钮进行。

01

02 操作方法非常简单。缝至第 2 个孔时，手动回到缝制起始点。然后再按照一般方法继续缝制。

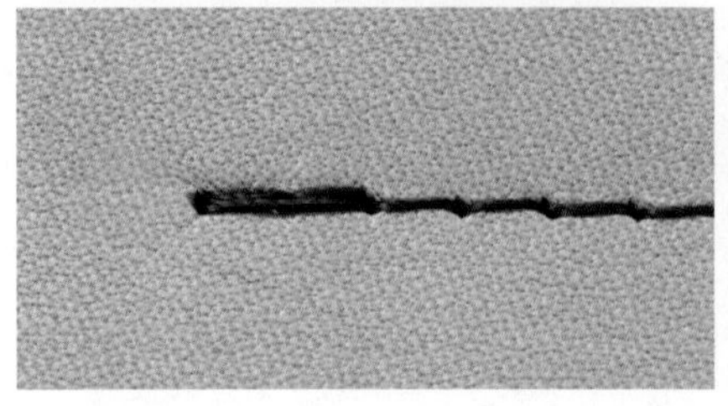

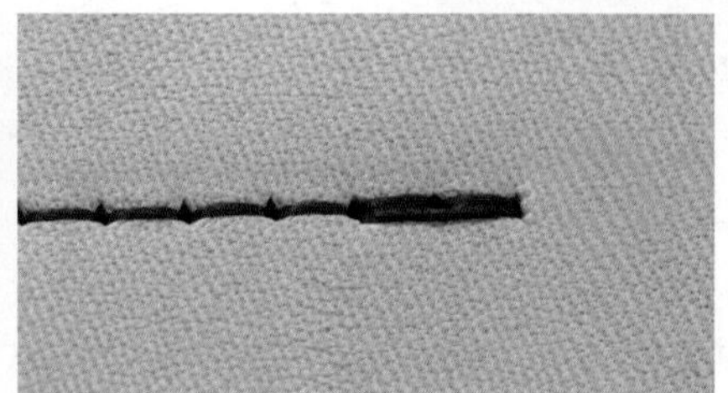

终止点处则以相反顺序操作。线头用下面介绍的方法处理。

03

固定线头

使用缝纫机时的线头处理比手缝时简单。下面要介绍 2 种情况的处理方法，一种是缝制一面不外露，另一种是两面都要外露。

▶ 将线头整理至背面固定

如果一面不露，可将上方和下方线头全部整理至皮革床面。可以使用圆钻将线头拉出。

01

02 剪短至适当长度，用强力胶将其固定。

▶ 用打火机固定

皮革两面都要露在外面时，将线头固定在各自的皮面上。先将线头剪到剩余 5 毫米处。

01

02 将打火机的火苗靠近线头，在线头还热时用打火机尾部按压以固定（只适用于化纤线）。

金属零件

这里要介绍的是手工皮革制作中经常使用的金属零件，如按扣、揿钮、撞钉等的安装方法。安装这些零件时有时需要用到专业安装工具，这些工具也各包含有多种尺寸。安装工具尺寸不正确会导致无法正常安装，所以必须使用相应尺寸的工具。此外，为了高质量完成制作，需要了解金属零件的特性，并选择最适合自己作品的零件。实际开始制作前，要先确定好零件的固定强度、尺寸和样式。

零件和工具

按扣尺寸分为大号和中号。主体部分是子扣，盖子部分包括母扣和扣面。按扣会非常紧，所以不适合安装在皮革较薄的部分。

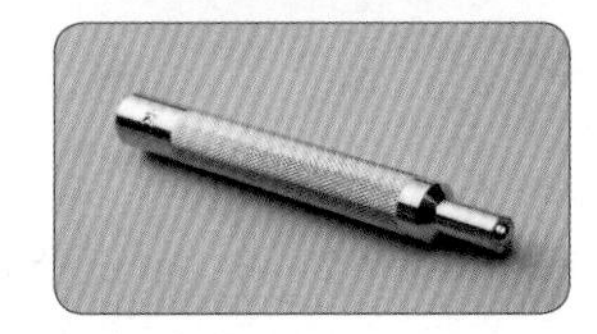

这个按扣棒即是安装按扣时使用的工具。它分为大号和中号，安装时请选择相应尺寸。

按扣的安装

按扣非常紧，它是经常被安装在夹克等衣服上的金属零件。在皮革手工中，它经常被用于安装在钱包及手提包上。

▶子扣

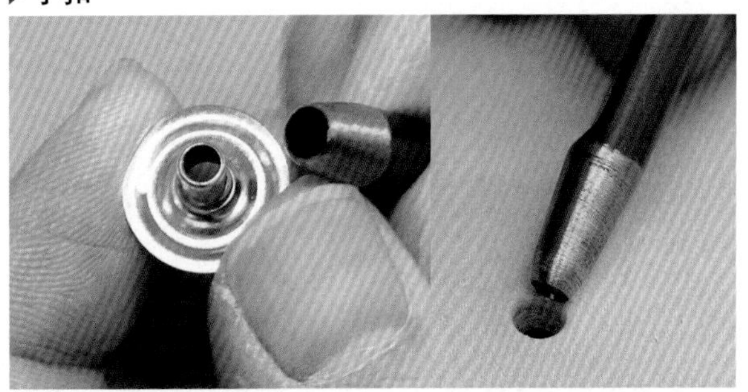

01 根据子扣凸起部分的尺寸选择相应圆冲，在安装位置打孔。中号子扣对应 10 号，大号为 12 号。

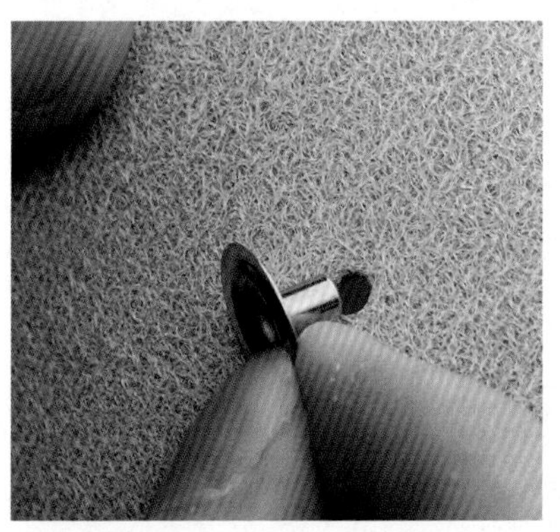

02 从内侧将子扣安装至步骤01打出的孔中。

03 安装完子扣后，确认凸起部分从皮革正面凸出 2~3 毫米。然后在上面放上子扣，中间部分凸起 1 毫米左右。

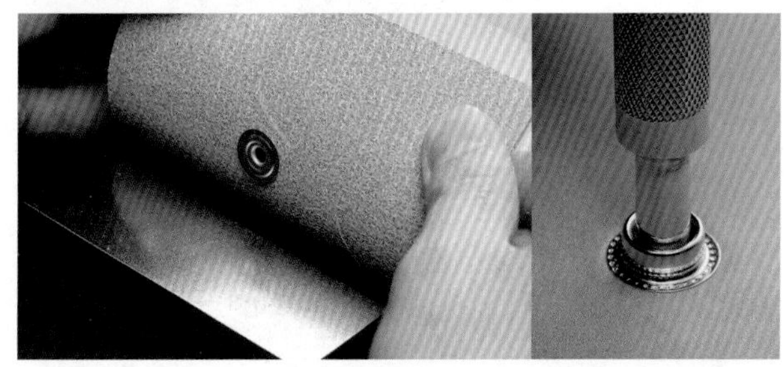

04 将其置于多功能板平整的一面，用按扣棒固定安装。

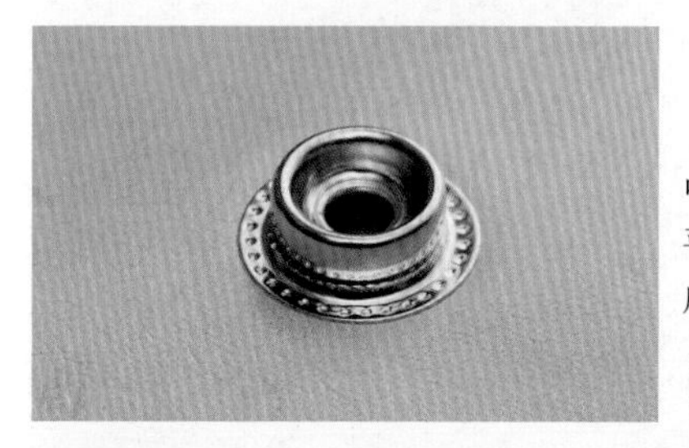

中间的凸起部分被压平至周围，这样就完成了子扣的固定。

05

▶ 扣面和母扣

06 根据扣面上凸起部分的尺寸（与子扣相同）打孔，并装上扣面和母扣。确认中间凸起 1 毫米左右。

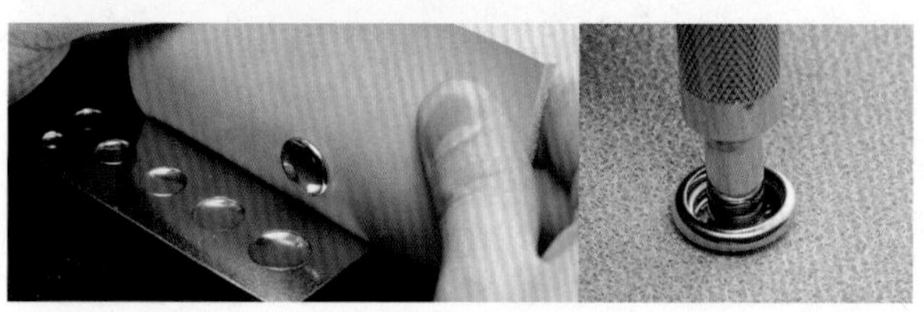

07 根据扣面大小将其置于多功能板的凹槽中，用按扣棒敲打固定。

08 两侧的零件都安装完成后，试着扣上并打开，确认是否安装正确。

揿钮的安装

揿钮可以说是皮革手工中最常用的一个零件，打开及扣上都非常方便。但是限于它的长度，所以只能用在厚度为 2 毫米以下的皮革上。

零件和工具

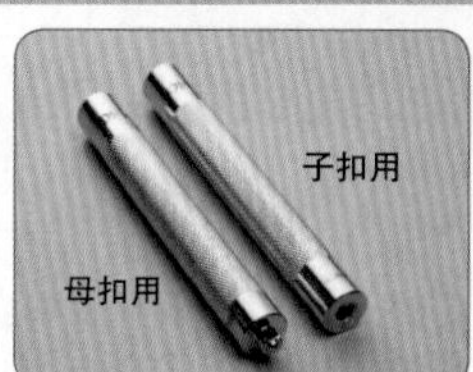

揿钮分为大中小三种尺寸。其专用的安装工具分为母扣用和子扣用，它们的形状不同，尺寸则分为大号和中号。

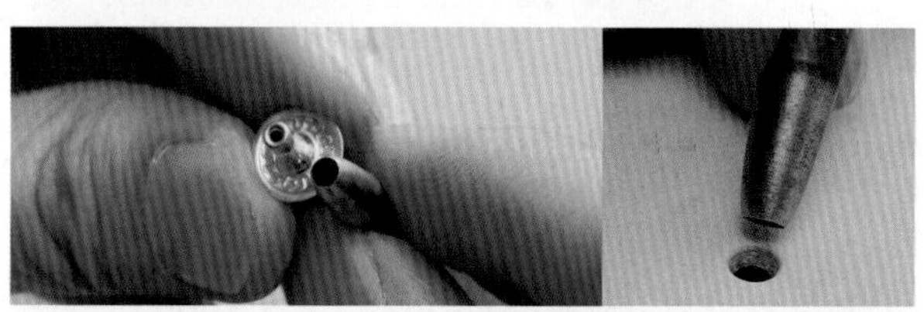

01 根据子扣凸起部分尺寸用圆冲打出安装孔。大号揿钮用 10 号圆冲，中号和小号用 8 号圆冲。

02 从内侧安装好子扣，再将子扣置于凸出外侧的部分上。凸出部分需要 3 毫米左右。

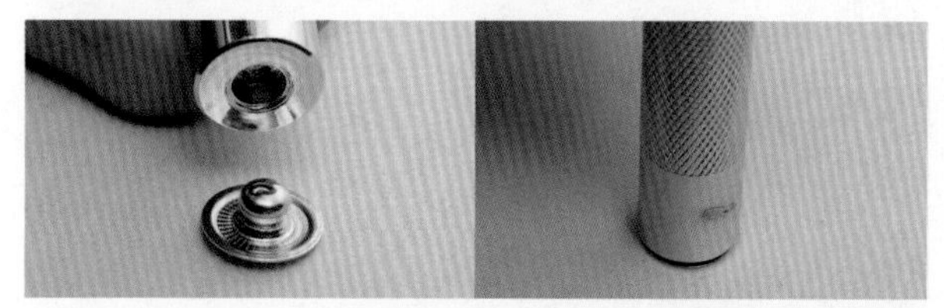

03 子扣用工具将（顶端凹进去的）子扣敲打以固定。可以用木槌多次敲打。

安装完子扣后试着转一转，确认是否固定好。

04

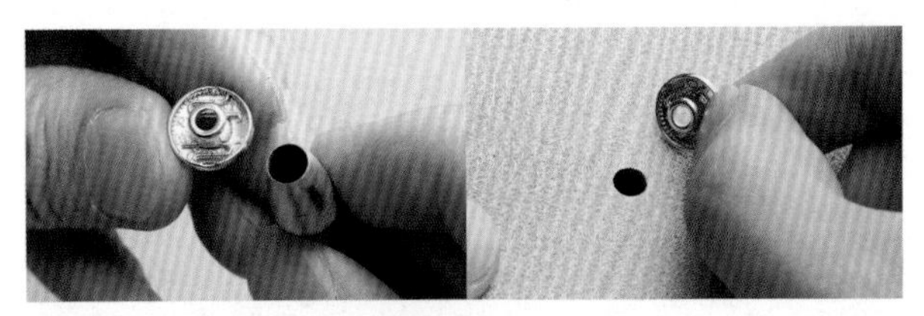

05 根据母扣凸起部分的尺寸打出安装孔。大号揿钮对应18号圆冲，中号和小号对应15号。

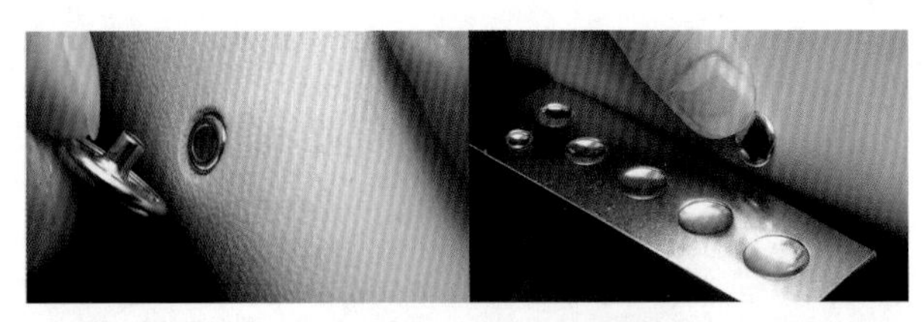

06 将母扣从背面安装好，扣面从正面安装，并根据扣面尺寸将其置于多功能板上相应的凹槽中。

07 用母扣用安装工具（顶端凸出的）敲打以固定。

08 安装完成后试着转一转，可以轻松转动的话即表示安装正确。

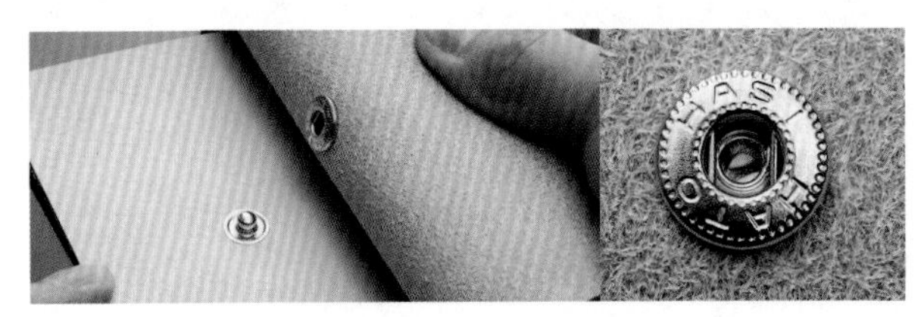

09 试着扣上及打开确认安装是否有问题。根据母扣的朝向，扣起来的力度也会不一样。

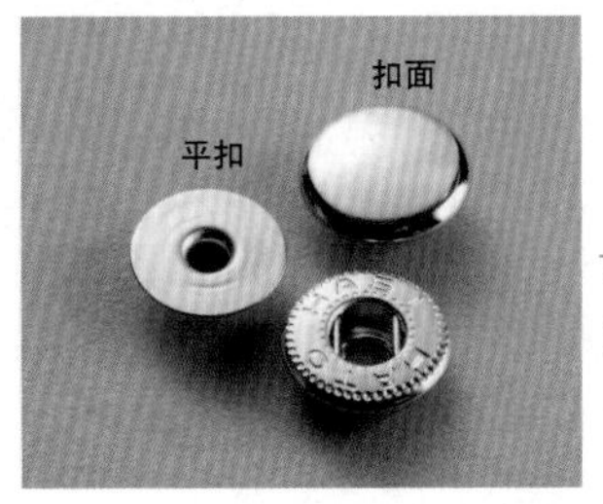

可以替换扣面达到自己不同的需要。

10

撞钉的安装

撞钉是直接插入皮革固定，适用于植鞣革的零件。它多被用于安装在袋盖部分，但是由于它不太显眼，所以也很适合用在雕刻作品上。

零件和工具

螺丝型，尺寸有5毫米、6毫米和10毫米。

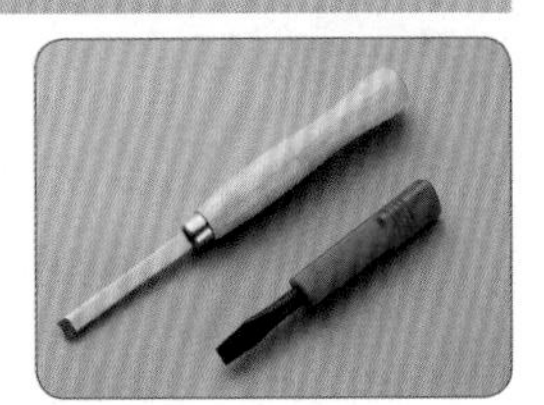

扁铲用于打孔，螺丝刀用于固定撞钉。

▶撞钉的安装

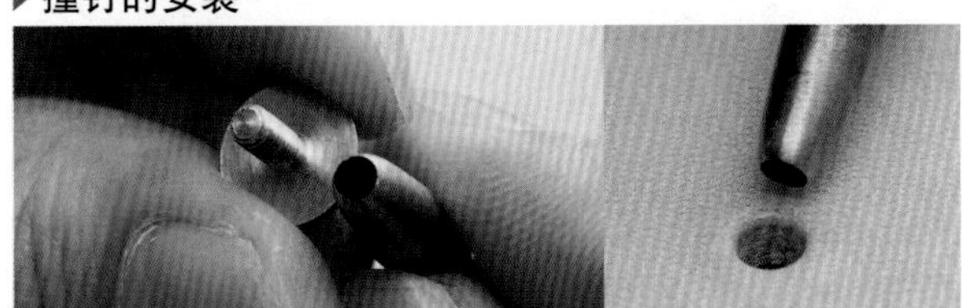

01 根据撞钉螺丝的尺寸打孔。5毫米、6毫米和10毫米都使用10号圆冲。

从背面将螺丝插入孔内。比较难插入时可以旋转着用力插进去。

02

螺丝部分需要露出4毫米左右。螺丝如果不够长，将无法完全固定撞钉。

03

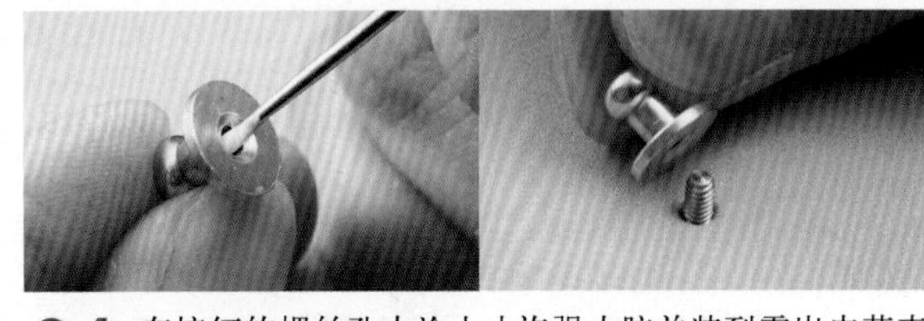

04 在撞钉的螺丝孔内涂上少许强力胶并装到露出皮革表面的螺丝上。强力胶用于暂时固定。

手工固定后，最后用一字螺丝刀转紧固定。

05

将撞钉的台座部分拧紧，注意不要嵌进皮革里。如果嵌进皮革里就表示拧得太紧了。

06

▶打出插孔

※ 孔的大小要根据撞钉尺寸和皮革厚度来决定。这里介绍的是将 6 毫米的撞钉安装在 2~3 毫米厚的皮革上。

撞钉直径为6毫米时，在距离撞钉位置上方7.5毫米处标出记号，用线连接起来。

07

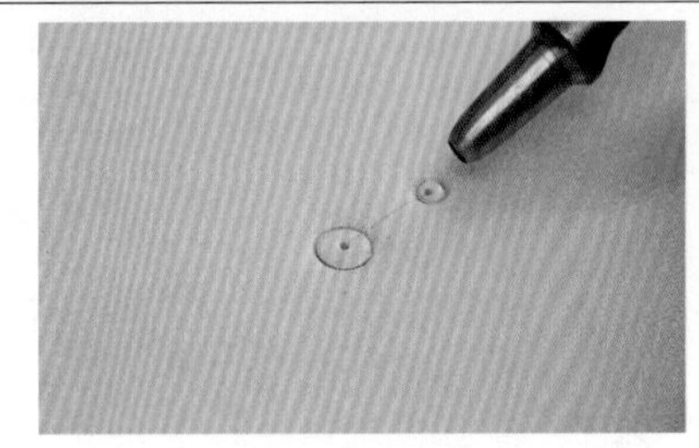

撞钉直径为6毫米时，用12号和6号圆冲在打孔位置划出记号再决定最终的打孔位置。

08

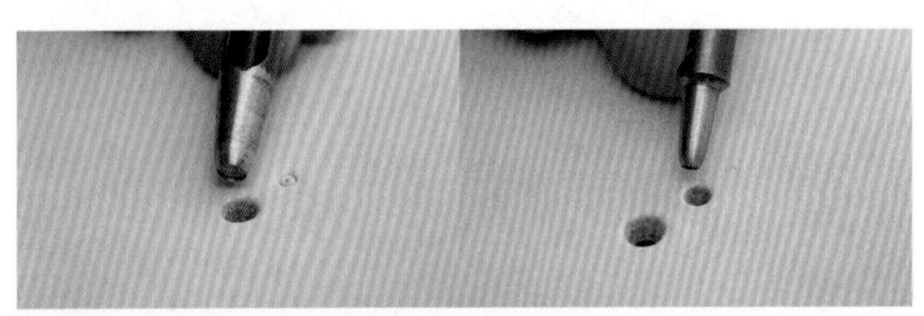

09 在标记处打孔。

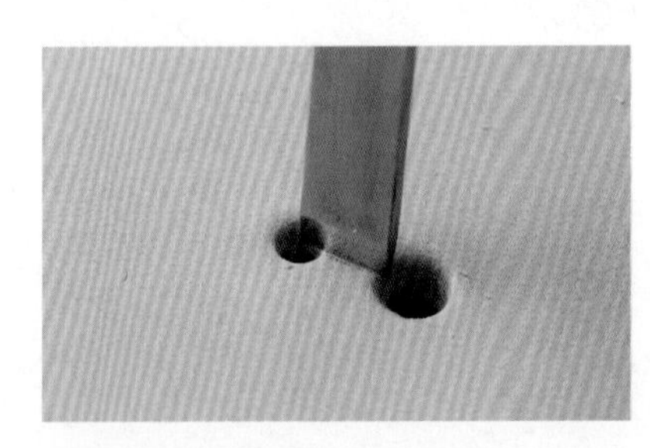

用扁铲将2个孔之间剪断并连起来。

10

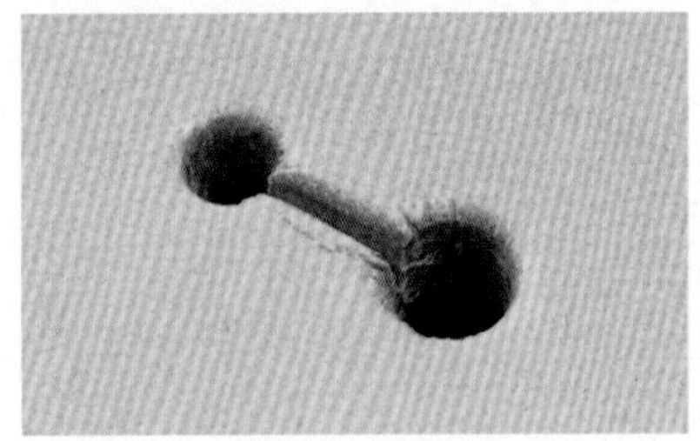

图为完成后的插孔。打完后确认孔之间是否完全连接。

11

试着扣上或打开。一开始皮革比较硬，但在使用过程中会越来越柔软。

12

实物等大纸型

您可以将纸型描到铅画纸等较厚的纸张上，或复印纸型再用胶水（固体胶水也可以）将其贴到厚纸上使用。制作纸型有助于将图形正确地描到皮革上，制作数个同样作品时更便捷。

※ 号表示圆冲的尺寸。先用圆钻在皮革上点出中心点，再用圆冲打孔。

※ 手缝基准点用圆点标出。用圆钻在皮革上标出圆点，打手缝孔时用圆钻穿透即可。

p.030 球状饰物

※ 纸型为实际大小

※ 请选择喜欢的尺寸

※ 请剪出 6 张

p.068 钥匙套

※ 纸型为实际大小

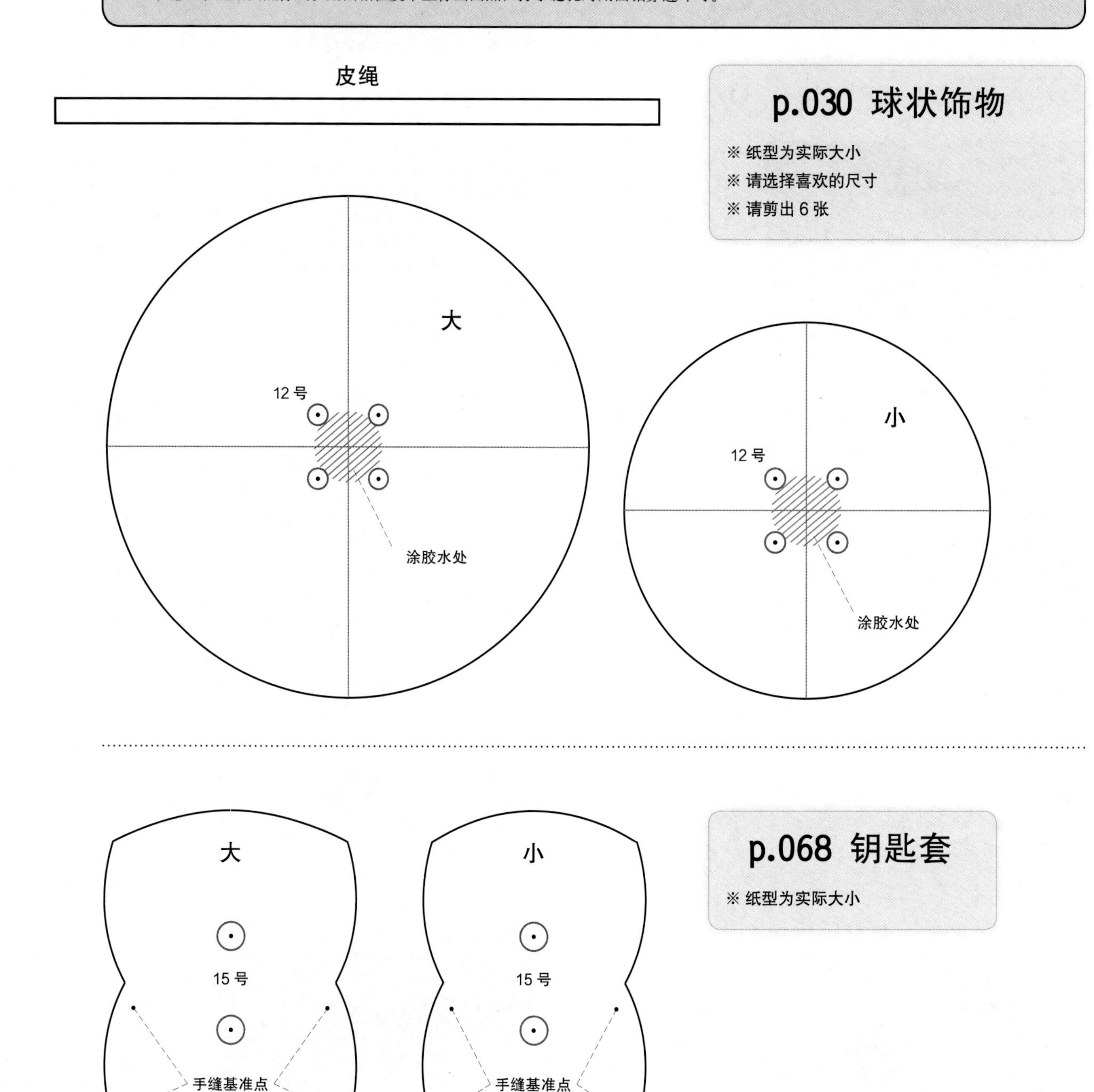

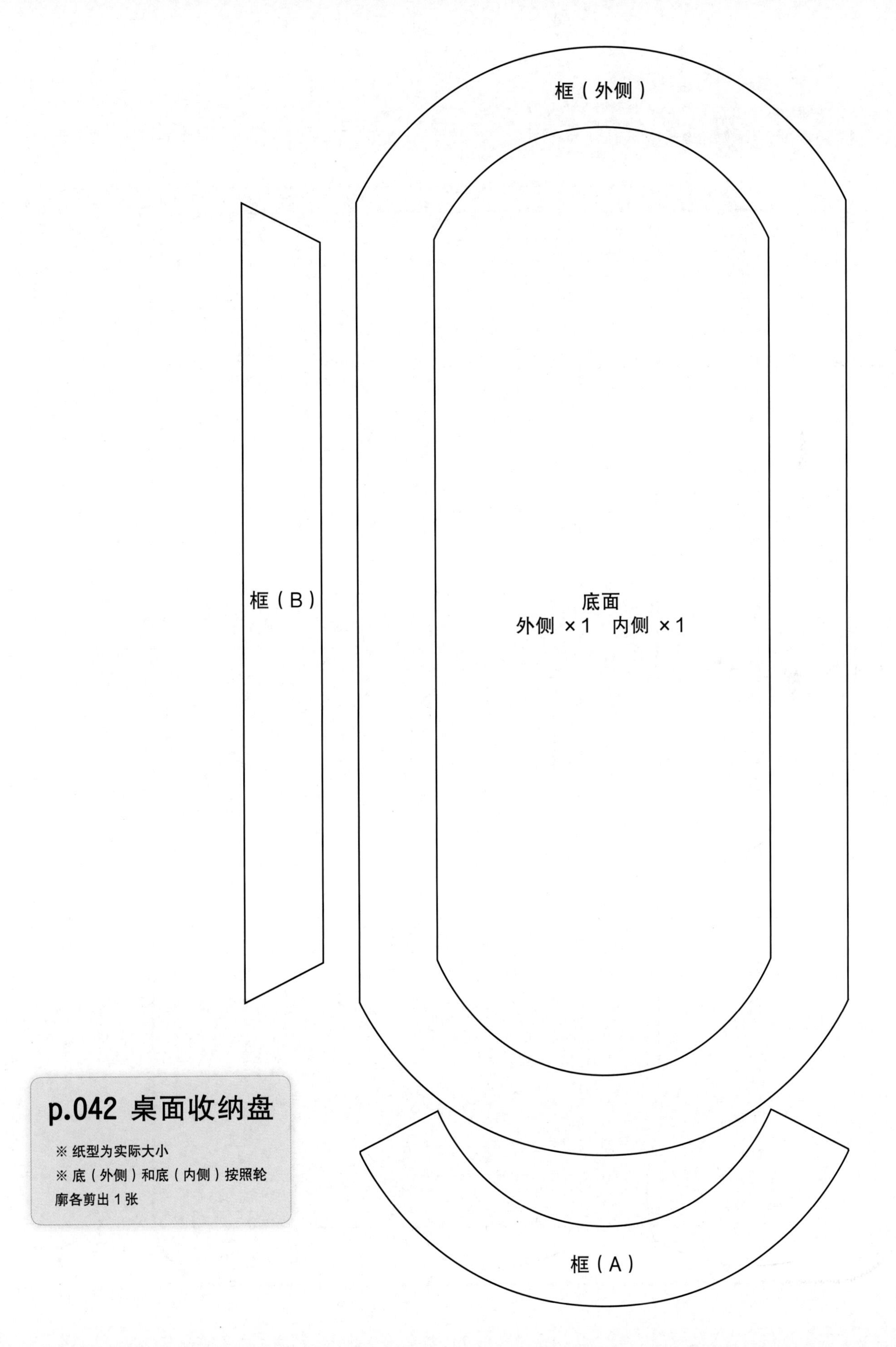

p.042 桌面收纳盘

※ 纸型为实际大小

※ 底（外侧）和底（内侧）按照轮廓各剪出 1 张

p. 104 中型钱包

※ 纸型为实际大小

※ 主体部分只画出了轮廓线和 10 号中心点

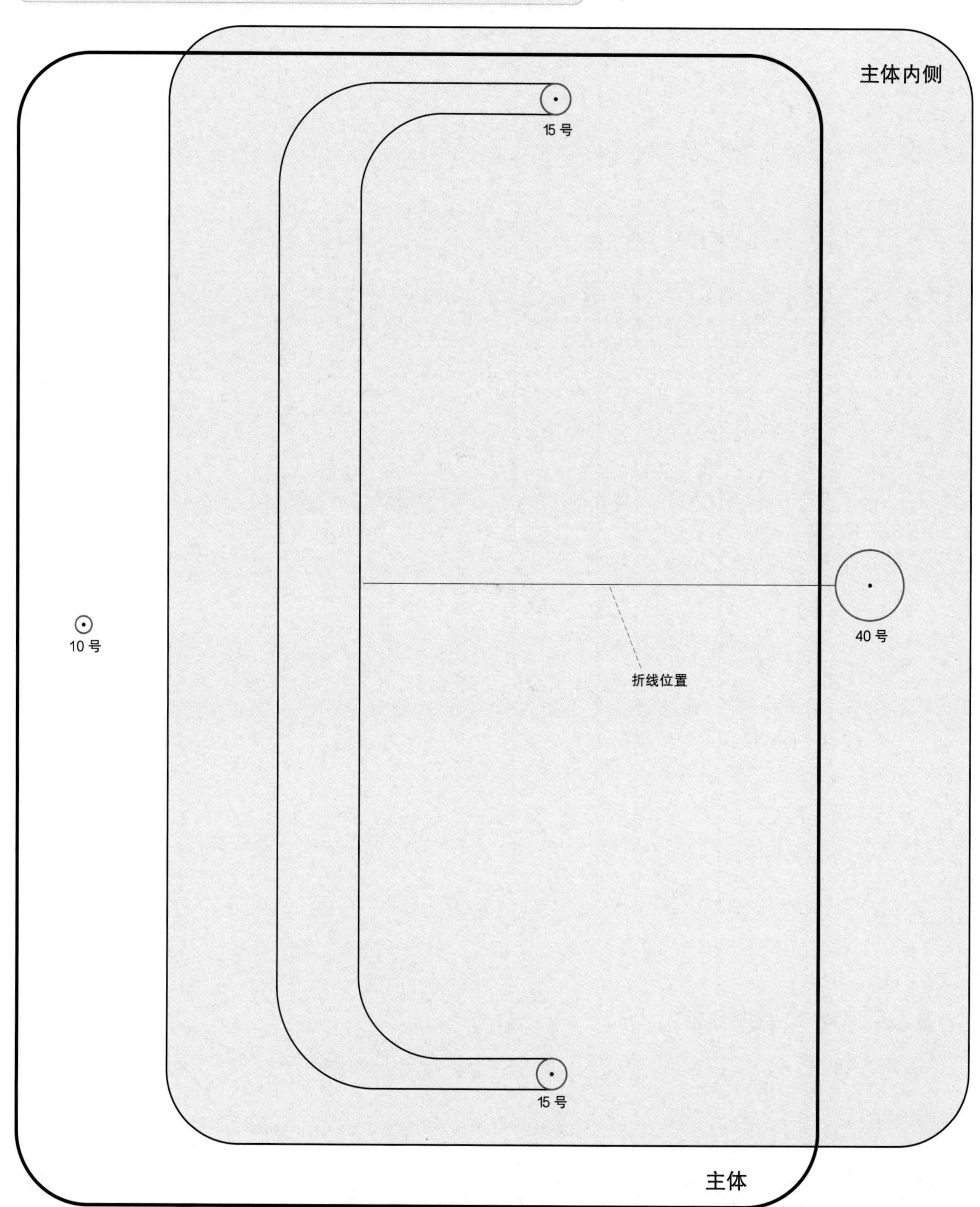

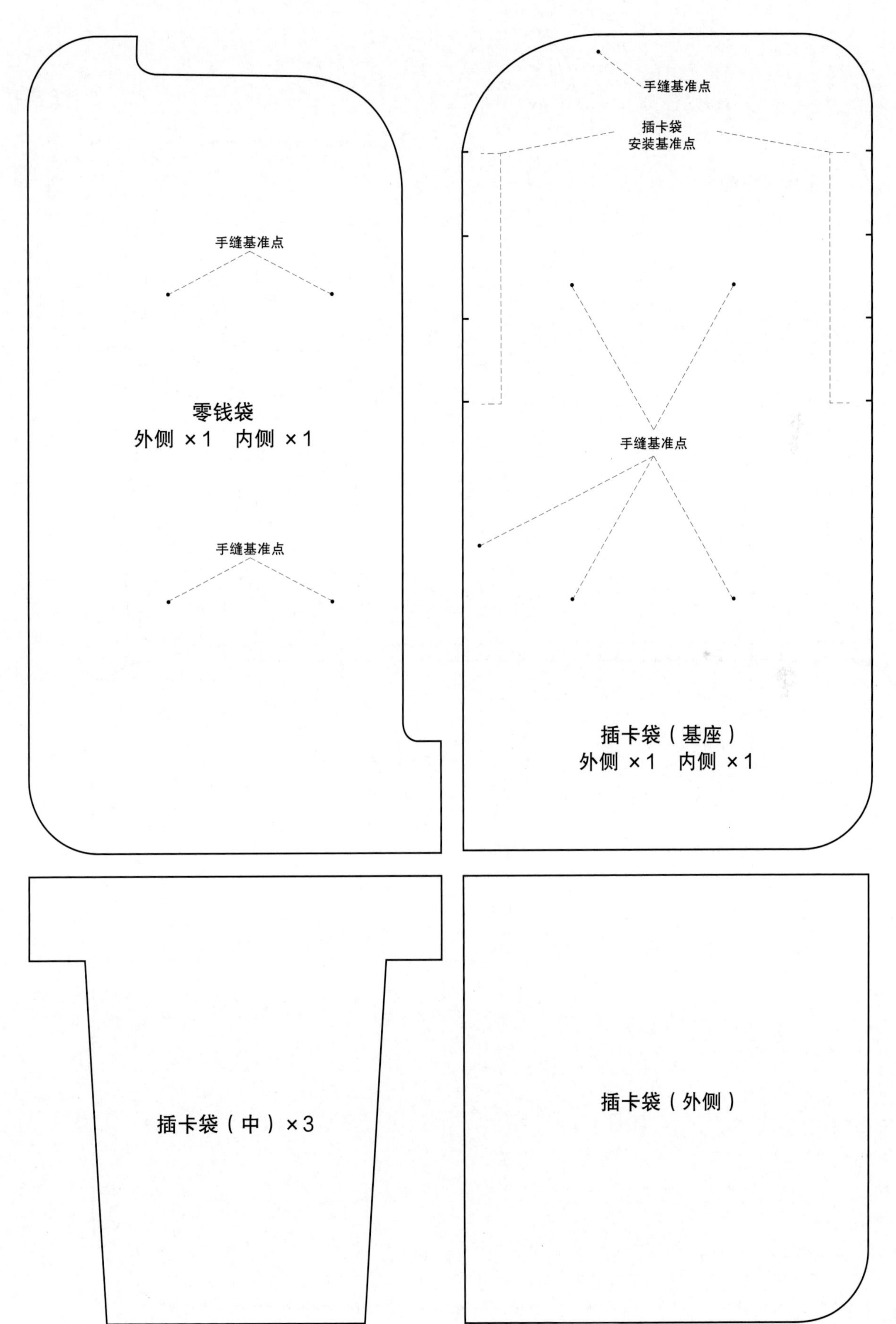
手缝基准点
手缝基准点
零钱袋
外侧 ×1 内侧 ×1
手缝基准点
插卡袋
安装基准点
手缝基准点
插卡袋（基座）
外侧 ×1 内侧 ×1
插卡袋（中）×3
插卡袋（外侧）

p.090

卡套

※纸型为实际大小

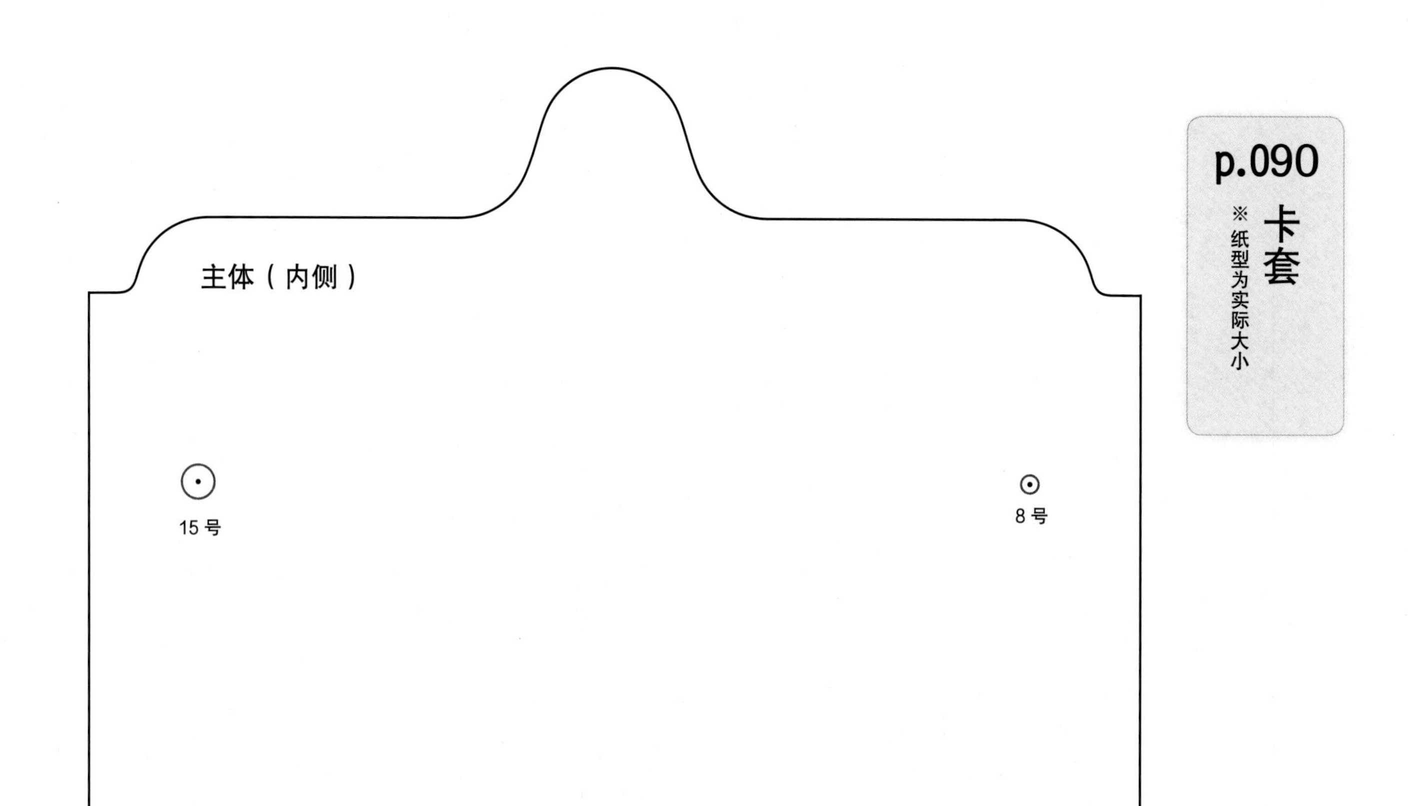

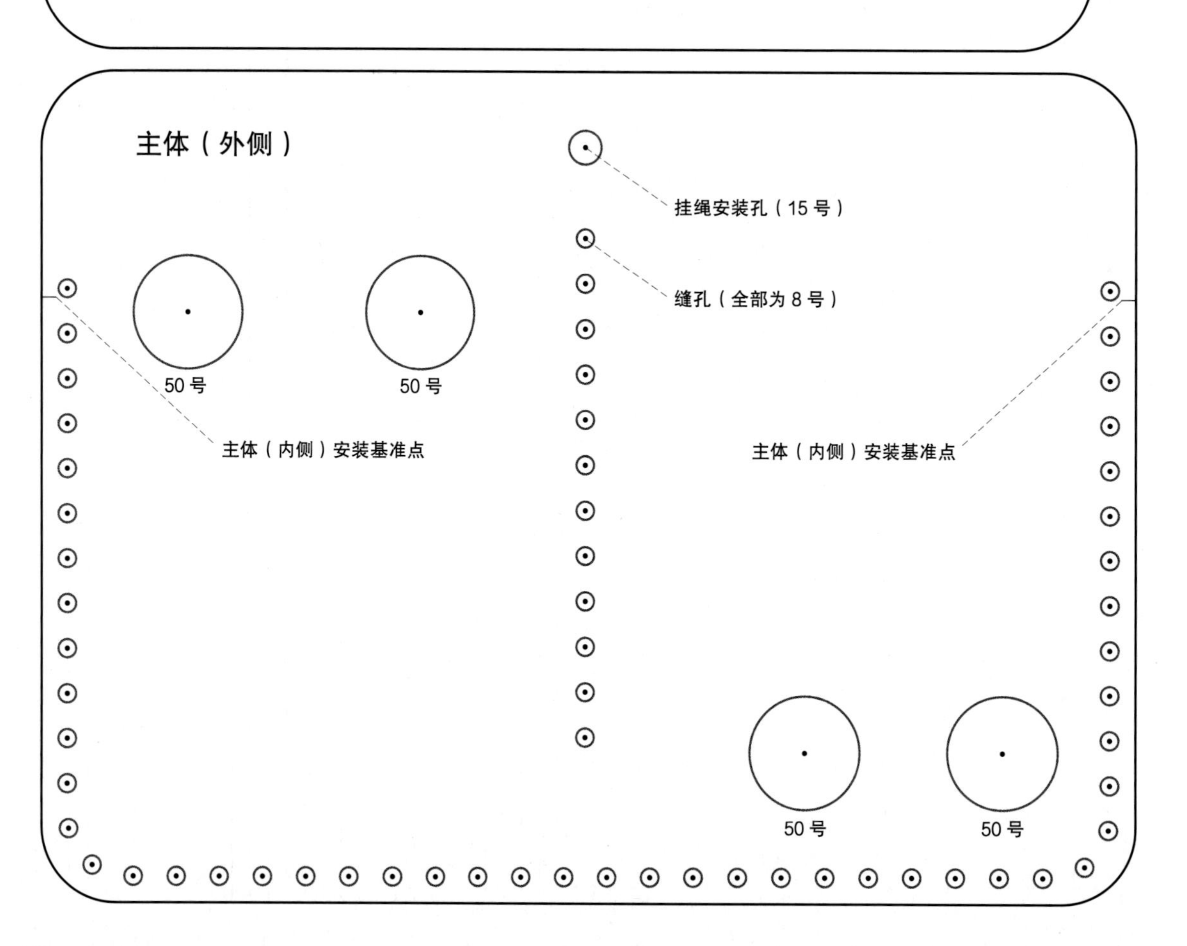

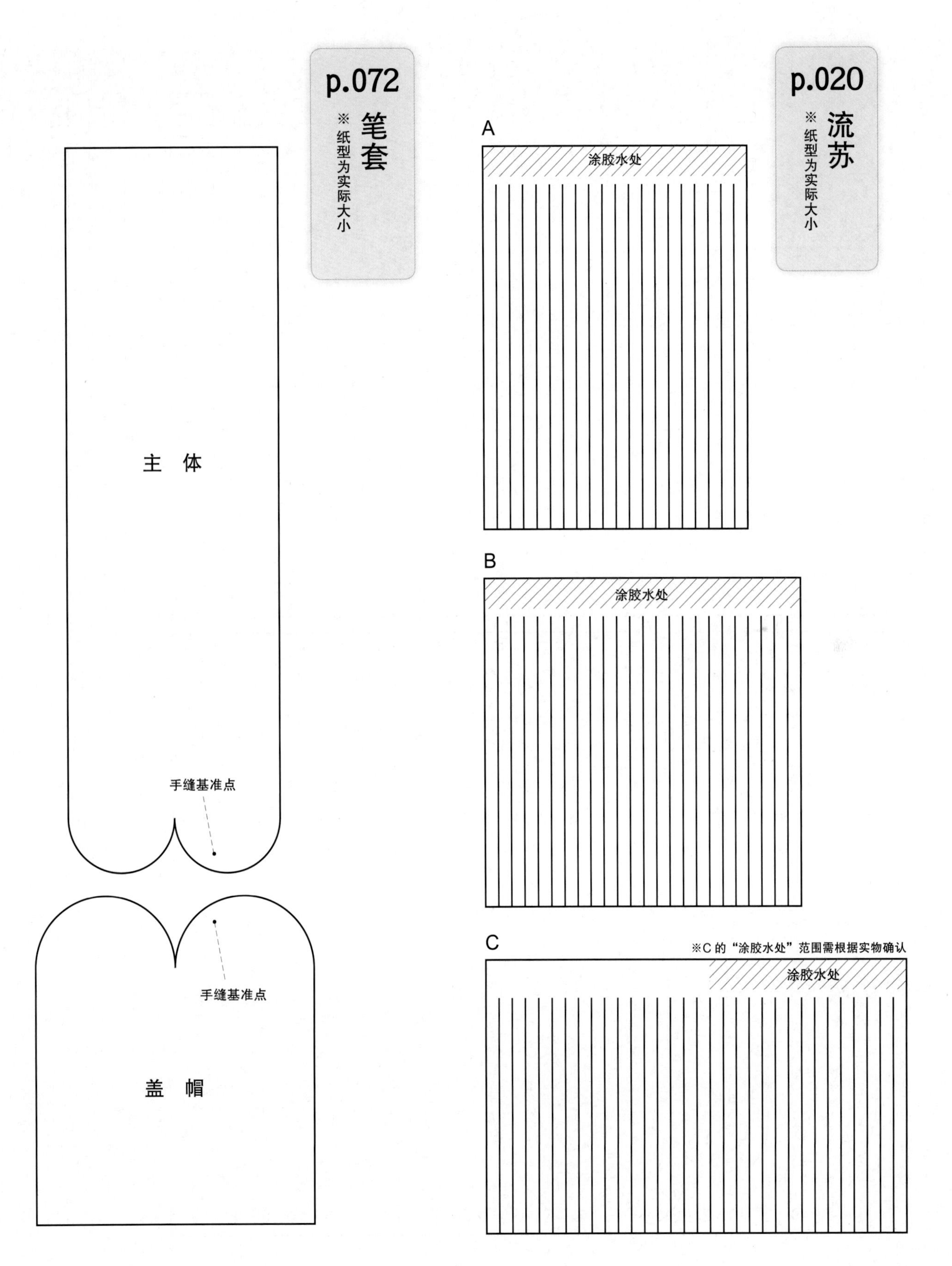

p.072
笔套
※纸型为实际大小
主 体
手缝基准点
手缝基准点
盖 帽
p.020
流苏
※纸型为实际大小
A
涂胶水处
B
涂胶水处
C
※C 的“涂胶水处”范围需根据实物确认
涂胶水处

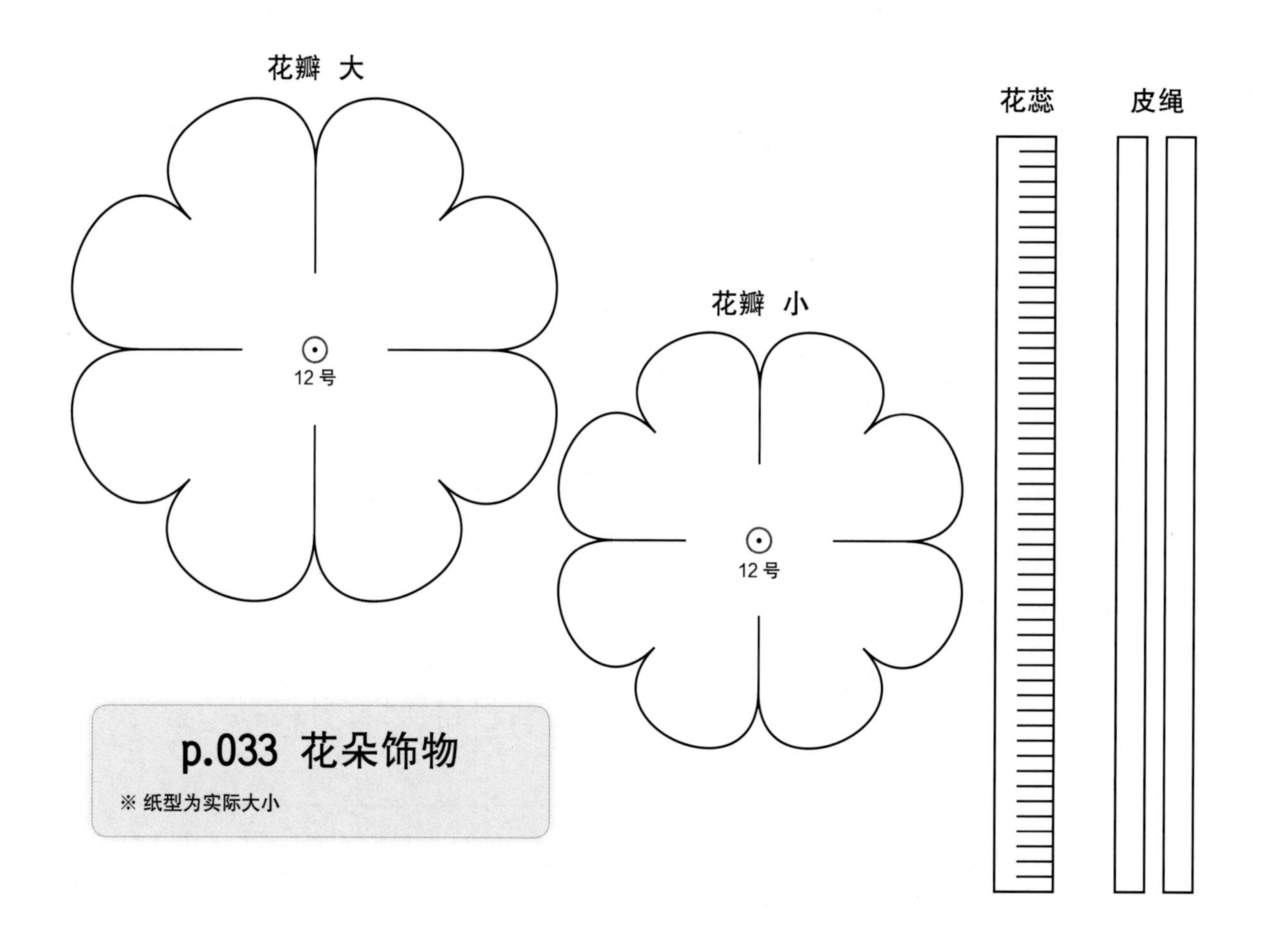

p.033 花朵饰物

※ 纸型为实际大小

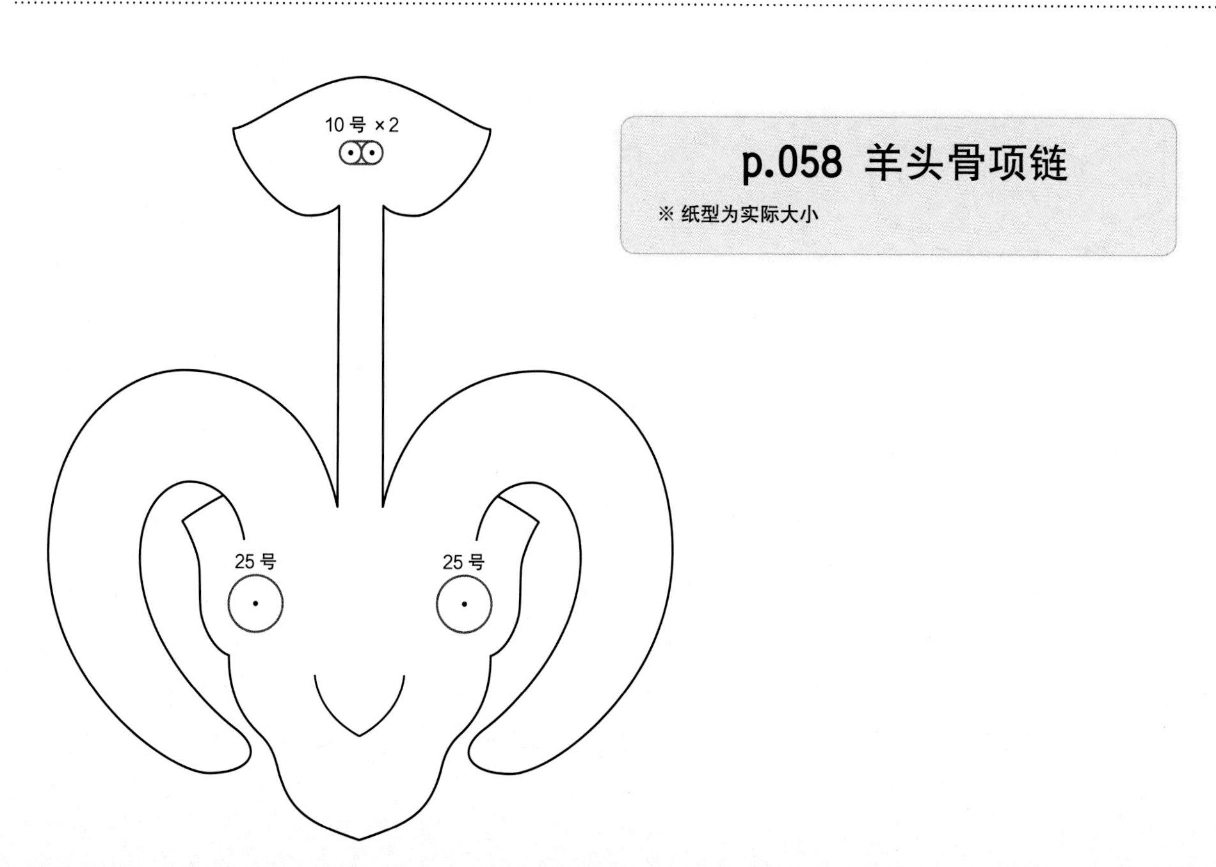

p.058 羊头骨项链

※ 纸型为实际大小

p.024 手环

※ 纸型为实际大小

※ 先将艺术图形描至透写纸上再使用

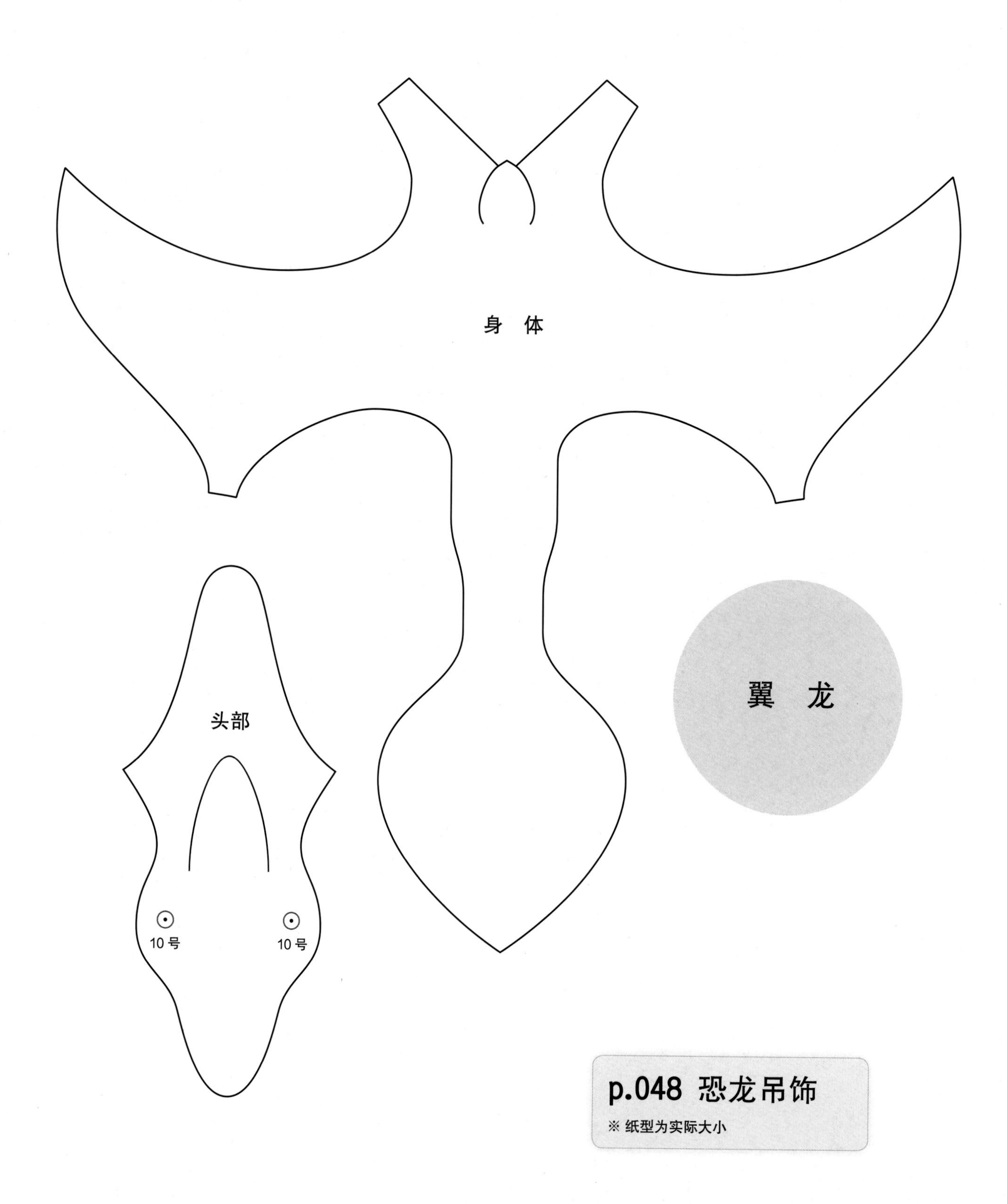

p.048 恐龙吊饰

※ 纸型为实际大小

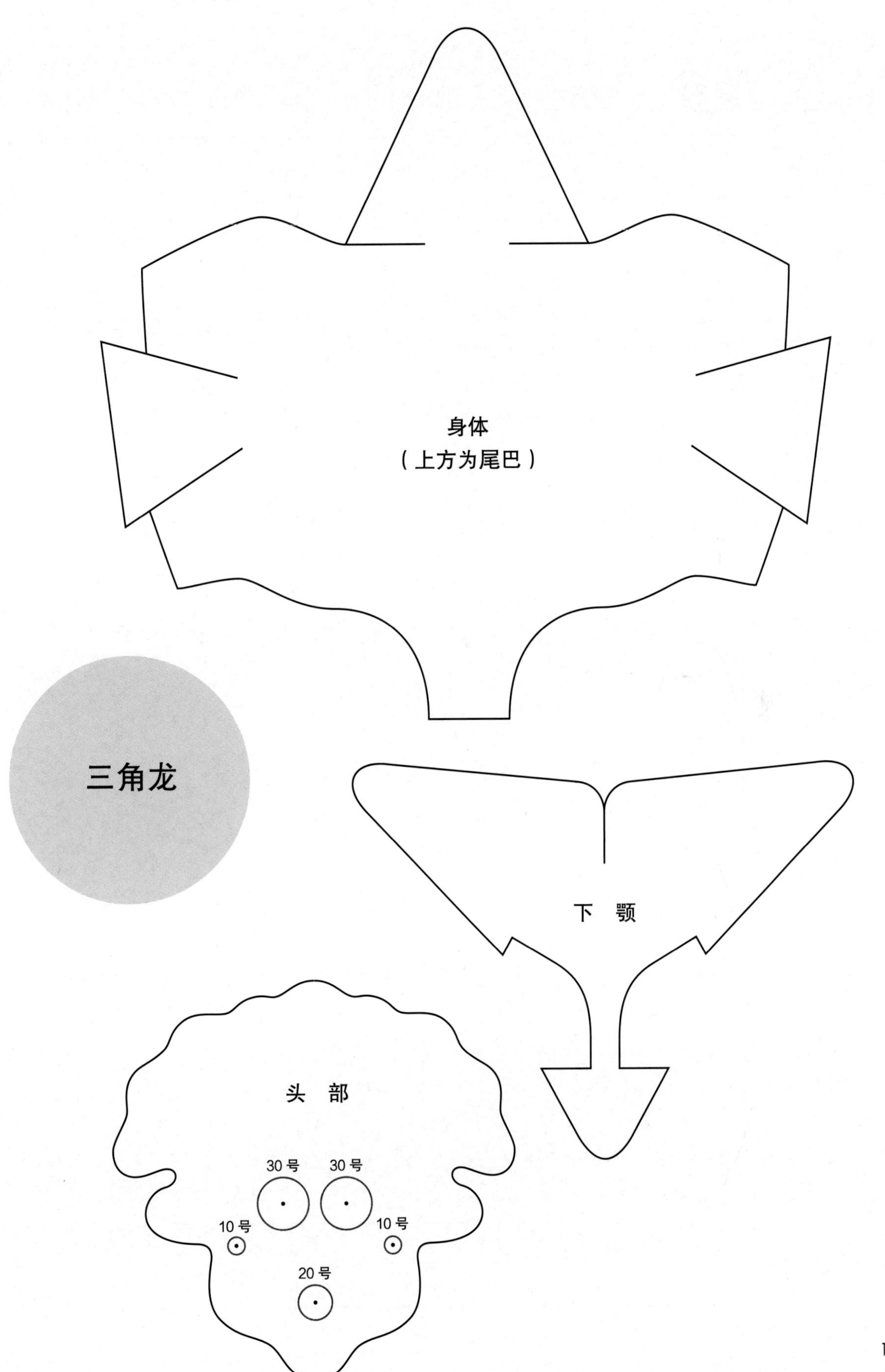

身体
（上方为尾巴）
三角龙
下 颚
头 部
30号
30号
10号
10号
20号

图案（p.136）

（p.136）